国家示范性高等职业院校建设成果

软件技术专业人才培养模式研究与实践

陈 斌 杨 桦 杨小燕 凌晓萍 编著

人民交通出版社

内 容 提 要

职业教育的职业属性决定了它与经济社会发展的密切关系。高职软件技术专业以服务地方信息产业为宗旨，紧贴市场需求，紧跟技术发展路线，培养具有较强可持续发展能力，能迅速适应工作岗位的高端技能型人才。本书围绕学校与企业合作办学、合作育人、合作就业、合作发展，基于四川交通职业技术学院计算机工程系在人才培养模式上多年的实践经验与研究成果，构建了以学生能力培养为主，以提升质量为本的“双平台-双主线”的现代信息类人才培养模式，为提高高职软件技术专业教学质量起到了积极的推动作用，为高职人才培养模式改革提供了理论指导与方法支持。

本书适合高等职业院校管理者、教师以及职业教育研究者阅读。

图书在版编目(CIP)数据

软件技术专业人才培养模式研究与实践/陈斌，杨桦，杨小燕等编著. —北京：人民交通出版社，2012.8

国家示范性高等职业院校建设成果

ISBN 978-7-114-09898-7

Ⅰ.①软… Ⅱ.①陈… ②杨… ③杨… Ⅲ.①软件工程—人才培养—高等职业教育—教学参考资料 Ⅳ.①TP311.5

中国版本图书馆 CIP 数据核字(2012)第 138315 号

国家示范性高等职业院校建设成果

书　　名：**软件技术专业人才培养模式研究与实践**
著 作 者：陈　斌　杨　桦　杨小燕　凌晓萍
责任编辑：夏　迎
出版发行：人民交通出版社
地　　址：(100011)北京市朝阳区安定门外外馆斜街3号
网　　址：http://www.ccpress.com.cn
销售电话：(010)59757969，59757973
总 经 销：人民交通出版社发行部
经　　销：各地新华书店
印　　刷：化学工业出版社印刷厂
开　　本：787×1092　1/16
印　　张：12.25
字　　数：297千
版　　次：2012年8月　第1版
印　　次：2012年8月　第1次印刷
书　　号：ISBN 978-7-114-09898-7
定　　价：50.00元
(有印刷、装订质量问题的图书由本社负责调换)

序

高等职业教育“培养高端技能型人才”的培养目标决定了其人才培养模式改革须坚持“高等性”和“职业性”的双重属性。然而,如何有效地同时兼顾这两个属性既是高职教育作为一种独立教育类型的有力证明,同时也是高职教育可持续发展的有效途径。高职软件技术专业是信息时代对软件技术人才迫切需求的产物,特别是近年来软件行业的迅猛发展催生了高职软件技术专业人才培养模式的积极探索。多年来,我一直期盼高职软件技术专业人才培养模式的研究与实践能有突破性进展。拿到此书,我着实倍感欣慰和欣喜。“双平台-双主线”人才培养模式坚持“以人为本”的基本理念,以高职软件技术专业的高等性、职业性和专业性为切入点,以“四个合作”为主线,创造性地构建了“公共基础平台＋专业平台”的“双平台”以及“适应市场的知识提升推进路线”、“循序渐进的能力培养突进路线”的“双主线”。该模式以全程贯穿的项目教学体系为特色,以尊重学生认知发展规律为特点,通过校企深度合作,有效地实现了学习工作“零距离”,培养出符合软件行业人才需求的高端技能型人才。

该书是理论研究与实践探索的结晶,具有理论与实践双重价值,为高职软件技术专业探索出了一条兼具高等性、职业性和专业性的发展道路。在理论上,该书深度研究了高职软件技术专业“双平台-双主线”人才培养模式的理论依据,为如何在高职软件技术专业凸显高职教育的双重属性奠定了理论基础;在实践上,该书详细阐述了高职软件技术专业“双平台-双主线”人才培养模式的实践过程和成功经验,为同类院校同类专业的人才培养模式改革提供了有益的范例和有价值的参考。

科研兴校,科研强校。陈斌教授担任繁重的行政工作,发扬雷锋同志的钉子精神,坚持科研,积极探索高职人才培养模式,努力提高办学质量,深化高职教学改革,出版专著,难能可贵,可喜可贺!值得提倡。是为序!

唐朝纪

2012 年 5 月

(唐朝纪,教授,四川高教学会常务副会长、四川高等职业教育研究中心学术委员会主任委员)

前　　言

高等职业教育作为高等教育发展的一个类型，肩负着培养面向生产、建设、服务和管理等一线需要的高端技能型人才的重要使命。近年来，随着信息化与网络技术的迅速发展，社会对于信息人才的需求发生了巨大变化，广大高职院校先后开办了与计算机相关的专业培养社会急需的信息人才。为了缩短学校培养与企业用人之间的差距，各院校在人才培养模式上都做了不同程度的改革与尝试，虽取得了一定成效，但依然存在诸多问题，有待继续探索与改革。

通过对近几年高职软件技术专业毕业生就业质量的分析发现，人才培养问题主要集中在以下几方面：一是专业建设与生产的结合不够紧密，学生所学课程和技能培养与市场脱节；二是学生专业基础知识薄弱，可持续发展能力差；三是人才培养总体质量不高，导致企业需求旺，但学生就业难的局面。为解决人才培养的模式、途径和质量等问题，四川交通职业技术学院计算机工程系自2008年开始以服务地方信息产业和区域经济为切入点和突破口，在如何与企业实现合作办学、合作育人、合作就业、合作发展等方面不断探索与总结，在实践中逐渐探索出一套"双平台-双主线"的现代信息类人才培养体系，旨在解决专业建设与产业如何对接、人才培养与社会需求之间的供需矛盾、学生可持续发展能力以及专业知识与职业技能并重培养、如何为人才培养提供优质教学支撑等方面问题，以全面提高人才培养质量。

本书共分10章。第1章对接需求，通过对信息产业的行业状况和人才需求的分析，提出了高职信息类人才培养模式改革的前提。第2章把脉现状，通过对信息产业人才供需、人才培养、校企合作、师资建设、培养方案等主要问题的认识，分析了高职信息类人才培养模式改革的基础。第3章从"双平台-双主线"人才培养模式的理论基础、实践基础、基本思路、基本内涵、逻辑起点以及典型案例分析，阐述了高职信息类人才培养方案的构架框架。第4章以软件技术专业为例，详细介绍了课程体系的构建、课程标准规范等课程改革举措，形成了完整的软件技术专业课程改革资料。第5章围绕"双平台-双主线"人才培养模式，介绍新的教学管理手段和教学方法。第6章通过分析目前高职教育质量监控与评价的现状，介绍了"双平台-双主线"人才培养模式下教学质量监控与评价体系的建设情况。第7章重点突出以"合作办学、合作育人、合作就业、合作发展"为主线的实训基地及运行机制建设。第8章从教学团队建设的依据、措施和成效等方面介绍了"双师"教学团队的建设情况。第9章介绍了"双平台-双主线"人才培养模式改革过程中学生职业素质培养的若干问题。第10章通过宏观层面毕业生群体就业质量分析和微观层面毕业生个案的分析，对"双平台-双主线"模式实施所取得的成效进行了详细的分析。

本书基于国家示范性高等职业院校重点专业建设——软件技术专业教学实践，得到了四川交通职业技术学院的大力支持。本书的编写和出版工作得到了杨小燕、杨桦、凌晓萍、雷菡、时云峰、伍德军、杨仁怀、刘晋州、周春容、周静、韩宝安、吴光成、张雪峰、任毅等同志的全力帮助。本书的实践基础源于四川交通职业技术学院软件技术专业人才培养的具体实施过程,为此,对所有署名和未署名的成果贡献者,表示深深的感谢。

由于高等职业教育事业是一种新类型的教育,人才培养模式也在不断的研究和实践中,加之笔者水平和学识有限,书中难免出现不妥之处,恳请各位专家学者批评指正。

作　者

2012 年 5 月于成都

目　　录

第1章　对接需求:高职信息类人才培养模式改革的前提

21世纪,信息资源已成为越来越重要的战略性资源。信息技术在催生信息产业的同时,正以广泛的渗透性和先进性促进传统产业的更新和改造,信息产业正逐步成为国民经济和社会发展的战略性主导产业。信息化是推进国民经济和社会发展的强大动力,信息化水平成为一个国家或行业现代化水平和综合实力的重要标志,世界各国都把加快信息化建设作为国家的发展战略。20世纪90年代以来,信息产业以高于世界经济2~3倍的年均增长率迅猛发展。2008年,世界信息产业规模已达到4.96万亿美元,而据福布斯杂志预测,到2020年其规模将达到20万亿美元。目前信息产业已经超过了汽车、钢铁等产业部门,成为世界第一大产业,对世界经济增长起着举足轻重的作用。由此,信息产业的迅猛发展也催生了对信息人才的迫切需求。

1.1　信息产业的行业状况

信息产业作为一个新兴产业,正以其独特的魅力引领着世界经济前进的步伐。当前我国已经是信息产业大国,在信息技术更新换代及新一轮产业国际转移趋势下,既面临着因缺乏核心技术及标准控制能力而处于产业链低端、受制于人的困境,又面临着新兴发展中国家积极承接新一轮产业国际转移而对我国比较优势提出的挑战。

1.1.1　信息产业的定义和分类

何谓信息产业,不同的学者从不同的角度有不同的理解,目前国内外产业界和学术界还没有统一的定义。牟锐将信息产业描述为:制造信息技术装备,开发和提供信息技术、软件、信息内容和信息服务的产业。并根据我国信息产业结构状况及未来发展趋势,结合国家统计局发布的《国民经济行业分类标准》和《高技术产业分类目录》,对信息产业进行了分类,如图1-1所示。

这种定义和分类方法,将整个信息产业以技术/产品为基本划分标准,细分为信息技术与设备制造业、软件与信息内容业和信息服务业三类子产业群,突出硬件、软件和服务的划分体系。这种划分既符合人们对信息产业的通常理解,又便于归类和细分,符合当前的信息产业现状和信息技术未来发展趋势。

当然,目前还有很多与信息产业密切相关的概念,如IT业,IT是英文Information Technology的缩写,即信息技术的意思。目前IT业的划分方法有各式各样,其中以美国商业部的定义较为清楚和合理,它将国民经济的所有行业分成IT业和非IT生产业。其中IT业又进一步划分为IT生产业和IT使用业。IT生产业包括计算机硬件业、通信设备业、软件业、计算机业及通信服务业。至于IT使用业几乎涉及所有的行业,其中服务业使用IT的比例更大。由此可见,IT行业不仅仅指通信业,还包括硬件和软件业,不仅仅包括制造业,还包括相关的服务业。

另外,“电子信息产业”也是频频出现的一个词,它是在计算机技术、通信技术和高密度存储技术的迅速发展并在各个领域里得到广泛应用的背景下成为信息学的词汇。电子信息在信息的存储、传播和应用方面已经从根本上打破了长期以来由纸质载体储存和传播信息的一统天下,代表了信息业发展的方向。如果需要区分,可以说在一定程度上信息产业和 IT 业是相似的,IT 业包含了电子信息行业。在后面的论述中,主要使用信息产业,但是在代表性的举例和引用过程中难免会涉及 IT 业、电子信息业、计算机业、软件业等相关概念,必要时将做说明。

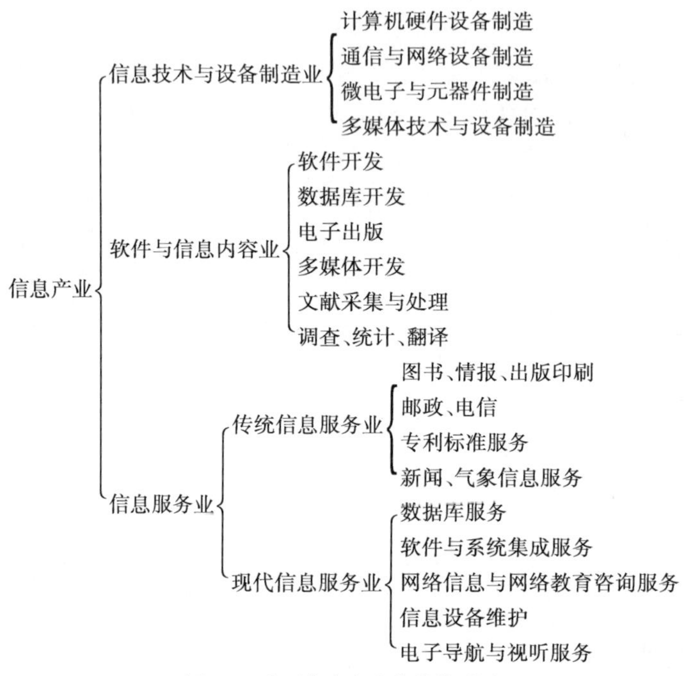

图 1-1　中国信息产业分类体系图

1.1.2　信息产业的基本特征

信息产业作为经济发展中的朝阳产业,成为世界经济新的增长点,其基本特征主要有:

(1)信息产业是知识、智力密集型产业

信息产业的支柱是信息技术,其核心是计算机技术、通信技术等,这些技术都是高知识、高智力投入的结晶。从企业层面看,信息企业的成功,首先取决于是否具有高水平的技术资源,研究开发能力和效率是决定信息企业发展的关键。

(2)信息产业是技术更新快、加速性的创新型产业

信息时代,信息以数字形式通过网络以光速传递,信息的数量迅速增加,质量大大提高,技术知识、技术创新的扩散、转移和利用速度不断加速提升。技术创新成为信息产业发展的核心动力。

(3)信息产业是高起点、高标准的竞争型产业

对信息产业的投资会由于信息技术开发的创新性、有效性、专用性和垄断性及市场需求的广泛性而获得高额回报。正是这一点吸引了众多实力雄厚的企业和高素质的人才,参与信息技术的开发和信息产业的发展。目前在信息产业,专利已经不仅仅是企业自我保护的手段,美国许多信息产业大公司不再全是为已经研究开发的技术申请专利,而是用“抢”登的办法和专利手段在新技术领域进行圈地运动。在公司专利竞争日趋激烈的同时,企业、国家之间的标准

之争也愈演愈烈。标准之所以重要，是因为信息产业不同系统不同类别产品间、各类组件必须保持兼容。技术标准是决定技术发展的关键因素。

(4)信息产业是研发成本大的高风险型产业

处于发展前沿的信息技术企业研发投资占销售额的比重可以高达15%～20%。微软是其中的典型。2010年3月在德国汉诺威CeBIT 2010展会上，微软首席运营官Kevin Turner透露，微软2010年将投入高达95亿美元的研发经费用于以云计算为主的创新研发。然而，信息产业又会因为技术开发和市场需求的不确定性、超前性、复杂性和时效性使这些投资具有很大的风险。据统计，美国信息产业风险企业中，完全失败的占20%，经受挫折的占60%，成功率一般为20%～30%。

(5)信息产业是需求方规模经济效应突出的产业

信息产业具有独特的需求方规模经济效应，随着需求方规模的扩大，需求方和生产方的收益都会随之增加。这种信息产品本身特性所构成的现象，极大地影响了生产和消费两方面的决策。

1.1.3 信息产业的发展趋势

如今，以通信、计算机及软件产业为主体的信息产业被赋予新的内涵，形成了世界经济新的增长点。信息技术创新正在持续推动信息产业产品结构和产业结构的不断升级。近年来信息产业以年均9%左右的增长率引领世界经济发展的火车头，各国增长率是相应GDP增长率的两倍左右，有的甚至达到5倍左右。信息产业的规模迅速增大，占各国GDP的比重快速提高，发达国家一般已达40%～65%。

1)世界信息产业发展趋势

由于信息产业对国民经济起到极大带动作用，各国对信息产业发展及其基础设施的建设倾注了极大的热情。联合国也高度关注和支持信息产业发展，于2006年7月正式成立了联合国信息社会小组(UNGIS)，负责推荐信息通信技术重大成果，提升公众对信息社会目标的认识，并努力寻找使发展中国家融入信息社会的有效途径。美、日、欧等发达国家依然处于全球信息产业的主体地位，掌控着全球资源，主导着信息产业发展格局。在全球一体化趋势下，信息产业在全球范围的资源配置和布局调整进一步深化，电子产品制造业继续向亚洲及其他新兴国家和地区转移。中、印、巴西、东欧等发展中国家和地区为代表的新兴市场，信息产业规模不断扩大，在世界信息产业中的地位不断提升。在保持市场份额持续增长的同时，这些新兴经济主体也在努力向信息产业价值链的高端环节升级。概括来说，世界信息产业发展呈现以下的发展趋势。

(1)市场规模扩张，地位日益突出

信息产业经过萌芽、成长、成熟等几个阶段，正逐步取代工业成为世界经济的主导产业，在经济结构中的地位显得日益突出。据中国电子信息产业发展研究院(CCID)的研究报告，按照有关发达国家经济发展过程中各个产业结构变化情况，可绘制出19世纪至21世纪产业结构变化趋势图，如图1-2所示。

由图1-2可见，信息产业将在21世纪呈持续快速增长势头。

有关专家以全球电子信息产品的销售额与全球电信运营业收入之和代表全球信息产业市场规模，叠加预测值，得到2010～2015年全球信息产业市场规模预测值如图1-3所示。

预计全球信息产业市场规模将以每年8.6%左右的速度增长。此处预测仅考虑到电子产品制造业和电信业，若考虑到信息产业全部行业及近年来信息产业加速发展的趋势，预测值还应有所增加。

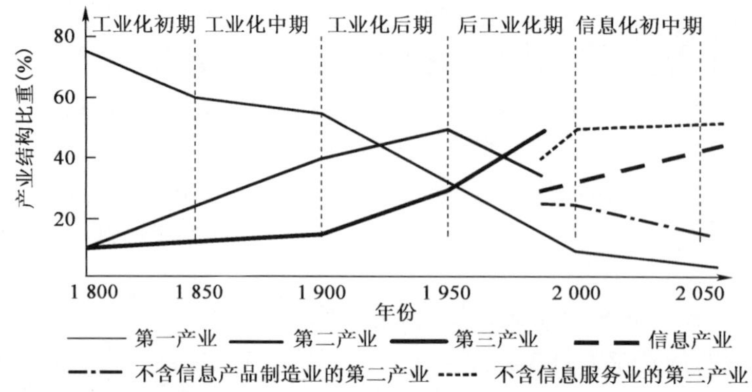

图 1-2　工业经济结构与信息经济结构演变趋势

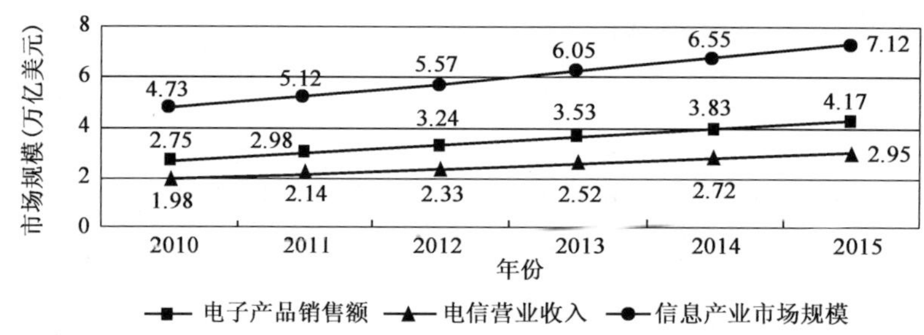

图 1-3　全球信息产业(电子产品制造业和电信业)市场规模预测

(2)产业结构变化

随着信息产业发展速度加快和规模的扩大，其结构也呈现出界限模糊化和结构高级化、软化等趋势。

①产业界限模糊化。信息技术与机械、汽车、能源、交通、轻纺、建筑、冶金等技术互相融合，形成新的技术领域和更广阔的产品门类，也使得投资类和消费类产品的边界趋于模糊。

②产业结构高级化。在需求拉动和技术推动的共同作用下，技术进步和创新发展不断制造出适合人们需要的信息产品，从而使产业结构不断优化和升级。

③产业结构软化是产业结构高级化的具体表现。当前世界信息产业的竞争逐渐从硬件领域转到软件及服务业领域，显现出信息产业的软化发展趋势。

(3)寡头垄断性与企业共生效应将更加明显

信息产业对核心技术的控制以及雄厚的经济实力保证了大企业的寡头地位，大企业凭借其国际化、网络化的企业经营模式逐渐成为行业主导。以英特尔为例，2009 年其个人计算机微处理器的市场出货量占全球整体市场的 81%；与此同时，在操作系统方面全球 90% 以上的计算机使用的是微软的 Windows 操作系统。

(4)产业发展梯次化与社会分工全球化的趋势更加突出

随着经济全球化进程的加快，信息产业的全球化趋势也越来越明显，主要表现为产业发展的梯次化和产业分工的全球化。在此趋势下，世界各国、各地区必须在全球分工网络中找准目标，恰当定位，使自身的信息产业走上立体多维的国际大舞台。

2)我国信息产业的发展趋势

我国信息产业是信息产业国际分工及国际循环的重要组成部分,世界信息产业发展必然影响中国信息产业的发展。20 世纪 90 年代以来,我国信息产业在“以市场换技术,加工制造为主”的模式下,凭借着市场需求巨大,低成本生产要素、相当实力的产业基础和生产能力等综合成本优势,获得了国际产业转移的有利地位,已基本形成产业体系。最近十多年中,我国信息产业一直以高于 GDP 增速两倍以上的速度持续增长,产业规模继续在国民经济各行业中位居领先地位,已成为我国工业的第一支柱产业。据工业和信息化部统计数据显示,2009 年,虽然受到国际金融危机影响,我国规模以上电子信息制造业仍然实现了收入 51 305 亿元,同比增长 0.1%;利润 1 791 亿元,同比增长 5.2%;其中软件业务收入 9 513 亿元,同比增长达 25.6%。我国信息产业的发展现状主要表现为以下几个方面:

(1)产业结构调整初见成效。在信息设备制造业取得巨大成就的同时,软件业、集成电路业、信息服务业也得到迅速发展。

(2)产业集中趋势明显增强。电子信息百强企业占行业企业总数不足千分之二,却创造了全行业近 1/4 的利润和 2/3 的税收,如图 1-4 所示。

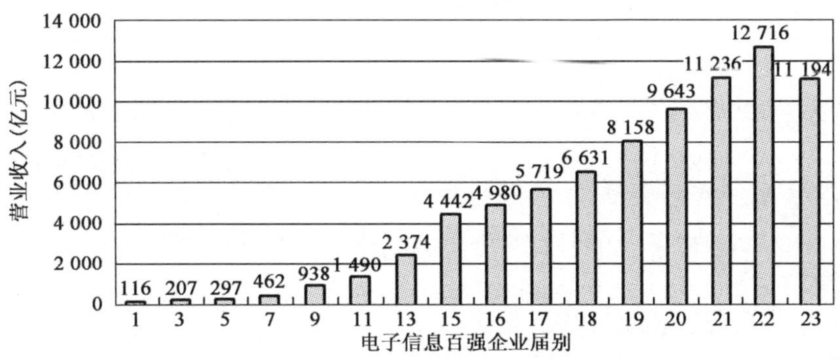

图 1-4 我国电子信息百强企业历届营业收入总额

(3)产业集群优势开始显现,已逐步形成具有相当规模和配套能力的几个信息产业基地,如表 1-1 所示。

我国信息产业集群分布 表 1-1

区域名称	主要省市	重点城市	布局具体行业及重点产品
珠江三角洲	广东省	广州、深圳、东莞、中山、顺德、珠海	家用电器、视听产品、通信、计算机及外部设备
长江三角洲	上海市、江苏省、浙江省、福建沿海	上海、杭州、南京、苏州、无锡、常州、福州、厦门等	集成电路制造、封装,通信、微电子元器件类产品、视听产品、计算机及外部设备、软件、家用电器等
环渤海地区	北京市、天津市、河北省、辽宁省、山东省	北京、天津、石家庄、沈阳、大连、青岛	通信、计算机、集成电路设计、微电、软件、家用电子电器类产品等
中西部地区	四川省、重庆市	成都、重庆、绵阳	彩电、软件、光电子、通信设备
	陕西省	西安、宝鸡、咸阳	彩管、彩电、冰箱、程控交换机、偏转线圈
	湖北省、湖南省	武汉、长沙等	光电子、彩管等显示器件

(4)信息技术有所进步。20 世纪 90 年代后半期，我国信息产业的技术引进幅度进一步加大，仅 2000 年我国引进技术 7353 项，合同总金额 181.75 亿美元，其中外商投资企业的技术引进约占当年全国技术引进总额的 25%。2008 年，我国大中型工业企业技术引进经费为 440.4 亿元，购买国内技术支出为 166.2 亿元。1999 年我国大中型工业企业购买国内外技术经费与 R&D 经费（全社会研究与实施发展经费）之比首次小于 1:1，2008 年这一比例降低到 0.16:1，企业对外部技术的依赖度呈不断下降的趋势。

可见，经过改革开放以来的跨越式发展，我国信息产业初步形成了产业规模明显扩大、专业门类齐全、技术水平日益提升、宏观调控不断规范的产业体系，为我国信息产业向更高层次发展奠定了坚实的基础。在世界经济的国际化进程中，跨国公司为保持竞争优势和在国际市场中的地位，将继续实施全球战略，激发新一轮信息产业的国际梯次转移和国际分工，为我国信息产业的发展提供新的商机。我国的信息产品与信息服务市场是全球最大的潜在市场，不仅需求数量大，品种多，而且质量高，个性化要求多，跨国公司不再把中国只看作是出口产品低成本的生产地，而是视为充满生机的大市场。同时，世界范围内的信息化浪潮使国际间信息交流与传播的速度更快、方式更灵活、内容更丰富，淡化了国别、地理界限，这种开放的国际环境为我国等发展中国家加快学习过程提供了良好的外部条件。

当然，在获得一定发展机遇的同时，我们也深刻认识到我国信息产业面临的挑战。如信息产业的“空心化”现象（即信息产业聚集区多数只发挥劳动成本低或资本密集等比较优势，在技术创新方面并无实力，必须依赖发达国家“创新聚集区”的辐射）。我国信息化核心技术缺失，通用计算机 CPU 和基础软件 90% 以上依赖进口。这为以后产业的可持续发展带来了严峻挑战，表现在：产业结构性矛盾突出，核心产业薄弱；核心技术受制于人；品牌渗透力弱，企业综合实力不足。随着经济全球化步伐加快，我国信息产业面临的国际竞争日益加剧，我国企业的竞争压力日益加大。

工业和信息化部副部长娄勤俭出席 2010 中国 IT 市场年会时指出，电子信息产业增速下滑的势头已被遏制，运行中的积极因素日益增多，总体回升趋向已经基本明朗。未来一段时期，信息产业发展主要呈现五大趋势：一是信息技术创新速度持续加快，全球专利申请中 IT 所占比例大幅增加，物联网、云计算等新技术的广泛渗透将催生出新的经济增长点；二是网络发展催生更多业态及发展模式，新的产业模式不断孕育发展，“智慧地球”、软件服务化等新的理念将推动产业发展模式创新和产业链条整合；三是技术产业间进一步融合渗透，两化融合、三网融合、3C 融合、三屏融合将极大地拓展产业发展空间；四是内需市场日益发挥更大作用，如何把握和满足城乡居民消费需求成为发展的关键要素；五是绿色信息技术加速发展应用，智能电网、节能减排等信息技术将推动产业发展模式向资源节约型、环境友好型转变。

温家宝总理在政府工作报告中提出“培育发展战略性新兴产业”，这表明新一代信息技术产业等将作为重点予以推进。近年来，我国电子信息产业迅速成长，对经济增长的支撑和拉动作用愈发明显。据工信部统计数据显示，2010 年，我国规模以上电子信息产业销售收入规模 7.8 万亿元，同比增长 29.5%，其中软件产业收入 1.3 万亿元，增长 31.3%。规模以上电子信息制造业工业增加值增长 16.9%，比上年加快 11.6 个百分点，高出工业平均水平 1.2 个百分点；实现销售产值 63 395 亿元，同比增长 25.5%。电子信息产业在国民经济中占据日益重要的地位，充分发挥了基础、先导和战略作用。然而，由中国社会科学院工业经济研究所和社会科学文献出版社 2011 年出版的《产业蓝皮书》指出，中国电子信息产业国际市场占有率迅速上升，在短短几年内已超德美，成为拥有绝对优势的世界第一，但中国电子信息产品从质量上表现出来的竞争力还远不及其数量,仍需不断提高。

国家“十二五”规划明确提出,信息技术将作为几大战略性新兴产业之一,规划建设新一代移动通信网、下一代互联网和数字广播电视网,建设物联网示范工程,实施网络产品产业化专项,建设集成电路、平板显示、软件和信息服务等产业基地。在五中全会闭幕当天,国务院办公厅发出“加快培育和发展战略性新兴产业的决定”,明确提出加快培育和发展战略性新兴产业的重要战略意义,并把节能环保、新一代信息技术、生物、高端装备制造、新能源、新材料、新能源汽车七大产业,作为中国现阶段重点培育和发展主攻产业。《国家“十二五”科学和技术发展规划》明确指出,将核心电子器件、高端通用芯片、基础软件产品、大规模集成电路制造装备及成套工艺、新一代宽带无线移动通信网等战略性新兴产业作为发展和培育重点;加快突破移动互联网、宽带集群系统、新一代无线局域网和物联网等核心技术,推动产业应用,促进运营服务创新和知识产权创造,增强产业核心竞争力。

1.2 信息产业的人才需求

信息产业作为知识密集、技术密集的产业,其迅猛发展的关键是有一大批从事信息技术创新的人才。因此,一定数量、结构和质量的信息人才队伍是信息产业发展的支撑,一个国家的信息人力资源储备、信息人才培养及使用状况决定着该国信息产业发展的水平和潜力。也可以说,信息产业的竞争就是人才的竞争,高水平的信息技术人才培养和队伍建设是走向信息产业大国和强国的前提条件。

1.2.1 信息产业人才需求的政策导向

在2000年出台的《鼓励软件产业和集成电路产业发展的若干政策》支持下,信息产业成为新世纪第一个“十年即实现跨越式发展”的产业之一,也是“十二五”享受国家政策扶持的产业。《国家“十二五”科学和技术发展规划》提出,大力培养造就创新型科技人才,改革完善创新型人才的教育培养模式;深入推进科技教育结合,着力完善适应国家科技发展需求的人才培养模式;推行创新型教育方式方法,把创新教育环节融入国民教育、职业教育和继续教育体系;把提升科学研究能力作为创新型人才培养的关键环节,支持研究生参与承担科研项目,为本科生参加科研活动创造条件,突出培养各级在校学生的科学精神、创造性思维和创新能力。根据国家科技和经济发展需要,及时引导高等学校调整优化学科专业,充分发挥高等学校的人才优势和创新潜力,加强交叉学科、新兴学科领域专业人才培养;加强高等学校工程技术类专业的实践教育,推行产学研合作教育模式和“双导师”制,促进高等学校与科研院所、企业联合培养科技人才;以国家重大科研项目和重大工程、重点学科和重点科研基地、国际学术交流合作项目等为依托带动人才培养;鼓励高新区、大学生创业园等机构开展高等学校毕业生技能培训和创业培训;进一步弘扬科技工作者求真务实、勇于创新的科学精神。

2002年《国务院关于大力推进职业教育改革与发展的决定》指出,职业教育的目标任务为,适应我国现阶段走新型工业化道路,坚持以信息化带动工业化,以工业化促进信息化,大力振兴装备制造业,加快发展现代服务业的实际需要,根据劳动力市场技能型人才的紧缺状况和相关行业人力资源需求预测,优先确定在数控技术应用、计算机应用与软件技术、汽车运用与维修、护理四个专业领域,在全国选择确定500多所职业院校作为技能型紧缺人才示范性培养培训基地;建立校企合作人才培养的新模式,有效加强相关职业院校与各地推荐的

1 400多个企事业单位的合作，不断加强基地建设，扩大基地培养培训能力。2003～2007年相关专业领域共输送毕业生100万人，在相关专业领域共提供短期技能提高培训300万人次，缓解了劳动力市场上技能型人才紧缺的状况。

2003年教育部、劳动和社会保障部、国防科工委、信息产业部、交通部、卫生部联合印发了《教育部等六部门关于实施职业院校制造业和现代服务业技能型紧缺人才培养培训工程的通知》。根据其要求，教育部与信息产业部制定了《中等职业学校计算机应用与软件技术专业领域技能型紧缺人才培养培训指导方案》、《两年制高等职业教育计算机应用与软件技术专业领域技能型紧缺人才培养指导方案》，并在各地推荐的基础上，共同确定北京市计算机工业学校等101所中等职业学校、天津电子信息职业技术学院等79所高等职业院校、联想集团等326家开展计算机应用与软件技术专业领域技能型紧缺人才培养培训工作的合作企业名单，同时印发的还有《我国职业院校计算机应用与软件技术专业领域教育改革调研报告》。

2004年信息产业部人事司颁布了《全国信息技术人才培养实施意见》，启动“全国信息技术人才培养工程”。计划在全国范围内建立2 000个信息技术人才教育培训站，200个信息技术人才教育培训基地，20个信息技术教育资源研发中心和教师培训中心，并计划在5年内培训5万名高级信息技术人才，50万名中级信息技术人才和500万名初级信息技术人才。

2006年，中共中央办公厅、国务院办公厅印发《2006～2020年国家信息化发展战略》，指出要壮大信息化人才队伍，保障措施如下：研究和建立信息化人才统计制度，开展信息化人才需求调查，编制信息化人才规划，确定信息化人才工作重点。建立信息化人才分类指导目录；确定信息化相关职业的分类，制定职业技能标准；尊重信息化人才成长规律，以信息化项目为依托，培养高级人才、创新型人才和复合型人才。发挥市场机制在人才资源配置中的基础性作用，高度重视“走出去，引进来”工作，吸引海外人才，鼓励海外留学人员参与国家信息化建设。信息化发展战略行动中，关于国民信息技能教育培训计划部分还提到：培养信息化人才，要构建以学校教育为基础，在职培训为重点，基础教育与职业教育相互结合，公益培训与商业培训相互补充的信息化人才培养体系。鼓励各类专业人才掌握信息技术，培养复合型人才。

2009年3月，《电子信息产业调整和振兴规划》明确指出，电子信息产业“3年新增就业岗位超过150万个，其中新增吸纳大学生就业近100万人。”100万大学生的新增就业岗位目标，既是适应我国电子信息产业发展的人力资源需求，也是对我国在新形势下缓解就业压力，增加就业机会的一个重要举措。工信部人才交流中心人才开发处处长李建伟表示：“仅有岗位，如果没有与岗位匹配的人力资源，并不能有效改善就业水平。”李建伟介绍说，信息产业技术变化快、创新性强、涉及技术领域多，具有较强的辐射和带动作用，加之现在产品的更新换代速度继续加快，生命周期进一步缩短，市场竞争日趋激烈，产业自身的特点和发展趋势决定了电子信息产业人才需求量大、涉及专业面宽、培养周期长、流动率较高，特别是对具有独立的不断获取创新知识、信息能力的高级人才需求高。但目前人才供给方面，研发和市场两头人才偏少，高级人才比例偏低，高技能人才短缺，人力资源开发不足，职业教育和培训的作用未能充分发挥。关于人才培养，亟需切实做好实训环节。电子信息产业是一个高度创新的行业。20世纪以来信息技术领域的几项重大突破，如半导体、卫星通信、计算机、光导纤维都体现了信息产业的这种高度创新性。

1.2.2 信息产业人才需求的市场导向

1)信息产业市场概况

信息产业部政法司副司长郭福华在2004年出席“国际资本中国战略高层论坛”时说,从市场趋势和发展环境来看中国信息产业呈现出日益强劲的发展优势。所谓发展优势就是中国信息产业具有巨大的市场空间和投资动力,可从五个方面分析和判断:一是世界最大的电脑市场和配套市场在中国;二是世界最大的家电市场在中国,中国是世界家电最大的生产制造国之一,中国家电的普及率已经很高;三是世界最大的通信市场在中国,中国目前已是电话用户规模和网络规模最大的国家,相关报告称中国互联网用户的数量已超过美国,居世界首位,但从中国电信市场潜力来看,还远未达到市场的最大化。四是世界最大的汽车市场在中国,而汽车产业与信息技术是紧密相关的。在中国汽车的成本中电子产品平均成本已占25%。汽车的燃油系统、控制系统、底座系统、车载系统、汽车媒体及汽车行驶的调度系统等都由信息技术实现其智能化。可以断定,汽车就是机械技术和信息技术高度融合的产物,中国既是世界最大的汽车市场也会是最大的汽车电子市场。五是未来世界最大的信息技术应用市场也是中国。信息技术广泛地应用于经济社会各领域,并以此来带动经济的增长是全球未来关注的重点。中国正在进行大规模的信息化建设,电子政务、电子商务、行业信息化、企业信息化、城市信息化、社区信息化以及传统产业的升级改造、老工业基地的振兴等为信息产业提供了巨大的市场潜力和空间。中国经济社会发展对信息技术的巨大需求,有可能使中国在今后若干年内成为世界最大的信息技术应用市场。虽然我国在发展硬件和软件方面一时难以有大的突破,但我们在发展以信息内容为重点的信息服务业方面具有居世界前列的潜在优势,拥有数以亿计的潜在信息用户,通过政策引导与扶持,加速发展以因特网信息服务业为重点的信息服务业,从而牵动我国信息产业的发展,这正是我国信息产业发展的现状和可能的发展道路。

从增长速度来看,2004年以后全国电子信息产业规模仍保持较快增长,但增长速度逐年下降。至2009年,全国规模以上电子信息产业实现销售收入6.08万亿元,同比增长3.39%,较2004年38.1%的增长率下滑了34.71个百分点;规模以上产品制造业实现工业增加值1.2万亿元,同比增长5.3%,较2004年46.55%的增长率下滑了41.25个百分点。2009年,电子信息产业虽然受到国际金融危机的严重冲击,但在中央“保增长、扩内需、调结构、惠民生”等计划和政策措施的持续作用下,全行业扭转了大幅下滑的局面,发展趋势明显向好,在国民经济中的地位依然突出。目前电子信息产业正处于温和复苏阶段。根据《世界电子信息年鉴》(The Year Book of World Electronics Data 2010)统计,2010年电子产品市场规模为16 500亿美元,较2009年增长6.81%。预计未来3年(2011~2013年)电子信息产业市场规模将处于持续增长阶段,2011年市场规模将达到17 356.6亿美元,较2010年增长5.19%;2012年将达到18 187.5亿美元,较2011年增长4.79%;2013年将增至18 993.1亿美元,较上年增长4.43%。

从市场份额来看,中国在世界电子信息产业市场中所占份额将由2010年的18.83%提高到2013年的20.31%。而美国、日本和西欧等发达经济体,受国际金融危机影响较大。2010年,经济复苏形势不明朗,导致其电子信息产业的市场份额逐步下调。其中美国市场份额将由2010年的23.73%下降到2013年的22.8%,日本将由2010年的10.42%下降至2013年的10.03%,西欧将由2010年的18.75%下降到2013年的17.44%。中国上升幅度最大,西欧地区下降幅度最大。在国家层面,美国、中国和日本仍将占据世界电子产品市场的主导地位。产值上,中国将继续居于首位,其次是美国,日本仍居于第三位。在市场规模上,美国和日本所占的比重小幅下降，中国所占的份额持续上升，总体上仍保持美、中、日前3位的格局。包括印度、韩国在内的亚太其他国家以及巴西、俄罗斯等新兴国家的电子产品市场发展前景良好。

2）信息产业综合概况

由工业和信息化部主办，工业和信息化部电子科学技术情报研究所承办的《中国信息产业年鉴》，记载了年度中国电子信息产业经济运行的综合统计资料。

2009年，我国电子信息制造和软件相关行业的主营业务收入所占份额情况如图1-5所示。图1-6为软件业主要行业实现业务收入所占份额情况。

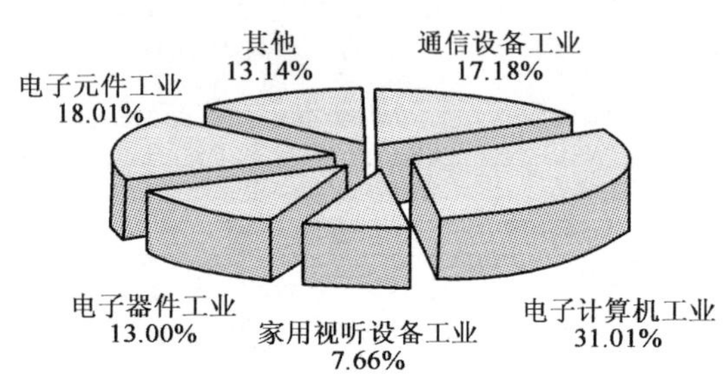

图1-5 2009年电子信息制造主要行业实现主营业务收入所占份额情况

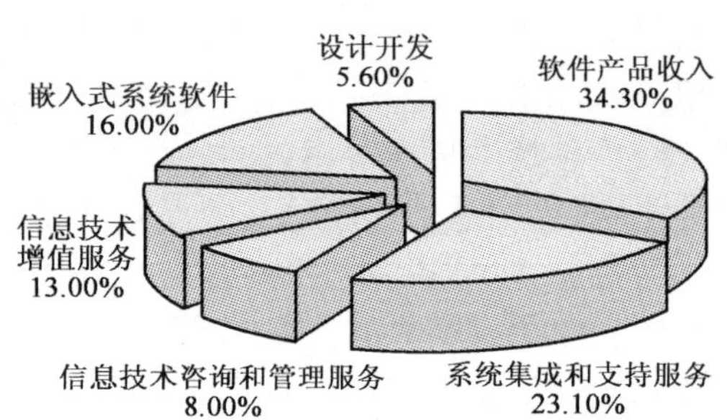

图1-6 2009年软件业主要行业实现业务收入所占份额情况

总体看电子信息产业包括电子信息制造业（传统意义上的电子信息业）和软件业。电子信息制造业则包含通信设备、广播电视设备、计算机、家用视听设备、电子器件、电子元件、电子测量仪器、电子工业专业设备、电子信息机电等。软件业则可以细分为软件产品、系统集成和支持服务、嵌入式系统软件、信息技术增值服务、信息技术咨询和管理服务、设计开发等。从《中国信息产业年鉴》名称的变化可以看出电子信息制造业和软件业融合的趋势，且已经有综合统计的数据部分。《中国信息产业年鉴（2010）》的统计范围包括全部国有电子信息制造业企业和年产品销售收入在500万元以上的非国有电子信息制造业；软件产业的统计范围是年销售收入在50万元以上的软件企业，不包括流通、咨询、服务业的电子信息企业和个别省市设在保税区内的电子信息制造业企业。

1998～2009年电子信息制造业及2001～2009年软件业的业务收入情况、完成工业增加值情况及利润总额情况如图1-7～图1-12所示。

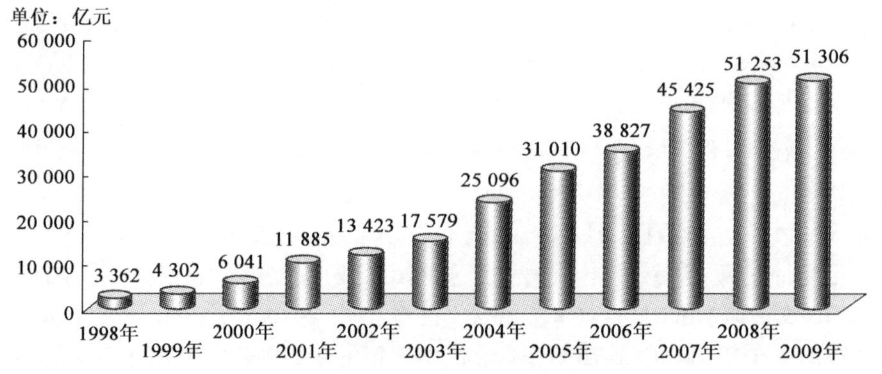

图1-7 1998～2009年电子信息制造业完成主营业务收入情况

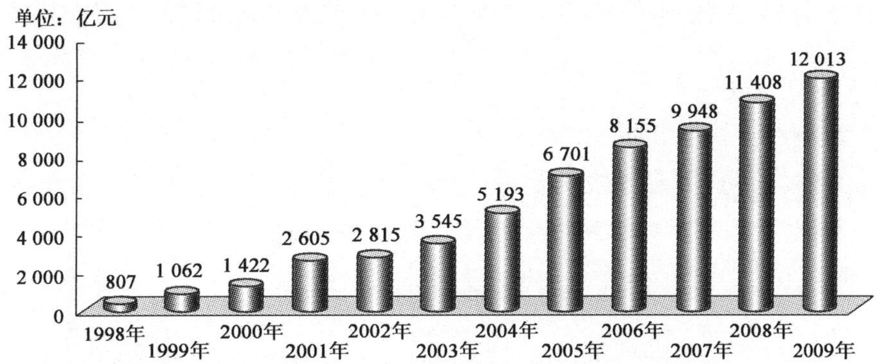

图 1-8 1998 ~2009 年电子信息制造业完成工业增加值情况

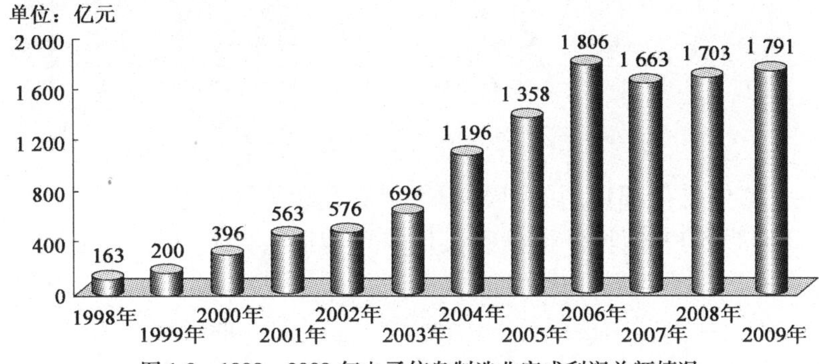

图 1-9 1998 ~2009 年电子信息制造业完成利润总额情况

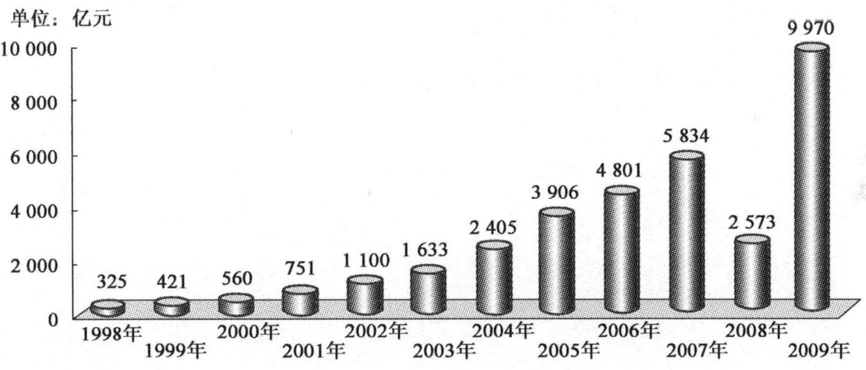

图 1-10 2001 ~2009 年软件业实现业务收入情况

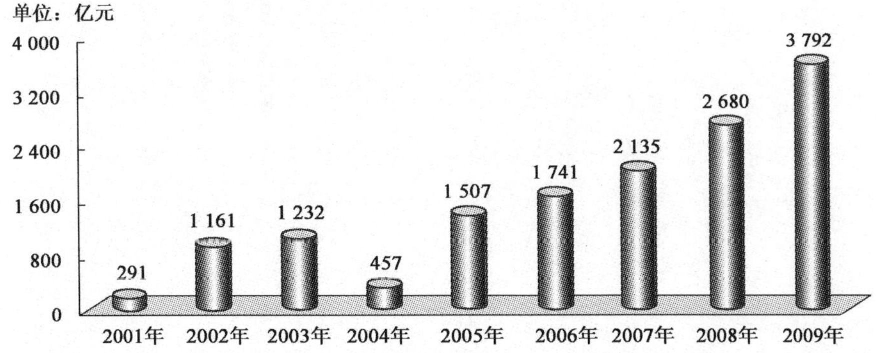

图 1-11 2001 ~2009 年软件业完成工业增加值情况

由以上图表可知，2009 年电子信息制造业完成主营业务收入 51 306 亿元，工业增加值 12 013 亿元，利润总额 1 791 亿元；软件产品、系统集成和支持服务、嵌入式系统软件、信息技术增值服务、信息技术咨询和管理服务、设计开发等行业的软件业实现业务收入 9 970 亿元，工业增加值 3 792 亿元，利润总额 1 341 亿元。

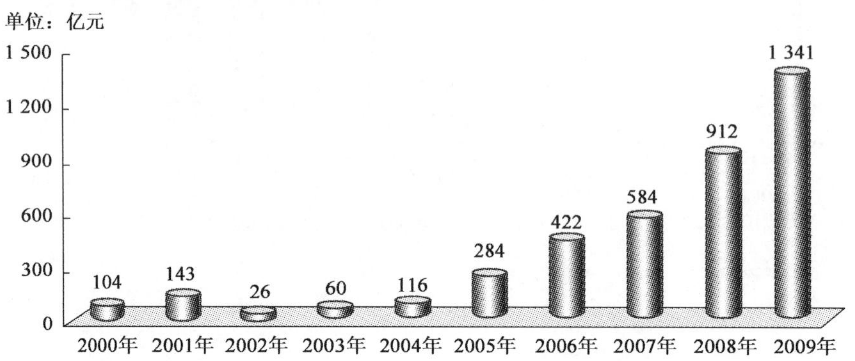

图 1-12　2001～2009 年软件业实现利润总额情况

当然，除了工业与信息化部使用的电子信息制造业和软件业概念，国家统计局使用的概念为：信息传输、计算机服务和软件业，电信和其他信息传输服务业，里面没有包含作为第二产业的制造业部分。由于产业的发展变化迅速，且如此复杂地交织在一起，以至于还很难有一个确定的说法。例如有人还会在家用视听行业中发现细分的软件业务收入。又如，信息化过程中与信息技术交汇融合还包括各种文化艺术业、建筑业、汽车业等。总之，尽管列举的是信息产业里面的不同行业或领域，但都是较具代表性的。

1.2.3　信息产业人才需求的现实状况

随着信息人才队伍近年来不断发展壮大，数量持续增加，人才结构日趋合理，但是与迅速增长的电子信息产业所产生的人才需求状况相比，仍然有一定差距。几个权威的信息产业人才状况分析报告表明了这一点。

1）来自国家的信息产业人才状况报告（图 1-13 所示）

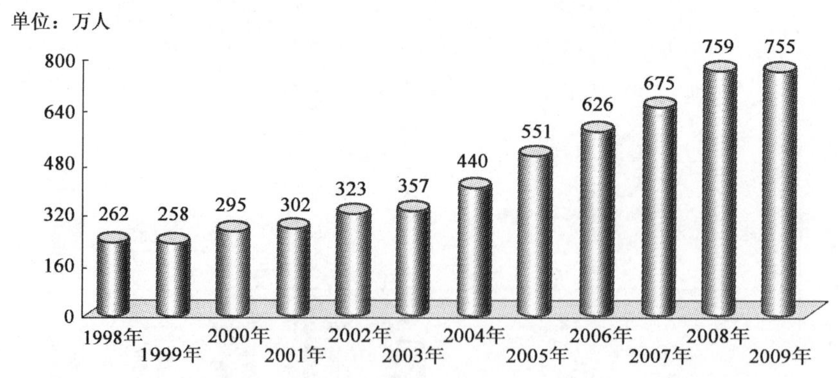

图 1-13　1998～2009 年电子信息制造业从业人员情况

从图 1-13 中可以看到，2009 年电子信息制造业从业人员 755 万人，由于受到国际金融危机冲击，人数有所下降。但在中央“保增长、扩内需、调结构、惠民生”等计划和政策措施的持续作用下，全行业扭转了大幅下滑的局面，发展趋势明显向好，2010 开始温和复苏。工业和信息化部 2010 年 1 ~ 11 月规模以上电子信息制造业主要经济指标完成情况显示，电子信息制造业全部从业人员数已达 880 万人（图 1-14 所示）。

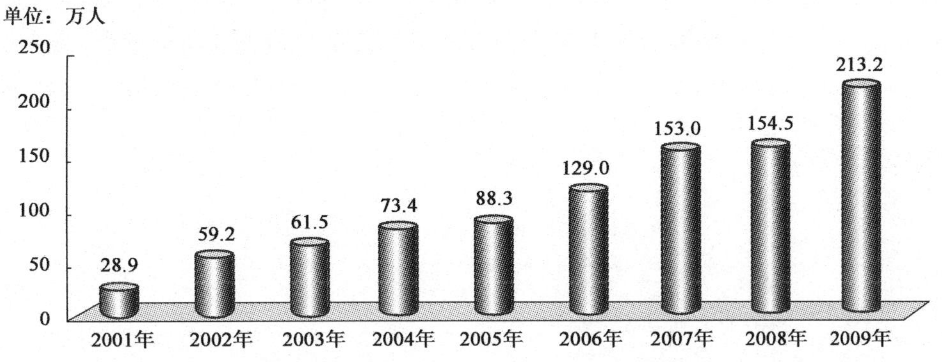

图 1-14　2001 ~ 2009 年软件业从业人员情况

2001 ~ 2009 年间，软件业从业人员稳步增长。到 2009 年，软件业从业人员达 213.2 万人。国家统计局数据显示信息传输、计算机服务和软件业各地区城镇单位就业人员数达到 173.8 万人（2009 年年底数，《中国统计年鉴》）。

2）来自行业的信息产业人才状况报告

首先，我们看看北京皓辰网域网络信息技术有限公司的《中国 IT 应用技术蓝皮书 2010 ~ 2011》，其中 2009 ~ 2010 年中国 IT 人才状况，从行业角度对 IT 技术人员的学历结构分布、行业结构分布、职业及从业经历分布等方面进行了调查分析。

（1）IT 技术人员的学历结构分布

根据 2010 年的调查数据显示，中国 IT 专业人员高学历比例有所减小。其中本科学历减少了 2.2 个百分点，为 64.3%；硕士学历减少了 1.9 个百分点，为 10.7%；博士及 MBA/EMBA 所占比例翻了一番，分别为 0.5% 和 0.7%；大专学历所占比例增加了 4 个百分点，为 23.1%。2010 年与 2009 年调查数据相比，中国 IT 专业人员学历结构基本稳定，但是出现了高学历比例有所下降的现象。2010 年中国的学历教育趋向理性化，企业开始淡化 IT 人才的学历要求，加强了对实际的开发和应用水平考察。受此影响，职业教育有针对性地输送大量中低端人才，受到企业的欢迎。图 1-15 为 IT 专业人员的学历构成分布图。

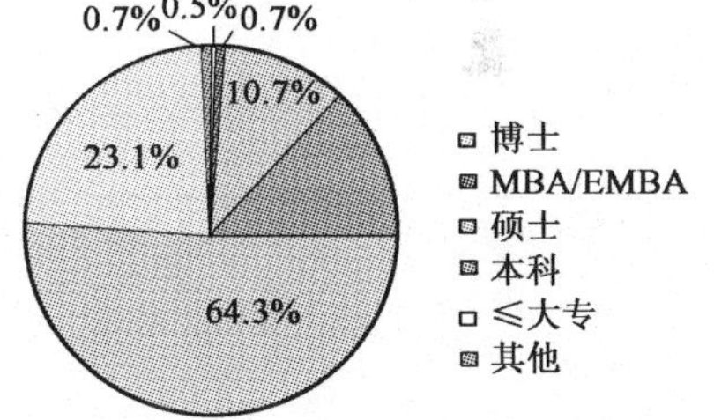

图 1-15　IT 专业人员的学历结构分布状况

（2）IT 技术人员的行业结构分布

目前超过 1/3 的 IT 专业人员从事于 IT 服务行业，其他行业主要集中在制造业（18.1%）、电信/通信（8.3%）、科研/教育（6.9%）、金融（5.0%）、商业流通（2.9%）和政府/公共事业（2.6%）等。几年的统计数据显示，中国 IT 专业人员从事的行业一直呈现出分散趋势，但行业顺序变化不大。值得一提的是 2010 年电信/通信行业从业比例从 2009 年的第五位（6.2%）提高到第三位（8.3%），移动互联应用的迅猛发展再次激活了这个行业的人才需求。IT 专业人员所在行业的结构分布如图 1-16 所示。

"前程无忧"(Nasdaq：JOBS)是国内第一个集合了多种媒介资源优势的专业人力资源的服务机构，内含传统媒体、网络媒体及先进的信息技术，加上一支经验丰富的专业顾问队伍，提供包括招聘猎头、培训测评和人事外包在内的全方位专业人力资源服务，目前在全国25个城市设有服务机构。2004年9月，"前程无忧"成为首个、也是目前唯一在美国纳斯达克上市的中国人力资源服务企业，是中国最具影响力的人力资源服务供应商。其无忧指数及时地反映了各个行业人才的供需状况。其中2010年IT职位需求如图1-17所示。图中IT职能是指无忧指数统计的所有职能中IT类职能的网上发布职位数，包括计算机、互联网、通信、电子，以下简称为IT职能。

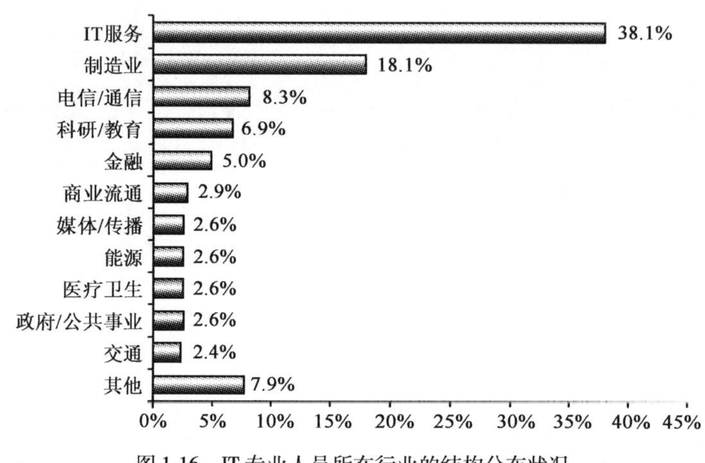

图1-16 IT专业人员所在行业的结构分布状况

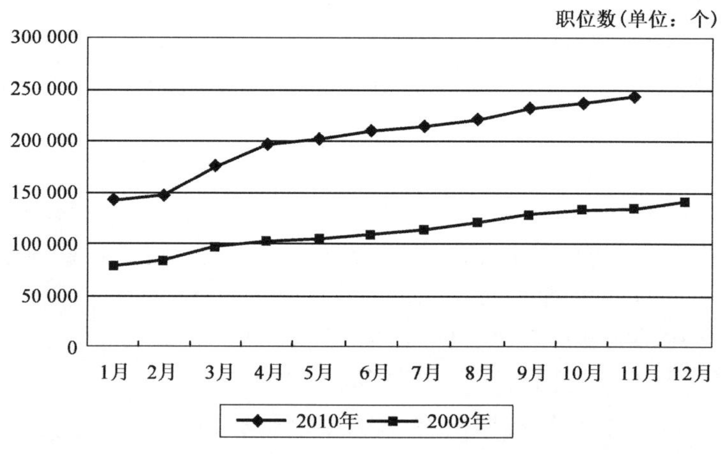

图1-17 2009年与2010年全国IT职位招聘需求量走势对比

延续2009年全年的大涨势头，截至2010年11月，"前程无忧"IT职位的网上发布职位数为243 264个，达到了2010年开年以来的最高峰。2010年年末"前程无忧"IT职位的网上发布职位数，相较2009年同比增长了82%，在无忧指数统计的各大类职能之中增幅领先。从总体走势上来看，2010年上半年IT职位的网上发布职位数是2009年同期的近一倍，明显拉动了整年招聘需求走势线的上扬。可见，经历了一场风暴后的IT招聘市场已经逐渐走出阴影，恢复常态。2011年1～5月，IT行业招聘需求增长量十分喜人。据"前程无忧"(www.51job.com)5月份发布的数据显示，IT类职能数已经达324 162个。2010年1～4季度全国一线城市IT职位数比较如图1-18所示。

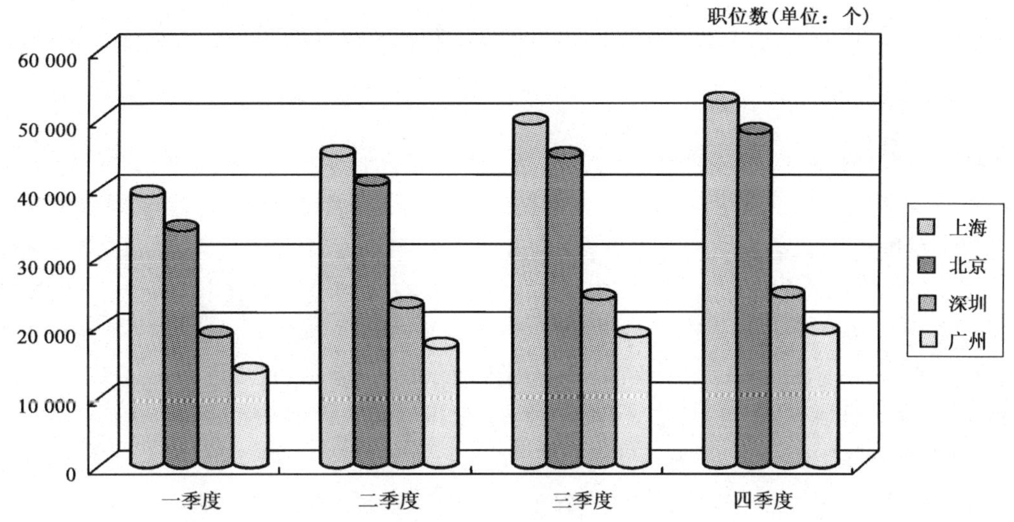

图 1-18　2010 年 1 ~ 4 季度全国一线城市 IT 职位网上发布职位数比较

四个一线城市依旧体现了人才高地的实力(见图 1-19)。以上海为例,据《上海软件和信息服务业领域人才发展规划(2011 ~ 2015 年)》透露,到“十二五”期末,上海市软件和信息服务业主体从业者将超过 50 万人,比“十一五”期末增长 50% 以上。加之硬件领域——电子信息产品制造业 50 万从业人员还将继续保持增量,未来 5 年内申城 IT 人才总量会突破百万。

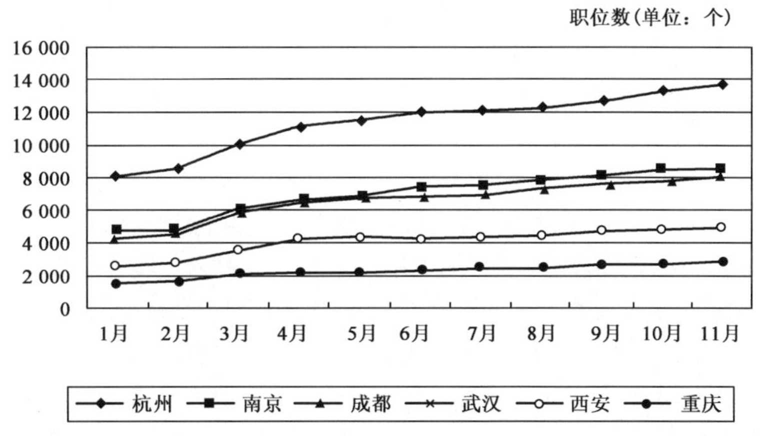

图 1-19　2010 年 1 ~ 11 月全国主要二线城市 IT 职位网上发布职位数走势

根据“前程无忧”发布的《无忧行业报告(计算机 & 互联网 & 通信 & 电子)2009 ~ 2010》所调查的求职端数据显示,四川、湖北两省已经被列为“活跃地区”。相对应的,在全国主要二线城市 IT 职位网上发布职位数走势中,武汉和成都同时站上 8 000 点位,西安和重庆则紧跟其后(见图 1-19)。

职能指数一路看涨。由国内第三方独立调查机构——麦可思研究院撰写的《2010 年大学生就业蓝皮书》却显示:无论是本科的计算机科学与技术、电子信息科学与技术、信息管理与信息系统专业,还是高职的计算机科学与技术、计算机应用技术、计算机网络技术、计算机信息管理等专业,都出现了毕业生“滞销”的现象,甚至在就业市场上亮起了“红灯”。

3)计算机人才需求的结构特征

从总体来看,信息人才缺口很大。但是,计算机等信息技术相关专业毕业生的就业已经出现困难。

首先,这并不意味信息技术发展步伐放慢。中国信息产业经过一段时期的高速增长后,人们普遍开始以理性的心态看待这一信息浪潮,也算是对信息市场过热的降温。它的发展需要更高的知识含量,因此对于信息技术人才的需求并未减少,只是相比之下要求提高。特别是在软件开发过程的高端领域,需要更多的程序分析、系统设计和集成等方面的专业人才。

其次,信息人才培养应当是金字塔结构的,与社会需求的金字塔结构相匹配,才能提高金字塔各个层次学生的就业率,满足社会需求,降低企业的再培养成本。以软件人才情况为例,人才结构性矛盾日益突出,呈两头小中间大的橄榄型结构,使得软件业不仅缺乏高层次的系统分析员、项目总设计师,也缺少大量从事基础性软件开发的人员。根据国际经验,软件人才高、中、初之比为1:4:7。2009年我国软件业从业人员达213.2万人,按照合理的人才结构比例进行测算,需要高级软件人才17.7万人、中级软件人才71.1万人、初级软件人才124.4万人。另外从教育部高教司得知,从2003年开始计算机类专业(计算机科学与技术、软件工程、网络工程)的本科毕业生增加,而招生量却明显减少,这表明各校根据就业情况在调整招生规模。但这些计算机类专业毕业生就业出现困难的主要原因,不是数量太多或质量太差,而是结构上的不合理。反而是高职计算机专业的毕业生有了更多的就业机会和更为广阔的就业空间。

从市场结构看,计算机专业人才需求具有以下特征:

(1)从事研究型工作的专门人才。主要从事计算机基础理论、新一代计算机及其软件核心技术与产品等方面的研究工作。对他们的基本要求是创新意识和创新能力。

(2)从事工程型工作的专门人才。主要从事计算机软硬件产品的工程性开发工作。对他们的主要要求是技术原理的熟练应用(包括创造性应用),在性能等诸因素和代价之间的权衡,职业道德、社会责任感、团队精神等。

(3)从事应用型(信息化类型)工作的专门人才。主要从事企业与政府信息系统的建设、管理、运行、维护的技术工作,以及在计算机与软件企业中从事系统集成或售前售后服务的技术工作。对他们的要求是熟悉多种计算机软硬件系统的工作原理,能够从技术上实施信息化系统的配置。

综上所述,计算机专业人才需求的层次结构,表现出金字塔形式,从事工程型工作和应用型工作的专门人才需求量大。但是,目前软件从业人员的结构呈橄榄型,大部分高校毕业生都居于中间层次,基层一线缺乏人才。因此,计算机人才培养应当由橄榄型结构向金字塔结构转化,与社会需求的金字塔结构相匹配。而相关行业也应根据发展需求,积极吸纳和培养各类高级技术、管理人才和制造业所需高技能人才,重点引进既懂技术、又懂经营管理和市场营销的复合型人才,培养既懂电子通用技术、又有行业专业技术的多元化人才,为我国成为世界信息产业强国奠定坚实的人才基础。

1.2.4 从业人员劳动报酬

1)国家方面统计

据国家统计局统计,2009年我国信息传输、计算机服务和软件业城镇单位就业人员达到173.8万人,其中国有单位64.6万人、城镇集体单位1.1万人、其他单位108.1万人;城镇单位就业人员工资总额996.2亿元,城镇单位就业人员年平均工资58 154元(这一时期各行业城镇单位就业人员合计平均工资 32 244 元)，其中国有单位 42 379 元、城镇集体单位 30 904 元、其他单位 68 067 元。信息传输、计算机机服务和软件业城镇单位就业人员平均工资地域差异显著，上海、北京是 IT 高薪城市，其中上海 IT 业薪水水平最高，达到 101 367 元，北京为 100 794 元，而四川仅 38 839 元。相关研究还发现，基于不同产业的平均劳动报酬与劳动报酬比重的变化趋势不一致，主要原因是平均劳动报酬的增长速度不合理，低于劳动生产率的增长速度；产业层次越高，劳动报酬越高；同一产业内部各行业的收入分配状况也有不同的层次之分；劳动报酬差异普遍趋于扩大，主要原因是各产业门类之间、不同要素密集型行业之间、垄断与非垄断行业之间的差异变化造成的。

从行业门类看，与 2009 年相比，2010 年各行业年平均工资都有不同幅度的增长，城镇非私营单位职工年平均工资最高的三个行业分别是金融业 80 772 元，是全国 2.2 倍；信息传输、计算机服务和软件业 66 598 元，是全国的 1.8 倍；科学研究、技术服务和地质勘查业 57 316 元，是全国的 1.5 倍。年平均工资最低的行业是农林牧渔业，为 17 345 元，只有全国平均水平的 50%。私营单位各类企业的工资收入水平较非私营单位有较大差别，金融业平均工资为 30 513元，仅为非私营单位的 37.8%。

根据蒲源源等对北京(26%)、上海(17%)、深圳(6%)、广州(5%)以及天津等城市 IT 行业的收入调查发现，IT 业属于高薪行业(2005 年 5 月 7 日到 2006 年 4 月 18 日)。统计结果显示，IT 业(包括电子、微电子技术、互联网、电子信息、电信和计算机)的平均年薪为 48 337 元。上海、深圳、北京是 IT 高薪城市。其中上海 IT 业薪水水平最高，年薪均值达到了 58 907 元，深圳紧随其后，为 58 886 元，北京第三，为 55 608 元。接着依次为杭州、成都、南京、广州、苏州等地。从工作经验看，同样符合薪水与经验积累成正比的原则，工作 3 年和 5 年也分别能实现薪水的一个飞跃。工作 1 年者平均年薪为 36 380 元；3 年者为 53 987 元；5 年者达到了 69 300 元；10 ~ 15 年可以达到 74 074 元。另外，国内 IT 企业的薪资水平与外企相比有一定差距，在外企工作的中国雇员的薪酬仍是业内高薪标志。但与最初进入中国不同，国外 IT 公司已经比较了解中国的薪酬水平，薪酬给予趋于理性。同样的，中国 IT 企业的国际化脚步已经加快，在薪酬方面也在逐渐向国际公司看齐。两者差距正在逐渐缩小。

就目前状况看，无论国内环境，还是国际趋势，对 IT 人才的需求都呈现增长趋势，但中华英才网(ChinaHR.com)职业专家分析认为，IT 业的总体薪资预计年内不会出现大幅提升，增长幅度将在 10% ~15% 左右。

2)行业方面统计

2009 年 2 月的无忧指数显示，在薪资支付水平上，IT 行业相对于其他行业来说，还是较高的。3 000 ~5 999 元/月占 32%，万元以上薪资的 IT 职位也达到 17%，如图 1-20 所示。

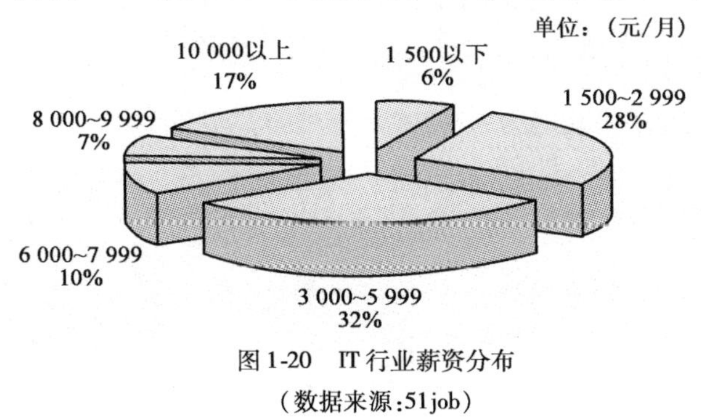

图 1-20 IT 行业薪资分布

(数据来源：51job)

信息产业的复苏,对全国的 IT 技术人员的就业需求带来了更多的机会。IT168 调研中心基于 ITPUB、IXPUB 和 ChinaUnix 三大论坛发起了关于中国 IT 人才发展状况的调查,希望调查报告对中国 IT 人力资本健康发展提供有力的数据支持。下面即是该报告对 IT 从业人员收入结构及其变化趋势分布的分析。

(1)IT 专业人员目前的收入结构

由于 IT 专业人员在企业中的职位高低不同,他们的收入也比较分散。但 2010 年与 2009 年相比,高收入比例明显增加,其中 10 000 ~ 14 999 元这个收入水平增长了 5.1 个百分点,达到了 11.4%;收入在 4 000 ~ 5 999 的技术人员比例也增加了 2 个百分点,为 21.4%。与 2008 年、2009 年调查数据相比,IT 专业人员收入呈现稳步增长态势,但 2 000 ~ 4 000 元仍是目前中国 IT 专业人员的重要收入段(如图 1-21 所示)。

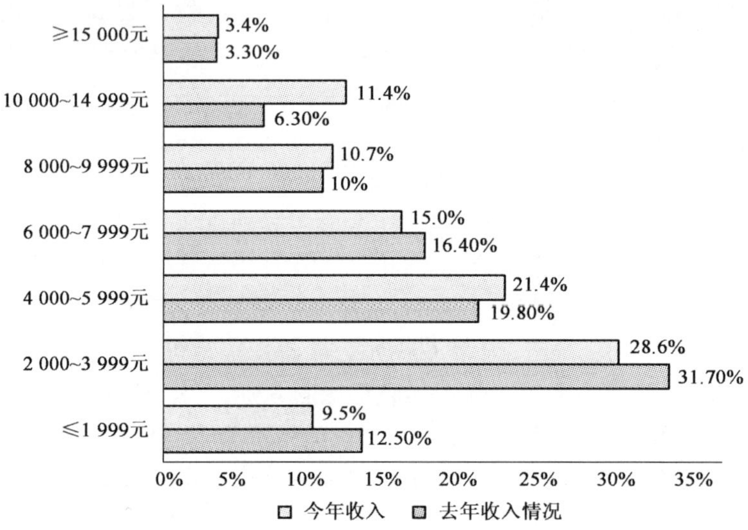

图 1-21 IT 专业人员目前的收入结构分布状况

(2)IT 专业人员收入变化趋势

相对 2009 年的收入,有 80% 以上 IT 技术人员都处于保持不变或者是处于增长的水平。受 2010 年的通货膨胀和物价水平的上涨等因素的影响,有超过 66% 的 IT 技术人员预期 2011 年工资水平应该有所增长或者是大幅增长,IT 专业人员收入变化趋势分布如图 1-22 所示。

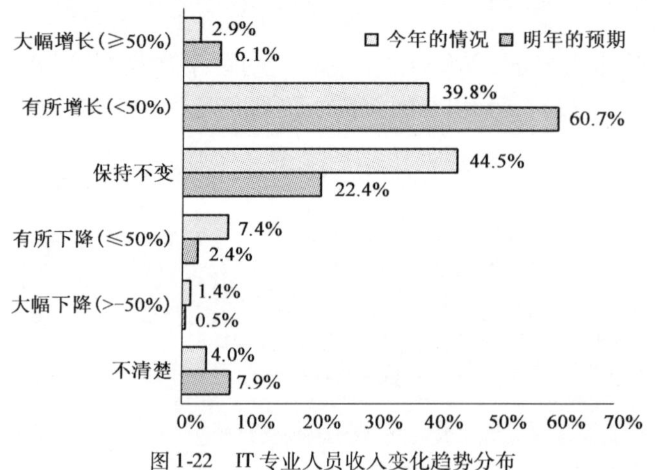

图 1-22 IT 专业人员收入变化趋势分布

第2章　把脉现状：高职信息类人才培养模式改革的基础

高等职业教育作为高等教育发展的一个类型，肩负着培养面向生产、建设、服务和管理等一线需要的高素质、高技能人才的重要使命。近年来，随着信息化与网络技术的迅速发展，社会对于IT人才的需求发生了很大变化，各高职院校都先后开办了与计算机相关的专业，培养社会急需的IT人才。为了缩短学校培养与企业用人之间的差距，各院校在IT类人才培养模式上都做了不同程度的改革与尝试，取得了一定成效。但信息类专业建设仍存在诸多问题，有待我们继续探索与改革。

2.1　信息产业人才供需的关键问题

随着社会的进步和科技的发展，信息产业取得了长足的发展和进步，人才总量持续增长，人才素质不断提高，各级各类人才对产业发展所做出的贡献和作用也呈上升趋势。然而，IT人才的成长在一定程度上落后于IT产业的发展，整个产业的人才需求和供给错位，导致IT行业陷入人才匮乏的困境，制约了IT产业的发展。如何解决我国IT人才培养的数量和质量问题，是IT职业教育的定位与人才培养需要考虑的关键问题。

2.2　信息产业人才培养的关键问题

从信息产业对人才数量与规格的需求特点与趋势可以看出，信息产业的人才培养固然要从数量上解决信息产业的人才缺口问题，更关键的是培养的人才是否能适应岗位的变化和行业的发展，是否能跟上技术发展的速度。只有素质高、技能强的优秀人才才能为IT产业的发展和进步作出贡献。因此，如何培养信息类人才，怎样培养适应信息产业发展需要的人才是当前各级各类相关教育亟待解决的问题。

2.3　信息产业校企合作的突出问题

面对信息产业的人才需求，各类教育机构都积极探索如何培养适用人才，以有效对接信息产业的需求。2003年起，企业、第三方教育集团、院校三方合作的人才培养模式在国内大面积铺开，这种合作方式旨在缩短学生职业能力与企业需求之间的差距，实现人才无缝上岗。然而，经过几年的努力，尽管这种模式对学校师资队伍建设和课程建设起到了一定的推动作用，但也逐步暴露出制约人才培养和产业发展的突出问题。

(1)企业、教育集团与院校的合作是基于互惠互利的基础上，企业借助第三方教育集团在合作院校中选择能胜任企业工作岗位的学生，院校利用第三方教育集团所提供的人才培养方案和课程资源为企业培养人才，三方各有所需，各有所付。由于这种三方合作并非是学校与企业的直接合作，必然会多出一些费用，导致合作费用较高，而合作产生的费用只有压在学生身上。从近几年的数据分析来看，高收费的学生专业报到率都不及传统收费的学生报到率。

(2)将重点放在证书的获取而非能力的培养上，导致教学又回到了应试教育状态。在这种模式下，企业和学校对学生的评价以获取认证证书为首要和重要标志，而不是将职业能力作为衡量学生是否达到企业用人标准的首要条件，这也制约了教学的组织与实施。教师在课堂上更多地是在讲题库而不是进行案例分析与能力训练，培养的学生虽取得了多个证书，但实际动手能力离岗位要求差距较大，不能很好地胜任企业各岗位工作。

(3)校企合作的教育内容与实际需求存在偏差。学校作为教育的主体，其根本出发点在于如何更好地服务于学生的成长；而企业作为利润追求的主体，其根本出发点在于追求利润的最大化。因此，在合作内容上，两者难以达成一致。学校培养人才的需求难以与企业追求利润的需求合拍，因而造成在校区合作中，学校处于两难境地，既想争取到与企业的合作，又感到合作的实质内容与教育的需求不一致，学生在合作中的收获很少，违背了校企合作的初衷。

2.4 信息产业师资建设的典型问题

"培养什么样的人就应当由什么样的人来教"，这样才能最大限度地实现教育目标。当然，高职教育是为生产、管理、建设、服务一线培养高素质技能型人才，因而要求教师需要具备生产、管理、建设、服务一线的实践经验。这就是在高职教育领域中常常提到的"双师型"教师或"双师素质"教师。

据调查，在信息类高职教育的师资队伍中，普遍是"从校门到校门"，年轻化、缺乏企业工作经历的现象突出。而这对于高职教育而言，是一个软肋，难以达成高职教育的培养目标。教师队伍整体的教研和科研能力不强，对教育教学缺乏深入的研究，在教育教学理念、方法等方面难以有创造性地突破，从而导致高职教育的"职业"特色不显著，对学生职业技能和职业素质的培养有待提高。特别是由于信息产业市场技术更新速度快，对教师把握市场和把握新技术能力要求较高，因而专职教师的企业实践经验及兼职教师的教学经验更需加强，专兼教师在人才培养过程中的角色分配更要进一步明晰，专兼教师的创新能力还有待提高，专兼教师共同参与的科技与教研项目领域还需进一步挖掘，充分发挥校企合作中"双师"素质教学团队的优势与力量，提高科技创新与服务能力。

2.5 信息产业培养方案的主要问题

人才培养方案是教育教学思想的综合体现，是未来人才的蓝图。因此，人才培养方案在人才培养过程中具有举足轻重的作用。就高职信息类人才培养方案而言，通过对市场的调研和对行业用人需求的分析以及毕业生就业质量的跟踪调查发现，这一方案与市场需求、与学生个人的成长发展需求之间还存在一定的差距，主要存在以下问题：

(1)专业建设未能很好地与地方产业接轨，人才培养定位不准。到底是培养方案对基础知识的淡化导致学生专业基础不扎实，还是缺乏深入的 IT 职业分析和就业市场关注，导致其不能更好地适应技术的发展变化，发展空间较小，或者二者兼有。总之，诸多因素导致毕业生就业质量低、起薪率低、专业对口率低，不能更好地服务于地方经济。

(2)人才培养模式较单一。人才培养模式改革的力度和创新性不够，培养出的学生无论专业技能还是职业素质离企业需求都存在一定距离。虽然采用了所谓订单培养、2+1、工学交替等工学结合模式,但施行过程中尚缺乏有效的多方合作和运行保障机制,导致培养模式缺乏实质性的改变。

(3)课程体系虽按工作过程和岗位划分进行了调整与改革,但过强的学科系统化定势依然存在。"理实一体"教学过程中理论与实践有机结合的研究不够,基于系统化的项目教学还不够深入,学生综合职业能力还未得到充分培养,因材施教也不能很好的实施。作为实现高职人才培养重要载体的教材建设和课程资源建设相对滞后,许多高职计算机专业教材的学科基础知识相对偏多,工作过程要素的体现还显得不够,体现工学结合的教材建设和课程资源建设亟须加强,课程资源的共享覆盖面不够广泛。

(4)实训基地的服务辐射能力还需进一步提升。目前的校内外实训基地除完成校内的实训任务外,承接社会的服务和培训力度还不够,校外实训基地还未充分发挥其功效。

(5)校企合作的深度和广度有待继续拓展,校企合作共赢的机制还需更加优化。在主动适应社会需求和经济发展方面、专业与职业的结合方面还需继续努力,建立有效的校企联动模式,保证专业发展的适应性,提高学生职业能力与市场需求的吻合度。

通过近几年高职教育的快速发展,各个专业对人才培养进行了较全面的改革与实施,人才培养质量有所提高,从学校教育的"出口"——学生的角度来看,仍然存在如下一些问题:

(1)学生的职业认同感及"承诺"发展存在困难。认同感是一种情感的联系。"承诺"是企业员工对他的工作和(或)企业产生的一种心理意向,这个意向是随着时间推移而建立的,一般经过较长时间(如数年后)才会稳定下来。组织承诺被认为是企业员工想留在企业继续工作的一种趋势。在职业教育中通过职业认同感的测评,以及对企业和学校教育环境的调查研究,可以获得与学生职业能力和职业认同感发展有关的重要数据。虽然人们一般认为"承诺"对工作绩效起到的预示作用非常有限,但是"承诺"确实影响着职业教育质量的测量和评价。

(2)学习能力的培养途径和方法有待改善。IT业是技术更新速度快、发展速度快的行业,这就要求从业人员必须具有较强的自主学习能力。通过近几年的实践发现,在现有的人才培养过程中,学生自主学习能力的提升速度比较缓慢,目前主要采用的项目驱动、案例驱动等一系列方法尚未在学生学习能力培养方面发挥应有的作用。

(3)获得信息、处理信息和表征信息的能力需要提高。对于IT行业,阅读各类技术文档、资料以及编写各类技术文档在工作中有很重要的作用。目前暴露出学生在解决实际问题的时候,缺乏查阅技术文档的主动性,对技术文档的重要性认识不到位,查阅文档时也缺乏技术和技巧。在文档编写方面,规范性意识不强,技术文档以及技术方案编写不健全,无法完成逻辑结构严密、工作目标明确、内容全面、方式恰当的的优质计划。

(4)整体化思维、系统化思考、可持续发展能力等关键能力有待提高。无论软件技术、网络技术还是计算机应用领域,都要求从业人员要有严密、系统的逻辑思辨能力和解决问题的能力以及较强的可持续发展能力。这些能力是需要在综合项目实践中不断培养和锻炼出来的,这也为职业教育中学生综合技能培养提出了新的思考。

第3章　高职信息类人才培养模式的构建框架

3.1　“双平台-双主线”人才培养模式的理论基础

“人才培养模式”是指在一定的现代教育理论、教育思想指导下，按照特定的培养目标和人才规格，以相对稳定的教学内容和课程体系，管理制度和评估方式，实施人才教育的过程的总和。它具体可以包括四层涵义：一是培养目标和规格；二是为实现一定的培养目标和规格的整个教育过程；三是为实现这一过程的一整套管理和评估制度；四是与之相匹配的科学的教学方式、方法和手段。如果以简化的公式表示，即：目标 + 过程与方式（教学内容和课程 + 管理和评估制度 + 教学方式和方法）。高职教育为生产、建设、管理、服务一线培养高素质技能型人才的培养目标，决定了人才培养模式必须贯穿“校企合作、工学结合”的职教理念。专业建设需以市场需求为驱动，以“工学结合”为核心，依托行业和企业，根据相关行业企业的特点和标准，以职业岗位的能力要求为依据、以职业岗位的真实工作任务为基础，以工学结合为着力点。因此，高职教育作为一种独立的教育类型，经过多年的研究与实践，目前普遍采用的是工学结合的人才培养模式。工学结合人才培养模式是教育部在2005年提出的，教育部《关于职业院校试行工学结合、半工半读的意见》中提到：职业院校推行工学结合，“是遵循职业教育发展规律，全面贯彻党的教育方针的需要；是坚持以就业为导向，有效促进学生就业的需要；是帮助学生，特别是家庭经济困难学生完成学业的需要；是关系到建设中国特色职业教育的一个带有方向性的关键问题。”可以说工学结合人才培养模式是一种将知识学习、职业能力训练、工作实践结合在一起的以专门化职业人才培养为主要目的的人才培养和教育模式。在整个人才培养过程中，以全面培养学生的职业素质、职业能力和就业竞争力为主线，充分利用学校和企业两种不同的教育环境和教育资源，通过学校和企业的双向介入，将校内的基础知识学习、基本技能训练与在企业真实工作经历的学习有机结合起来，共同培养生产、服务和管理第一线的高素质、高技能人才。

3.2　“双平台-双主线”人才培养模式的实践基础

四川交通职业技术学院计算机工程系在其建设与发展过程中积淀了工学结合人才培养模式的坚实基础，其主要实现形式有以下几种：

1）订单培养模式

订单培养模式是指职业院校结合市场需求，根据企业对人才规格的要求，校企双方共同商讨、制定人才培养方案，签订用人合同，并在师资团队、技术服务、课程建设、办学条件等多方面深入开展合作，共同完成招生、人才培养和就业工作等一系列教育教学活动的办学模式。它是建立在校企双方相互信任、紧密合作的基础上，以就业为导向，提高人才培养的针对性和实用性以及企业参与程度，实现学校、用人单位与学生三方共赢的一种工学结合的教育模式。它具有以下几方面特点：

(1)订单培养模式能弥补教材体系与社会发展和行业技术发展的不足,使校内的教学内容与社会的需求同步,紧跟技术的发展。

(2)订单培养模式突破了教学场景的局限和企业到学校获得廉价劳动力的浅层次合作,让企业从招生到人才培养方案制定再到最后的就业全程参与,切实实现通过学校和企业“双主体”育人,使人才培养方案更加实用和有针对性,可以有目的的实施教学和职业能力培养,有利于深化教育教学改革。

(3)订单培养模式有利于优化资源配置,充分调动企业办学的积极性、主动性,发挥企业人力资源与物质资源在办学过程中的作用,实现企业资源与学校资源的有机整合。

(4)订单培养模式有助于学生提前感知企业文化,熟悉企业规章制度,提升学生对企业的认同感,培养学生职业素养和团队协作精神与意识,实现学习与工作的“零距离”。

(5)订单培养模式有助学学生就业和企业选拔人才,推动学校人才培养与社会需求的有效对接,提升就业质量,切实为企业培养所需人才。

当然,订单培养模式作为众多人才培养模式中第一种,在具备上述显著优势的同时,在现有条件下还存在以下不足之处:

一是专兼结合的“双师”教学团队建设有待加强。为适应人才培养模式改革的需要,教学团队中具有企业实践经验的教师比例,尤其是承担教学任务的稳定的兼职教师比例尚需要增强,专业教师需要通过到企业顶岗锻炼,积累工作经验,提高实践能力。

二是考核方式需要进一步完善。订单培养是学校与企业之间的深度合作,无论从课程体系、教学方法、实训环境还是考核方式,都融入了学校与企业两方面的因素。但是,在现行的订单培养中,对学生的考核偏重于企业要求这一方面,突出核心技能的考核,而对学校本身作为教育机构这一块的考核较为忽视。高职教育毕竟有别于技能培训,因此,要同时注重学生的职业技能和职业素质。这就需要在实施订单培养模式的过程中,注重学校和企业两种考核方式的有效结合,实现学校和企业双方的培养任务,促进学生的可持续发展。

三是要处理好定向性与适应性之间的关系。订单培养的课程设置必须紧扣订单企业岗位对人才规格的要求,因此具有很强的定向性,要实现课程内容与职业资格标准零间隙、专业技能与岗位规范零距离、毕业与就业零过渡。这样做的结果就导致学生所学的专业技术知识有很强的方向性,却缺乏拓展空间的能力。但是社会的发展是迅速的,市场和技术在不断的进步,而学生在校期间获得的知识和技能相对而言始终是有限的。特别是在信息时代,技术和知识更新快,对从业人员要求有更强的学习能力和迁移能力。因此,在信息类高职教育教学过程中要特别注重培养学生知识内化、迁移和继续学习的基本能力,以适应未来岗位工作内涵变化、多岗位转换所必备的知识和能力需要,使他们成长为适应广泛就业需要的高素质、高技能复合型人才。

2)0.5 +2 +0.5 模式

“0.5 +2 +0.5”是近年来在高职信息类人才培养模式改革中新探索出的一种较为普遍和实用、易于操作的人才培养模式。这种模式是按照学生在高职三年的学习中,不同的学习阶段、不同的任务而进行划分的。三个阶段之间既相互独立又相互联系。第一个“0.5”即第1学期为公共基础平台,学生在校学习专业基础知识,培养学习能力,夯实专业基础;第二个“2”表示从第二学期开始到第五学期,在校内完成教学任务,由校内专任教师和校外兼职教师组织实施教学任务,主要学习专业知识,养成职业素养,培养职业能力;第三个“0.5”表示学生在校外完成半年的顶岗实习，结合自己的工作岗位完成毕业设计任务和生产问题资源库的建设任务，其主要特点是：校企结合紧密，能充分发挥学校和企业两个育人主体的作用，提高学生综合素质、动手能力和解决实际问题的能力，增强学生适应社会和工作岗位的能力 。同时也能有效发挥行业、企业优势，借助社会力量，促进工学结合教育的发展。

“0.5 +2 +0.5”人才培养模式也存在一些弊端，主要是：学生最后半年顶岗实习的管理和监控机制还需完善，学生入企不顶岗、顶岗不在岗、在岗不工作的现象较为普遍，难以保证顶岗实习质量。同时，第二个阶段具体如何有效实现学生专业能力和职业能力的培养，还处于探索阶段，如果工学无法有效结合，很容易陷入学科教育。因此，“0.5 +2 +0.5”人才培养模式的关键在于如何体现阶段划分的内涵，而不是仅仅从时间节点上进行划分。

3)“引企驻校、引校入企”模式

建“校中厂、厂中校”是校企深度合作的一种表现，解决了在黑板上讲机器、在教室里说动手的教育与市场、学校和企业“两张皮”的现象。通过学校与企业合作，双方共建实训与生产基地，学校出场地和教师，企业出设备和技术。学校教师和企业员工可以实现角色互换，这对培养教师的生产实践能力，为学生提供真实生产任务起到了积极的推动作用。通过这种合作模式，学校既可以解决硬件投入不足的问题，也能解决企业用人匮乏的问题。对学校而言，提高了办学效益；对企业而言，节约了人力成本，减少了管理难度，也缩短了培训时间，大大提高了生产效率；对学生而言，既锻炼了实践操作能力，又能通过劳动获得报酬，也是对自身价值的体现，可以极大地提高学生的参与性与积极性。可以说，“引企驻校、引校入企”对高职教育而言是一种较为理想的人才培养模式。当然，“引企驻校、引校入企”不仅是一种形式上的校企融合，更重要的是由此而引发的校企双方在课程建设、师资建设、实训基地建设、文化建设等方面的有效融合和对接，真正实现学习和工作的零距离。

引企驻校、引校入企模式虽然在解决企业用人匮乏和学校硬件设施不足等方面起到了相当大的推动作用，但仍然存在驻校企业的生产任务量不够饱和，学生参与企业生产任务的质量还有待提高、企业用学校学生作为员工带来的减免税收等一系列制度和经济上的问题还有待政府、企业、学校等多方共同研究和解决。

4)工学交替模式

工学交替模式是工学结合的一种具体实现形式，其内涵是指把学生在校三年的学习过程划分为在校学习和在企业工作交替进行的两部分来实施。在两个不同的环境下进行学习与工作实践的交替循环，不影响正常的教学计划和理论教学，而且也能使学生的工作实践顺利进行。生产实习环节基本上由学校和企业商定后分统一安排和分散进行两种方式进行，学生可双向选择，灵活多样。按照每个生产实践环节的要求，除统一安排外，学生可自主联系生产实践单位，只要能满足工学结合教育教学的要求即可。学生生产实习期间，安排校内指导教师和校外指导教师各 1 名。为确保学生工作质量，学校组织专门人员对学生工作情况进行巡查，与合作单位进行沟通，了解学生学习和生产实习情况。

工学交替培养模式能有效弥补传统人才培养模式下学生理论与实践脱节的问题，然而，这一模式在我国的发展还不成熟，仍然存在许多问题，例如许多企业根本不愿意接受大学生短期教学实践，导致学校难以找到合适的实习单位。很多职业院校安排学生到生产一线顶岗实习，初衷是提高学生动手能力和适应社会能力。但由于企业不愿积极响应，只是在季节性缺工时，才想到学校招一批学生进厂顶岗实习，使部分学生的顶岗实习成为“变相打工”。

“要改变这一现状，有关部门还得为‘工学交替’提供制度保证。”“工学交替”这一办学模式在国外非常普遍。国家应该从制度上给予企业相关优惠政策，让企业积极主动地参与到“工学交替”中。同时，教育部门和劳动保障部门，对“工学交替”也应监管到位，规范学校、企业的有关行为，切实维护学生“工学交替”期间的权益。

5）项目驱动模式

项目驱动培养模式的内涵是指学校与企业双方以具体项目为合作平台，调整相关专业的定位和培养目标，制定和完善人才培养方案。这种通过项目合作过程来完成和实现培养工作的一种人才培养模式优点在于：

（1）校企双方实现双赢。校企双方根据项目需要，互派人员到对方任教和培训，企业为学生提供实习场所及项目所需的物质条件，学校为企业培训员工，提高企业管理水平；

（2）有效推动学生就业。通过项目合作，学生职业参与到企业的真实项目中，与企业有直接的接触，为学生接触企业和企业深度发掘人才创造了条件，推动了学生就业和企业选拔人才；

（3）以项目为载体和纽带，企业与学校有共同的目标把企业和学校紧密地联系在一起，校企共赢，风险降低；

（4）能力培养具有较强的针对性和可操作性。由于校企合作的基础是项目，是以项目为中心而开展工作的，一切工作都是为项目服务，能充分调动学校、企业、教师和学生的积极性，对学生能力培养的效果较好。

项目驱动的人才培养模式尽管有上述优势，但是由于适合工学结合的项目很难寻找，校企双方的权责利在合作过程当中还不明确，因而实施起来还需要一系列的保障条件，且适用范围受到限制。

3.3 “双平台-双主线”人才培养模式的基本思路

四川交通职业技术学院计算机系各专业立足成都 IT 业，服务西部，辐射交通行业信息技术应用各领域，培养具有团队协作意识、沟通能力、自主学习和创新能力，具备扎实的信息理论知识和信息技术应用能力，具备较高的外语水平，能胜任 IT 项目分析、开发、管理、销售和维护的高素质技能型 IT 人才。

充分利用与 BCIT（加拿大不列颠哥伦比亚理工大学）、ATA（中国最大的考试和教育服务供应商）、NIIT（印度国家信息技术学院）、微软的项目合作资源，依托各院校力量组建一支由企业专家、行业专家、学院专业带头人等构成的专业建设委员会，全面推进“专业与企业对接、虚拟与真实交替、教学与生产融通”的“课程教学‘理实一体’化”及“项目全程贯穿”的“双平台、双主线”现代 IT 人才培养模式；制定并完善“双平台、双主线”下的现代 IT 人才培养方案和项目实施方案；制定并完善顶岗实习的管理与监控方法；优化专业认证机制，全面推行“双证书”制；进一步挖掘和发挥国际联合办学的优势，加大交通信息化建设中 IT 应用人才培养力度，全面提升人才培养质量。这样做的结果是学生顶岗实习半年以上的比例达到 100%，毕业生“双证书”获取率达到 100%，毕业生首次就业率不低于 98%。

四川交通职业技术学院计算机工程系各专业人才培养定位与培养方式如表 3-1 所示。

各专业人才培养方式一览表 表 3-1

专业名称	定位与目标	内容与条件	职业资格	培养方式
计算机应用技术专业	培养具有嵌入式开发与测试能力的高素质技能型人才。毕业后能从事工控类计算机应用、移动设备及各类电子产品开发、维护和技术支持管理等工作,成为嵌入式开发工程师、测试工程师,获得良好的发展空间和较好的工作待遇	从逻辑思维、控制技术、移动设备开发与制作、团队协作沟通等方面培养学生的综合职业能力	通过嵌入式、大规模集成电路、机器人等实训基地及职业资格认证中心,让学生在校期间获得嵌入式软件工程师、QT 工程师等认证	与国内外知名嵌入式技术公司联合制定教学计划,共同实施实践教学。借助信息产品开发、技能竞赛等促进能力发展
智能楼宇化工程技术专业	本专业与智能楼宇建筑企业合作办学,培养高素质楼宇智能化工程技术人才。毕业后能进入建筑行业或者物业企业,从事楼宇智能控制项目的设计、安装、测控、调试、施工与管理工作,成为智能楼宇建筑设计工程师、项目经理,获得良好的发展空间和较好的工作待遇	从建筑设备控制、楼宇安防、楼宇监控、通信、消防等方面培养专业技能,结合项目培养综合职业能力	鼓励学生考取国家智能楼宇管理师职业资格证书	通过校企联合建设的全套智能楼宇系统实训基地,结合真实工程项目,培养专业技能,通过参与真实楼宇项目训练半年
软件技术专业	与微软中国、印度国家信息技术学院、杭州创业软件、成都音泰思软件有限公司等国内外知名 IT 伙伴携手,联合培养高素质技能型软件人才。毕业生能在国内外软件企业、互联网应用、手机应用等行业从事工作,获得良好的发展空间和较好的工作待遇	将市场主流技术、真实项目和企业文化引入课堂,从逻辑思维、编程思想、编码规范、项目分析、职业素养、沟通协作等多方面培养学生的能力	软件工程师、测试工程师、数据库管理工程师等	利用校内软件工厂和引入驻校软件企业,按照企业要求实施订单培养,校企联合制定教学计划,共同实施教学
计算机网络技术专业	与国际著名网络设备研发公司思科公司合作,共同培养高素质网络工程技术人才。毕业生能在政府、企事业单位从事网络组建、网络规划与管理、网络维护等方面工作,获得良好的发展空间和较好的工作待遇	从网络故障诊断与排除、网络组建、企事业单位网络规划、网络安全防范、非技术职业素养等多方面培养学生的综合职业能力	网络工程师	通过校内、校外思科和神州数码实训基地,结合国内“理实一体”的教学模式和国际流行的网络教学模式,开设与国际技术同步的课程

续上表

专业名称	定位与目标	内容与条件	职业资格	培养方式
图形图像制作专业	与 Adobe、Macromedia 等知名企业深度合作共同培养高素质图形图像处理与制作技能型人才。毕业生能在软件公司、广告公司、建筑设计公司、装潢设计公司以及行政企事业单位的宣传部门,从事平面设计、计算机辅助设计、用户界面设计等工作,获得良好的发展空间和较好的工作待遇	从色彩搭配、美术基础、审美能力、图形图像采集与处理、网页设计、动画设计等多方面培养学生的职业能力	Adobe 公司认证平面设计师资格,界面设计师和 3D 设计师	通过图形图像制作工作室和学院 ATOB 创新、创业基地
计算机多媒体技术专业	培养高素质电视制作与数字媒体处理技能型人才。毕业生能在电视台、广告企业、行政事业单位的宣传部门从事节目编导、数字媒体创作、视频编辑处理等工作,获得良好的发展空间和较好的工作待遇	通过视频采集、视频创作基地和校园电视台,依托校内外实训基地承担真实工作项目,从摄影、摄像、电视节目制作、音频处理、视频编辑、沟通协作等多方面培养学生的综合职业能力	成为摄像师、非编工程师、编导等	与四川多家电视台和数字媒体公司密切合作,联合培养高素质电视制作与数字媒体处理技能型人才

3.4 “双平台-双主线”人才培养模式的基本内涵

为适应科技进步和社会经济发展,特别是信息产业发展、快速的技术更新,提升人才培养质量,努力实现人才培养、科学研究和社会服务三大任务,为四川、全国乃至全球输送高素质、高质量的 IT 人才,四川交通职业技术学院计算机工程系以服务信息产业和区域经济为切入点和突破口,坚持“校企合作、工学结合”的办学思路,充分利用合作企业的优质资源,借国家示范建设的东风,以软件技术专业建设为龙头,带动网络技术、图形图像、计算机应用技术等专业在人才培养模式改革、课程实施改革、“双师”教学团队建设、实训基地、校企合作等方面不断探索与总结,在实践中逐渐探索出一套“双平台-双主线”的现代 IT 人才培养模式。

“双平台”即“公共基础平台 + 专业平台”。学生进校第一学期为公共基础平台,不分专业,根据信息类专业学生应该具有的数据库管理与维护能力、办公应用软件操作能力、网络技术应用能力、逻辑编程能力、数字电路技术分析能力、计算机组装与维护能力等六大基础核心能力完成信息专业公共基础课程的学习,以此来打牢基础,培养良好的学习习惯和公共基础能力。从第二学期开始,学生进行中期分流,教师对每位学生做出专业素质评价,学生在教师的指导下,结合自己的专业意愿及专业素质评价在网络技术、软件技术、计算机应用技术、图形图像处理、多媒体技术、楼宇智能化工程技术这六类专业中选择最适合自己的专业修读,完成专业平台的学习,获取将来工作必须的综合职业能力。“双平台”是根据学生信息专业发展特点,基于最大限度地挖掘学生专业潜能的基本理念,既夯实了基础,又有针对性地培养学生的职业能力,有效克服了传统的信息类专业人才培养脱离学生认知实际、不能在专业和职业之间架起桥梁的缺点,切实落实了“以人为本”的教育思想。

“双主线”即“适应市场的知识提升推进路线”和“循序渐进的能力培养突进路线”。学生在校三年除按培养方案完成课程的教学任务外,还需按项目任务书在不同阶段完成相应的项目,即第一学期以基础能力项目为主,第二、三、四、五、六学期以专业基础能力训练和职业能力培养为主,遵循从简到繁,从易到难,从虚拟到真实的原则让学生结合所学专业完成实际项目,培养学生实践动手能力和创新能力(见图3-1所示)。

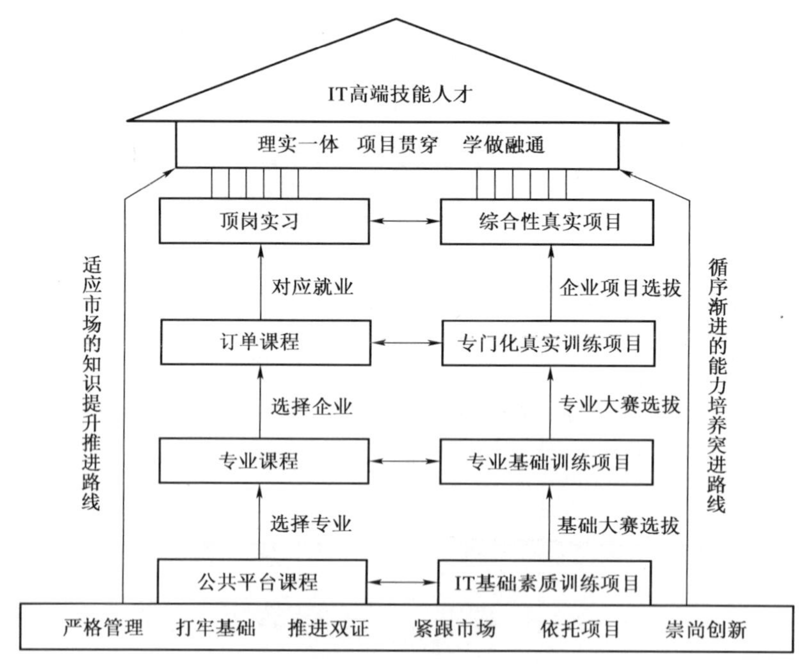

图3-1 “双平台-双主线”人才培养体系

“双平台-双主线”人才培养模式是校企合作的又一体现,企业为学院提供全程贯穿的项目来源和技术支持,学院为企业培养留得住、能吃苦、能上手且职业素质高、职业能力强、创新性强和学习能力强的现代IT人才,为促进IT经济及全球经济的发展储备优质人才。

3.5 “双平台-双主线”人才培养模式的逻辑起点

“双平台-双主线”人才培养模式是“以人为本”教育思想在高职信息类人才培养过程中的具体化,也是“工学结合”的高职教育理念的有效实现形式。它充分尊重了学生的发展需求,科学遵循了学生的认知发展规律,以学生的可持续发展为宗旨。针对当前高职信息类专业人才培养模式中存在的问题,围绕“如何培养素质高、业务精、可持续发展能力强的人才”等问题,四川交通职业技术学院计算机工程系在对市场进行充分调研的基础上,以校企合作、共同参与项目为依托,以培养具有较强学习能力、创新精神与较强实践能力的现代IT人才为宗旨,构建了“双平台、双主线”现代IT人才培养体系。该人才培养模式以夯实专业基础知识和基本能力为基础,以“理实一体”课程教学为手段,以“项目全程贯穿”为核心,以企业订单培养为途径,形成了显著的人才培养特色。

1)准确定位,知识与能力并重

围绕“如何使高职学生比本科学生更精技能,比同类院校学生更强基础”这一问题,项目组探索以“双平台”方式强化学生基础与技能。专业基础平台,夯实专业基础,全面加强学生学习素质,涵盖了信息技术中网络技术、数据库操作、逻辑编程、数字电子技术、办公软件操作、计算机组装与维护等方面的知识,为学生今后更好地从事 IT 行业打下了坚实的基础。通过专业公共平台的学习,让学生深化对基础理论知识的理解,掌握信息技术基本技能和方法,养成科学思维的习惯和良好的学习习惯,培养创新思维,逐步增强发现问题、分析问题和解决问题的能力。专业技能平台按照分类别、分层次的方式培养人才,做到人人有所学,人人有所用。

2)紧贴市场,课程与项目并举

(1)“适应市场的知识提升推进路线”,以市场需求为主,体现职教特色,全面加强学生实践能力培养

围绕“课程如何设置,如何与市场接轨,如何实施教学”等问题进行课程改革与建设。课程设置以市场需求为主,实现技术与行业同步,根据市场调研,形成了适应市场的知识提升推进路线。教学过程中打破传统的理论+实践的教学模式,所有专业课程在理实一体实训室完成教学任务,在实践中传授和总结理论知识,通过“必须、够用”的理论知识讲授巩固和提高实践技能。课程的开设能保证学生所学即为市场所需,“理实一体”的教学模式能有效调动学生的学习积极性,激发学生的学习和探索欲望,有效传授专业知识,培养学生的实践操作能力。教师的教学组织能力与教学技巧也在“理实一体”的教学模式中得到较大提高。

(2)项目全程贯穿,服务信息产业,全面加强学生职业能力培养

围绕“如何实现项目贯穿到学生培养的全过程”这一问题,项目组采用项目全程贯穿方式培养学生综合技能。学生进校后,形成由 1 个校内专职教师 +1 个校外兼职教师 +10 个学生组成的“1110”项目团队,通过 1 专 1 兼的两名教师带领 10 名学生完成在校三年分阶段的所有项目的设计与实施。项目从易到难,从虚拟到真实,逐步向真实化、产品化方向转化。通过这种方式,即能锻炼校内专职教师的项目组织与实施能力,也能有效解决传统教学方式下企业兼职教师在校内上课的时间冲突等诸多问题,同时,也能让学生在参与项目的过程中养成良好的职业意识。学生的技术文档阅读与写作能力、团队合作沟通能力、项目设计与实施能力、时间的掌控能力和创新能力等综合职业能力也得到大幅度提升。

3)角色兼并,教师与员工合一

“双平台-双主线”人才培养模式的实施,对教学团队的水平提出了更高的要求。围绕“如何提高教师实践能力,如何提高企业员工教学能力”等问题,四川交通职业技术学院计算机系积极开展校企合作中的教师、员工角色互换,通过教师到企业顶岗锻炼,企业员工承担学院实践性课程的教学指导工作,教师担任校内驻校企业员工,企业员工编入教研室,参加教研活动,建立校内教师技能提升中心等,提高“双师”教学团队的实践与教学能力。经过几年的培养与建设,逐步建成一支“勇于创新、肯吃苦、能做事”,具有“职业化、国际化和专业化”特点的高水平“双师”教学团队。其中,计算机系软件技术专业教学团队被评为省级教学团队立项建设单位。

4)校企合作,学校与企业双赢

围绕“如何实现校企深度融合、订单培养”等问题,项目组紧紧抓住信息产品市场需求,努

力与行业紧密结合，成功引入深圳普瑞斯集团，投入100万元在校内建立信息产品生产线两条，年接纳学生顶岗实习50人次；成功引进成都神州互联有限公司，在校内建立笔记本维修中心和数码港，年接纳学生顶岗实习30人次；成功引入达内(加拿大)集团，建立四川IT教育中心，为四川IT教育提供技术支持和搭建就业平台。

紧密联系企业，努力培养专门化人才。通过订单培养实现订单订岗位，定岗定就业。近几年，四川交通职业技术学院计算机系先后与成都音泰思计算机有限公司订单合作培养软件外包人才30人；与杭州创业软件订单合作培养医疗信息化人才60人；与深圳途鸽有限公司订单合作培养交通物流信息化人才40人；与联想集团订单合作培养计算机维修人才26人；与上海微创软件有限公司订单合作培养软件测试人才30人。

订单培养以企业真实项目为载体，让学生提前进入职场角色，极大地缩短了学生就业与企业所需之间的差距，真正实现了校企的深度融合，为企业创造了价值，为社会培养了人才，在一定程度上推动了行业经济的发展，实现了校企共赢。

3.6 “双平台-双主线”人才培养模式的典型案例

3.6.1 “双平台-双主线”人才培养方案案例分析

四川交通职业技术学院计算机工程系自2008年开始探索“双平台-双主线”人才培养方案以来，取得了一定成效。现以软件技术专业为例，对该模式进行深入的分析。

1)“双平台”的构成

四川交通职业技术学院计算机工程系成立于2001年，由最初的网络技术专业发展为现在的软件技术、网络技术、图形图像、计算机应用技术、多媒体技术、楼宇智能化工程技术等多种专业，经历了高职的快速发展期与示范建设期。期间，通过对学生入校的专业教育调查发现，学生自进校后的半年之内对自己所学的专业以及今后的就业和发展方向非常懵懂，对自己的专业缺乏认识和认同感。大概半年以后，学生对自己的专业有了逐步的认识，意识到自己究竟在学什么，今后能够做什么。其次，对毕业生的就业质量也进行了调查研究。从企业反馈的信息了解到，学生虽然具备了一定的职业能力，但基础不够扎实，学习能力和创新能力还有待提高。同时，多年的人才培养经验和调查发现，基础知识掌握是否牢固对于职业技能的发展有重要的作用，有助于学生更好地发挥自己的专业特长技能，提升学习能力。

因此，计算机工程系尝试在2008级学生中开始探索公共基础平台+专业技术平台的“双平台”培养模式。即学生进校第一学期为公共基础平台，所有学生不分专业，根据信息类专业学生应该具有的数据库管理与维护能力、办公应用软件操作能力、网络技术应用能力、逻辑编程能力、数字电路技术分析能力、计算机组装与维护能力等六大基础核心能力的要求，完成信息专业公共基础课程的学习(如图3-2所示)，以此来打牢基础，培养良好的学习习惯和公共基础能力。

从第二学期开始，在学生对专业的认识初步形成后，对学生进行专业分流。教师对每位学生做出专业素质评价，学生在教师的指导下，结合自己的专业意愿及专业素质评价在网络技术、软件技术、计算机应用技术、图形图像制作、多媒体技术、楼宇智能化工程技术这六类专业中选择最适合自己的专业修读，完成专业平台的学习。近三年专业分流后各专业的学生人数对比如图3-3所示。

计算机系积极拓展合作企业，先后与联想集团、杭州创业软件、深圳涂歌、成都音泰思等企业签订了订单培养计划，确保学生在校最后一年，能根据企业订单需求实施订单培养，选择适合自己的岗位顶岗实习和就业，获得较好的工作待遇和发展机遇，2011 年的订单培养情况如图 3-4 所示。

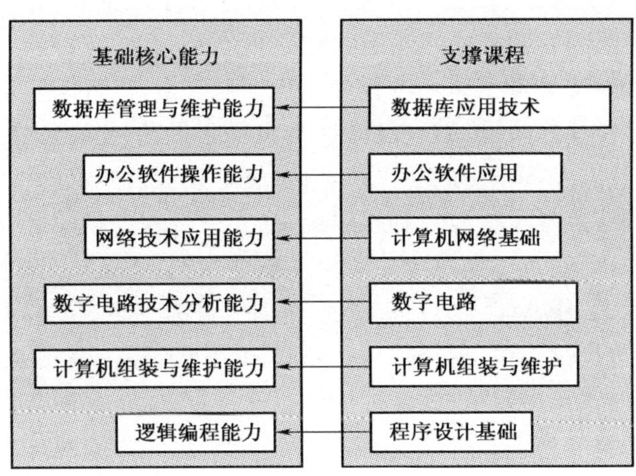

图 3-2　基础核心能力与课程的对应关系

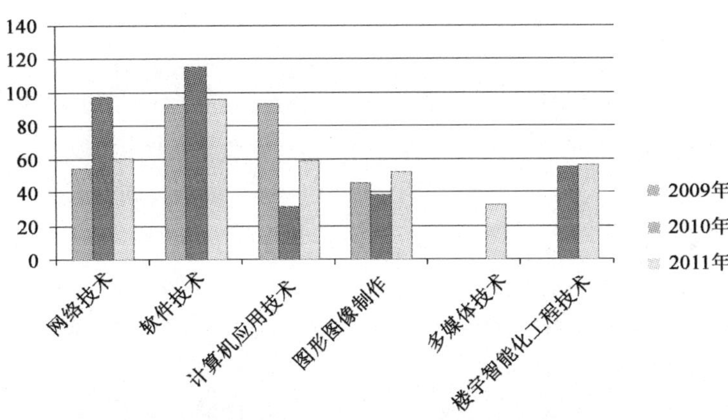

图 3-3　近三年专业分流后各专业学生人数对比

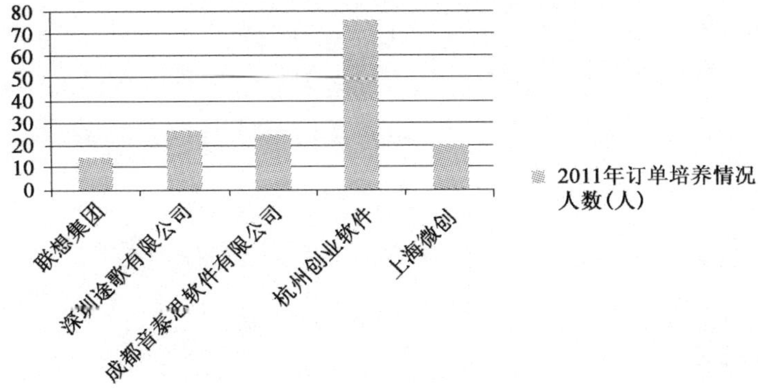

图 3-4　2011 年订单培养人才统计

2)“双主线”的构成

“双平台”是人才培养的阶段划分,而“双主线”是人才培养的具体实施方案。一条是在对市场进行充分调研的基础上,按照基于工作过程的思想对课程体系进行改革与重构,构建的适应就业市场的知识提升推进路线。这条路线课程的产生源于对企业工作的现场观察和专家研讨,并建立在对相关行业资料、就业需求情况收集整理的基础上,按照学习领域的思想,对传统的学科系统化课程与调研得到的工作典型任务进行综合改造,进行课业设计。另外,此类课程全部按照理实一体的教学模式授课,转变教学环节中师生的角色定位,教师主要以引导为主,学生成了教学的主体,让其发挥学习的主观能动性,满足其探索知识的求知欲。另一条是循序渐进的能力培养突进路线。学生进校后随机组成 10 人一组的项目团队,由 1 名任课教师和 1 名外聘教师担任项目经理,在每学期每个阶段完成从虚拟到真实、从简单到复杂的循序渐进的项目设置。该条路线以 IT 基础训练项目和专业训练项目为平台,培养学生的 IT 基础素质和专业素质,以专业大赛选拔为手段,挑选优秀的项目团队进入驻校企业承担真实的项目设计与实施,再通过企业的层层选拔,最终进入企业成为企业员工,为企业创造价值。

行业企业是职业教育的直接和最大受益者,应适度分担人力资源开发成本。但是,国家关于企业负担职工教育培训成本、承担职业教育责任的政策,由于监管引导不力不能很好落实,加上 1998 年机构改革后多数部委不再举办管理行业系统职业教育,行业企业参与职业教育功能有所削弱,不仅影响职业教育投入结构,而且影响职业教育培养质量,减弱了毕业生就业竞争力。近年来,富有远见的行业企业已经重新开始积极参与职业教育的运行过程,典型的像现代学徒制度,可以为企业节约成本、简化招聘程序。学生也可延长实训时间,积累实际经验。这一切使“双平台-双主线”人才培养模式逐渐成为从工业化迈向知识经济进程中校企深度合作的成功模式。

项目实战是不同于以往实训的一种机制,并不占用上课的时间。它是企业之外、课堂之外联系企业教师、职教教师和学生的纽带,是顶岗实习之前校企合作的一种重要方式。借鉴现代学徒制的思想,在课余增加学生参与真实工作项目的机会,有助于建立高水平的教师团队、学生团队,促进较深的合作,实现较难的任务。

这种“双平台-双主线”的培养模式体现了课程与市场接轨,项目三年不断线,学生专业基础扎实,自主学习能力与创新能力强,适应企业的能力强。最重要的是,学生通过循序渐进的项目实战,积累了项目经验,培养了职业素质,提升了职业能力和就业竞争力。同时,“双平台-双主线”人才培养模式的实施有效解决了学生因材施教、分层、分类培养的问题。通过项目小组,指导教师可根据学生特点与发展方向有针对性地引导学生规划自己的学习和发展生涯;通过订单培养,根据市场需求和岗位要求有目标地选拔合适人选进行培养,实现了人人能成才,人人有所用的培养目标。

3.6.2 软件技术专业“双平台-双主线”人才培养方案解析

2010 级软件技术专业人才培养方案

专业名称:软件技术

修业年限:全日制三年

招生对象:高中毕业生(或职高毕业生)

办学层次:高职专科

一、培养目标

本专业与微软中国、印度国家信息技术学院、杭州创业软件、成都音泰思等国内外知名 IT 院校、企业携手,联合培养高素质技能型软件人才。建有校内软件工厂,引入驻校软件企业,按照企业要求实施订单培养,校企联合制定教学计划,共同实施教学,将市场主流技术、真实项目和企业文化引入课堂,从逻辑思维、编程思想、编码规范、项目分析、职业素养、沟通协作等多方面培养学生的能力。

二、培养定位

毕业生可以在国内外软件、互联网应用、手机应用等行业从事工作,成为软件工程师、测试工程师、数据库管理工程师等,具有良好的发展空间,能获得较好的工作待遇。

三、人才培养质量标准

1. 素质要求

(1)具有良好的英语听、说、读、写的能力;
(2)有团队合作精神;
(3)有激情,热爱计算机专业、软件技术;
(4)有长远的眼光和开放的心态;
(5)具有持续学习能力;
(6)具有独立解决问题的能力;
(7)具有沟通能力。

2. 核心能力

(1)能够按规范编写代码;
(2)能够按照标准编写软件开发文档;
(3)能够阅读和理解开发文档;
(4)能够按照软件工程思想分析和设计项目;
(5)能够设计与实现简单的 B/S 型或 C/S 型系统;
(6)能够按照规范设计数据库,编写存储过程;
(7)能够使用 JavaScript、HTML 编写前台控制代码;
(8)能够使用测试工具对代码和功能进行测试;
(9)能够使用相关工具对代码进行质量控制。

3. 学分要求

学生获得 150 学分即能毕业,其中:素质拓展课程 22 学分,公共基础课程 23 学分,专业课程 99 学分,任选课程 6 学分。

4. 职业资格证书要求

毕业时应取得全国计算机二级证书(C 语言)、初级程序员等资格证书。

四、典型工作任务分析

软件技术专业核心能力、职业岗位及典型工作任务对应表 表 3-2

职业发展阶段	所需的工作年限（从毕业后累计年限）	对应的典型工作任务
指导下开展工作	1 年	(1)项目关键点掌握(企业文化、企业产品等)
		(2)软件编码
独立完成某项技术工作	2～3 年	(3)模块开发
		(4)模块测试
		(5)初级技术支持
		(6)数据库建立与操作
		(7)UI 界面设计
项目骨干或项目核心人员	3～4 年	(8)系统分析与设计
		(9)核心模块的开发
		(10)系统测试
		(11)项目初级管理
		(12)中级技术支持
		(13)项目配置管理
企业骨干	5 年	(14)项目高级管理
		(15)软件架构分析设计
		(16)高级技术支持
		(17)测试管理

五、专业人才培养模式

本专业紧紧围绕人才培养目标，结合“校企合作、工学结合”的办学思路，充分利用合作企业的优质资源，以如何培养“比本科院校更强基础，比同类院校更精技能，凸显综合职业素养”的现代 IT 人才为目标，依托公共基础平台和专业技术平台，按照“适应市场的知识提升推进路线”和“循序渐进的能力培养突进路线”的“双线并行”模式培养学生。

六、“双线并行”的课程体系

“双主线-双平台”模式的课程体系结构如图 3-5 所示。

七、课程体系——适应市场的知识提升推进路线

软件技术专业(.net 方向)2010 级课程设置参见表 3-3。

八、项目体系——循序渐进的能力培养突进路线

软件技术专业循序渐进所开设的项目如表 3-4 所示。

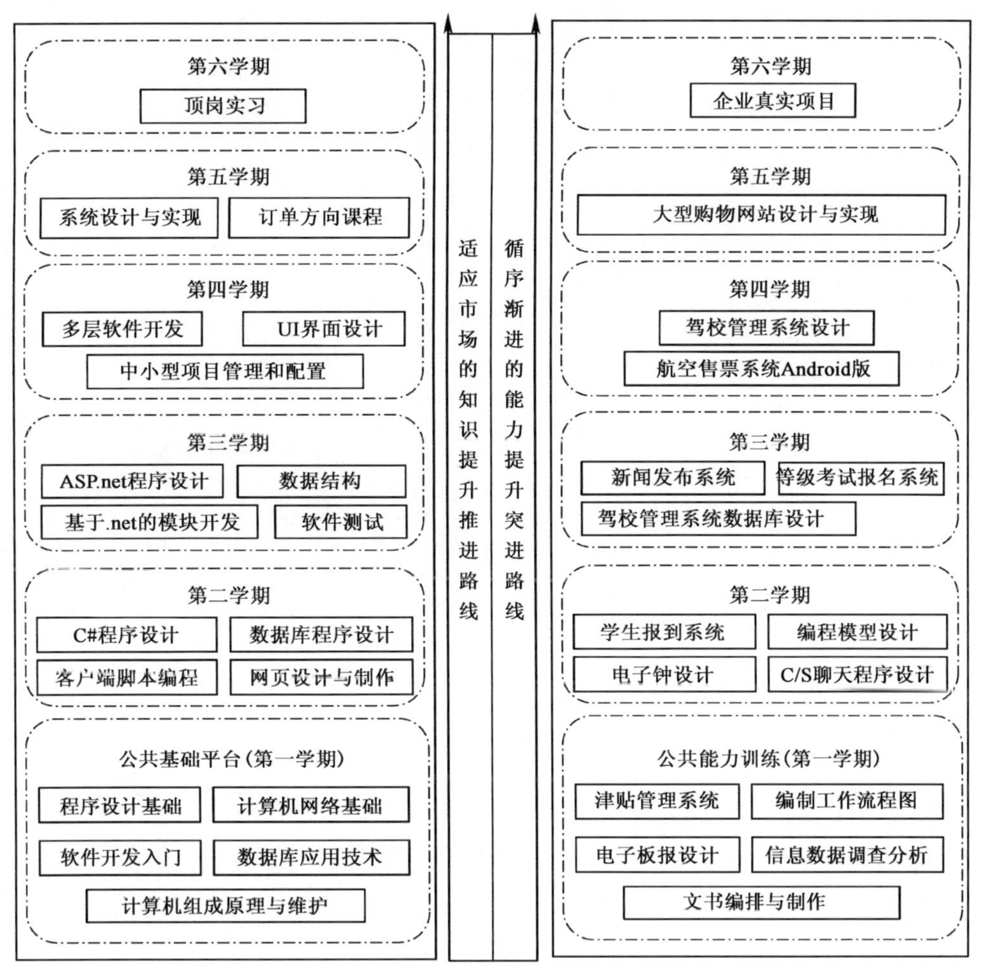

图 3-5 "双主线-双平台"模式的课程体系结构

软件技术专业(.net 方向)2010 级课程实施计划一览表 表 3-3

序号	课程名称	学期/阶段周学时安排						学分		总学时	专兼总学时分配		授课方式			课程类别	双证说明	考核方式
		1	2	3	4	5	6	选修	必修		本院	企业	课堂教学	理实一体	其他			
1	思想道德修养与法律基础	3							3	48	48		●			公共能力培养课程		
	毛泽东思想与"中国特色社会主义理论"概论		3						3	48	48		●					
	思想政治理论实践课		1						1	16	16		●					
	形势与政策教育				1				1	16	16		●		分散			
2	体育	2	2						4	64	64			●				
3	职业英语	2	2						4	64	64		●					
4	高等数学		3						3	48	48		●					
5	就业指导		1			1			2	32	16	16		●				系考
6	军训								2	32	2 周							

续上表

序号	课程名称	学期/阶段周学时安排						学分		总学时	专兼总学时分配		授课方式			课程类别	双证说明	考核方式
		1	2	3	4	5	6	选修	必修		本院	企业	课堂教学	理实一体	其他			
	公共能力培养课程	7	12	0	1	1	0		23	368								
7	程序设计基础	6							6	96				•		专业职业能力课程	计算机二级	教考分离
8	软件开发入门	2							2	32				•				教考分离
9	计算机网络技术基础	4							4	64				•				教考分离
10	计算机组成原理与维护	4							4	64				•				院考
11	数据库应用技术	6							6	96				•				院考
12	数字电子技术	4							4	64				•				教考分离
13	计算机专业英语			2					2	32			•					
14	UI 界面设计				4				4	64				•				系考
15	客户端脚本编程		4						4	64				•				系考
16	数据库程序设计		6						6	96				•				系考
17	C#程序设计		6						6	96				•				院考
18	基于. net 的模块开发			6					6	96				•				系考
19	数据结构			6					6	96				•				院考
20	多层软件项目开发				6				6	96				•				系考
21	软件测试			4					4	64				•				院考
22	中小型项目管理和配置				4				4	64				•				系考
23	基于 Struts 与 Hibernate 项目开发					6			6	96				•				系考
24	系统设计与实现					6			6	96				•				系考
25	顶岗实习与毕业设计						13		13	208		16 周		•	专周			
	专业职业能力课程	26	16	18	14	12	13	0	99	1584								
26	PHP					6			6	96				•		专业拓展课		系考
27	Java 编码技术				4				4	64				•				院考
28	Java WEB 开发					6			6	96				•				系考
29	日语			3	3				6	96								
30	学院任选课							6		6								
	专业拓展能力课程			3	7	12	0	6	22	358								
	小计	33	28	21	22	25	13	6	144	2310	0	0	0	0	0			
说明		其中:课堂教学 368 学时,占教学总学时数的 16%;理实一体 1750 学时,占教学总学时数的 76%;其他包括专周、顶岗实习共计 192 学时,占教学总学时数的 8%																

软件技术专业开设项目列表 表 3-4

序号	学期	项目名称	项目来源	支撑哪方面能力
1	2	图书管理系统		运用 JavaSE 编写桌面应用程序能力
2	2	运用 Applet 绘制一个电子时钟		编写带多线程的 Applet 程序的能力；运用 Graphics 进行图形绘制能力
3	2	编写一款 C/S 聊天软件		运用 JavaSE 实现 C/S 网络通信的能力
4	3	新闻发布系统		运用 HTML、CSS、JSP、JavaBean 开发简单 B/S 应用程序能力
5	3	全国计算机等级考试管理系统		运用 JSP、Servlet、JavaBean 和 JDBC 开发 Java WEB 应用程序的能力
6	3	驾校管理系统数据库设计		数据库分析与设计能力
7	4	驾校管理系统		运用 Struts、Hibernate、Spring 构建 Java WEB 应用程序能力
8	4	航空售票系统 Android 版		运用 Android 进行移动应用开发能力
9	5	大型购物网站设计		系统分析与设计能力；系统整合能力

3.6.3 “双平台-双主线”人才培养模式的优势

培养高质量的人才是高校办学的宗旨，各个高职院校也都在不断地实践各种基于校企合作、工学交替、订单培养的人才培养模式，以实现人才培养的目标。自 2007 年开始，计算机系紧密结合市场需求，积极服务地方产业经济，探索并实践这种“理实一体”的课程教学模式和“1110”的项目全程贯穿的“双平台-双主线”现代 IT 人才培养模式。通过对近两年毕业生的就业薪资、岗位等情况的调查发现，这种模式中的教师和培养的学生具有以下几个方面的优势。

1）教师教学能力和项目实践能力明显增强

为适应“理实一体”的课程教学模式和“1110”的项目全程贯穿的“双平台-双主线”现代 IT 人才培养模式，无论是专职教师还是外聘教师都要在教学过程中落实“理实一体”的教学理念，运用案例教学、项目教学、任务驱动等行动导向的教学方法，创设恰当的教学情境充分调动学生的积极性和主动性。教师每学期除了完成“理实一体”的教学任务外，自学生一进校开始，就要带领由 10 个学生组成的项目团队完成每个阶段的不同项目，所有项目都须具有一定的实际意义和生产价值。这对教师的项目组织管理能力、系统分析能力和项目实施能力都提出了更高的要求。经过几年的实践与锻炼，教师的教学艺术、教学技巧和项目实践能力大幅度提高，教学效果十分明显，也越来越得到学生认可。我们从四川交通职业技术学院教师评价系统中随机抽取了计算机工程系的三名教师，从图 3-6 ~ 图 3-8 可看出，他们的教学质量正稳步提升。

2）学生自主学习能力提升迅速

IT 技术更新速度快，要求 IT 从业人员要有较强的自主学习能力和查阅资料的能力。通过“理实一体”的教学模式，学生已基本掌握运用专业技术知识和技巧解决实际问题的能力，再经过每个阶段的项目实践，巩固学生对已学知识的掌握，提高学生自主学习和查阅资料等持续学习的能力。由于每个项目都要求在系统分析、系统设计、系统实现、系统维护各个环节形成详细的技术文档，在项目的完成和文档的撰写过程中，学生的技术文档编写能力得到了极大的锻炼与提高。经过三年的培养，学生查阅技术文档、资料及自主学习的能力明显提升。

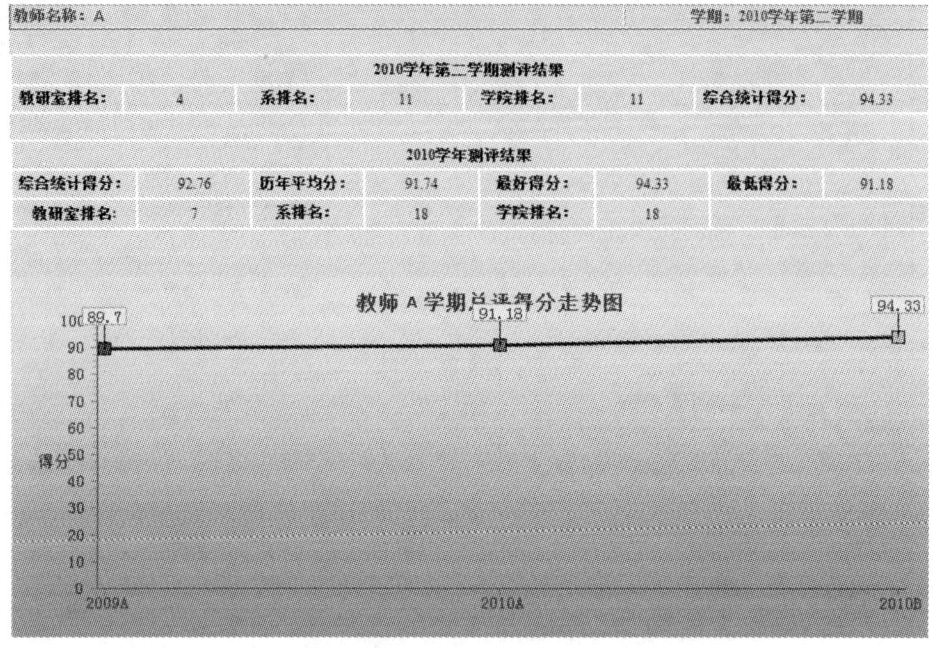

图 3-6　教师 A 测评得分走势

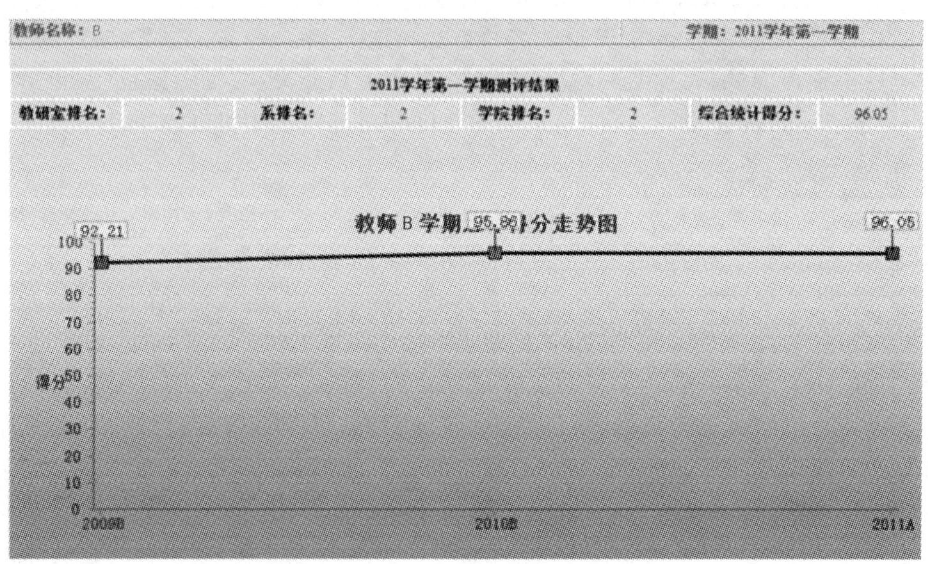

图 3-7　教师 B 测评得分走势

3）学生系统思考问题的能力有所提升

在三年的学习期间，学生在教师的指导和带领下，要完成不少于 20 个不同阶段、不同层面、不同类别的项目，在每个项目的具体分析和实施过程中都必须严格遵守企业的标准和规范。这给学生严密、系统的逻辑思辨能力和解决问题能力的培养提供了很好的平台。

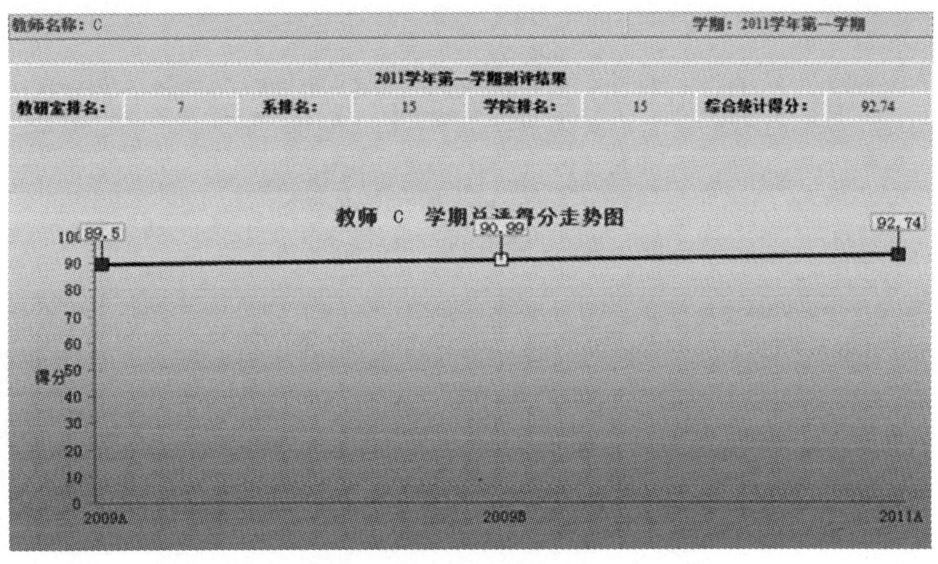

图 3-8　教师 C 测评得分走势

4）学生的职业素质和就业质量显著提升

学生通过学习和实践活动具有了扎实的专业基础知识和较强的实践动手能力。他们按照企业的规范和标准，通过来自企业的真实项目的锻炼，对企业文化有了更深的认识。学生职业素质也在一个个项目的不断完成中得到培养与提升。通过对毕业生就业质量的分析发现，采用"双平台-双主线"模式后无论是专业对口率、起薪率和首次就业率都有较大提高。图 3-9 是毕业生就业质量的分析对比（2009～2011 年）。

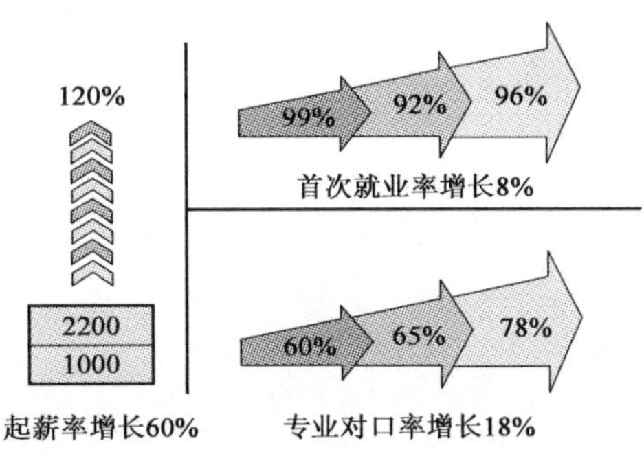

图 3-9　"双平台-双主线"现代 IT 人才培养体系下毕业生就业质量分析

在"双平台-双主线"的现代 IT 人才培养体系的实践中，计算机系始终坚持以实施课程"理实一体"教学为主线，强化全程项目实践教学为手段，以提高学生实践与创新能力为目标，以服务区域经济和社会发展为宗旨。"双平台-双主线"人才培养体系符合人才培养规律，在人才培养方面具有明显的特点和优势，取得了显著成效。

第4章 “双平台-双主线”人才培养模式下的课程改革

在示范建设期间，四川交通职业技术学院计算机工程系以软件技术专业建设为龙头，带动了网络技术、计算机应用技术、图形图像技术等专业群的健康、协调发展。各专业深入践行“双平台-双主线”的现代IT人才培养模式，取得了良好的成效，使计算机工程系的办学水平和实力得到大大提升，实训条件得到了较大改善，“双师”教学团队的水平大幅提高，“理实一体”的课程体系和全程贯穿的项目体系进一步完善，课程资源开始发挥功效，毕业生的就业对口率、稳定率、起薪率和就业质量显著提升。

4.1 高职信息类课程改革的方法论基础

四川交通职业技术学院计算机工程系采用基于实践专家访谈会的典型工作任务分析法构建基于工作工程的课程体系，实施“理实一体”的课程改革。所谓典型工作任务，是指一个职业的具体工作领域，又称为职业行动领域，它是工作过程结构完整的综合性任务，反映了该职业典型的工作内容和工作方式。完成典型工作任务的过程能够促进从业者的职业能力发展，同时完成该任务的方式、方法和结果多数是开放性的。软件技术专业的典型工作任务主要是指在软件企业工作过程中，具有普遍性和通用性的工作。构建基于工作过程的课程体系，首先要分析软件技术专业人才能力，即典型工作任务分析。这里主要有两种方法，即工作分析的方法和实践专家研讨法。

4.1.1 工作分析的方法

所谓工作分析是指毕业生在以后的工作中所从事工作的性质、任务、责任、相互关系，以及任职工作人员的知识、技能、条件和素质要求，进行全面、系统化的调查与分析，以客观地描述并做出规范化记录的过程。

1）工作实践法

工作实践法能够了解工作的实际任务以及该工作对人的体力、环境、社会等方面的要求，了解工作状态和工作条件，了解工作流程、工作方法等。

2）访谈法

访谈法主要有个别访谈法、集体访谈法和主管访谈法等，是一种广泛采用、相对简单、便捷的搜集信息的方法。

3）问卷调查法

本方法能够从众多员工处迅速得到信息，节省时间和人力，费用低。

4）观察法

本方法具有操作较灵活、简单易行，直观、真实，能给岗位分析人员直接的感受，因而所获得的信息资料也较准确等特点。

5)日志法

由于工作日志是在工作状态下的忠实记录,因而比较可靠、非常翔实,提供的信息充分。

4.1.2 实践专家研讨法

在软件技术专业人才能力分析中,最常见是访谈法,就是人们常说的“实践专家研讨会”。

1)实践专家的定义

所谓实践专家是指具有丰富工作经验的一线工作人员,如优秀技术工人和技师,可以是班组长、工段长、车间主任和基层部门负责人。他们工作的领域与所接受的职业教育专业对口,具有高级工以上职业资格和足够的重要工作经验,并在工作中不断的学习,或者以其他方式发展自己的能力,具备较高的职业能力,达到本专业的技术先进水平。他们的工作任务有一定的自主性、决策性和独立性,是综合性和整体化的。

2)实践专家选择的要素

在选择实践专家时,尽可能选择合适的专家,才能提取出我们需要的典型工作任务,才会在以后的学习领域中描述出正确的工作组织关系。实践专家选择时应该考虑以下因素:

(1)具有丰富工作经验的一线工作人员;

(2)从事的工作应与分析的职业一致;

(3)具有10左右的工作经验;

(4)接受过相应的教育;

(5)所在的工作岗位属于技术先进行列;

(6)所在的企业应该有不同的所有制;

(7)不应在同一企业,不具有上下级关系。

为了能正确分析出软件企业工作过程中的典型工作任务,为下一步学习领域设置和课程体系建设做好前期工作,我们采用基于实践专家访谈的典型工作任务分析方法。在实践专家的组建上,可以从以下两方面考虑:

1)企业的选择

为了科学合理地组建实践专家,在选择企业的时候,应该考虑企业的规模、性质、所在行业、位置等多方面因素,以确保企业的覆盖面足够广和全。

在软件企业规模方面,一是考虑大中小型软件企业比例合理化,建议包括10~30人的小型软件企业、30~200人的中型软件企业、300人以上的大型软件企业;二是考虑企业资产要有一定的规模,建议包括注册资金与年产值在100万以下的企业、100~500万的企业和500万以上的企业各一部分,构成一个合理的企业群体。

在企业性质方面,建议包含中外合资、外资企业、民营企业等有代表性的企业。

在企业所处地域方面,建议重点选择软件园区内的企业,这样的企业具有良好的工作环境和企业文化氛围,形成了一定气候。

2)岗位选择

软件企业中的岗位因软件企业的规模略有不同,但软件开发的过程和模型是一样的,故企业的岗位依然存在许多相同点和相似处。软件企业的主要岗位有:软件开发工程师、网络软件工程师、系统工程师、售前支持顾问、技术支持工程师、软件销售工程师、软件测试工程师、质量经理、产品市场经理、项目经理、系统架构师、UI 界面设计师等。

根据实践专家访谈会的结果，我们按照图 4-1 所示的流程开发课程。

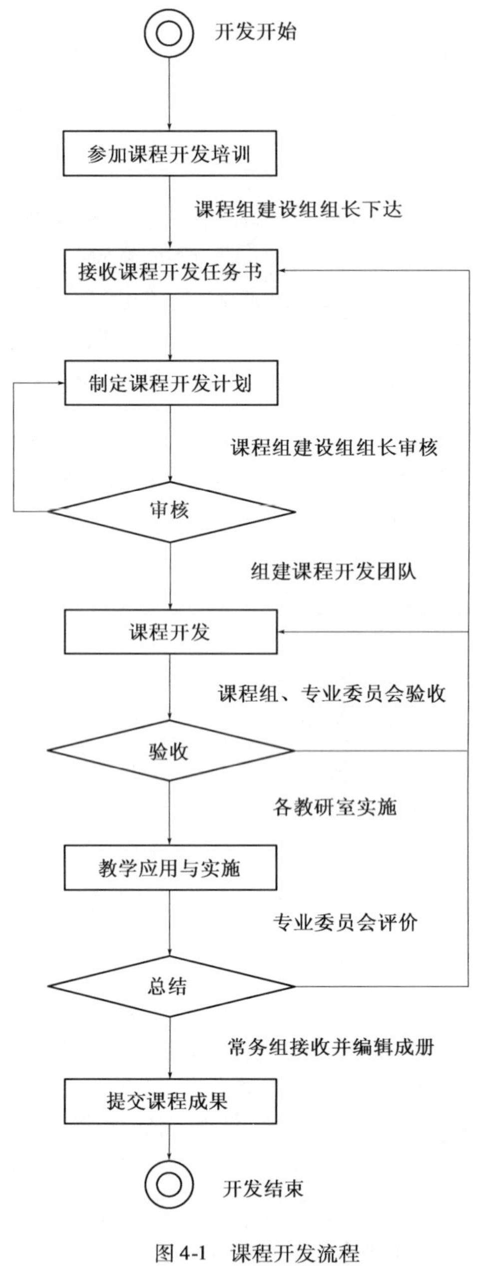

图 4-1　课程开发流程

4.2　高职信息类课程体系构建的探索与改革

4.2.1　公共基础平台课程体系建设

公共基础平台课程的开设是为了打牢学生的基础，为后续的学习和可持续发展提供坚实的基础和支撑。从对IT从业人员应具备的素质能力、岗位能力和职业能力分析中得到图4-2所示的公共基础平台课程体系。

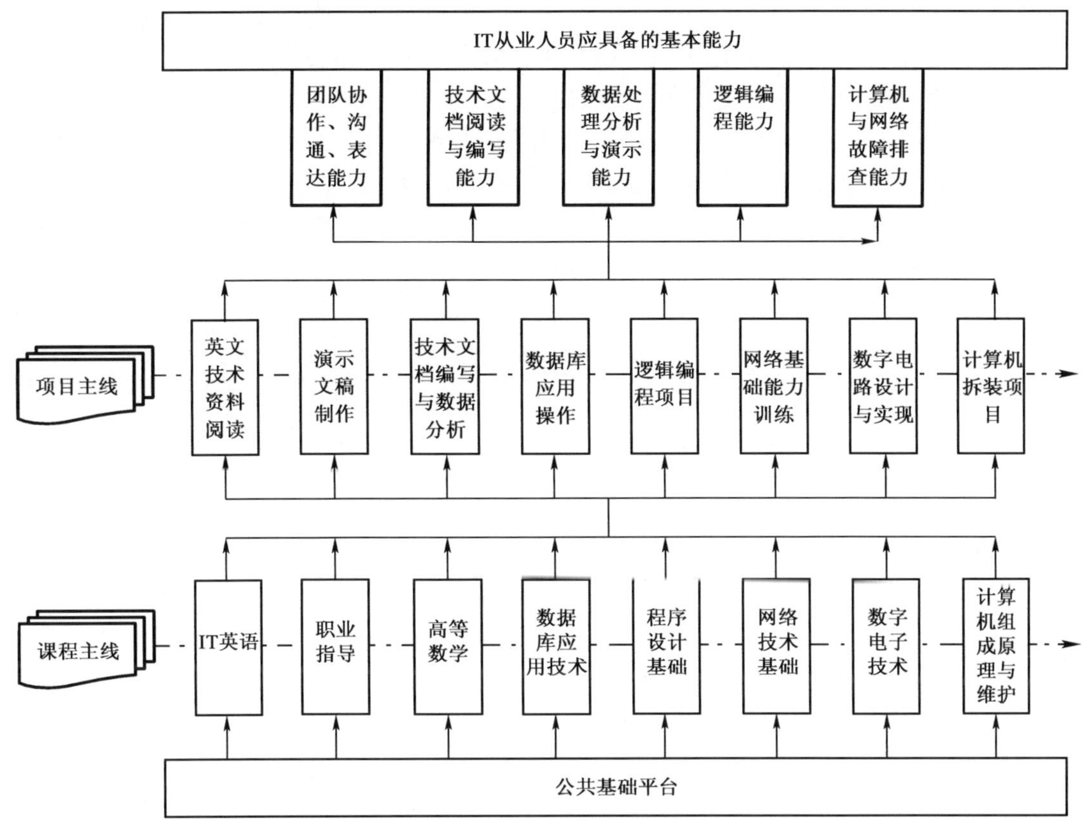

图4-2 公共基础平台课程体系

从公共基础平台课程体系结构图中可以看出，在第一学期中，无论是课程主线还是项目主线都紧紧围绕IT从业人员的应具备的基本能力实施教学和项目实践。通过IT英语、职业指导、高等数学、数据库应用技术、程序设计基础、网络技术基础、数字电子技术、计算机组成原理与维护等课程的开设让学生对信息技术有一个比较全面的认识和理解，也是将专业教育融入到课程教育的一种方式，让学生明确专业方向和目标，为他们半年后选择网络技术、软件技术、计算机应用技术、图形图像等专业奠定专业通识基础。

4.2.2 专门化平台课程体系重构

专门化平台课程的建设以基于工作过程的课程建设为指导思想，从典型工作任务分析、学习领域设置等方面构建具有一定特色的课程体系。

当前，许多软件技术专业的学生在毕业时面临巨大的就业压力，专业对口就业率不高，起薪率也低。许多学生在毕业后并没有在软件企业就业，学校也面临着学生就业难的压力。如何提高高职学生的就业竞争力和就业质量、如何在教学中融入企业真实的岗位技能，使学生在校学习阶段就明确就业岗位的技能需求，是当前软件技术专业教育需要解决的问题。要解决这样的问题，需要从企业工作中入手，深入企业去了解企业的工作流程，以及企业对员工工作态度、工作技能等的要求，分析和提取软件企业员工的真实工作任务，从这些工作任务中提取出典型的工作任务进行反复的总结和提炼。

1)组建实践专家团队

基于对实践专家选择的多方面因素考虑,计算机系软件技术专业实践专家来自于四川四凯计算机软件有限公司、Symbio Group、成都新蛋计算机有限公司、成都颠峰软件有限公司、索贝数码科技有限公司、赛康科技有限公司、四川天光实业有限责任公司、成都卓凡软件有限公司、SAP全球研发服务中心、华为技术(成都)有限公司、微软(中国)有限公司、超讯集团、德加拉数码科技有限公司、成都伟步软件公司、成都金海洋计算机等公司和企业。

结合高职计算机软件技术专业的培养目标,计算机系在岗位选择时有所侧重,主要将软件开发工程师、软件测试工程师、技术支持工程师、售前支持顾问、软件销售工程师、UI界面设计师等作为选择实践专家的岗位目标。具体选择如表4-1所示。

实践专家岗位构成 表4-1

选择岗位	人数	比例
开发工程师	7	39%
测试工程师	2	11%
UI设计工程师	2	11%
项目经理	3	17%
技术主管	4	22%

2)典型工作任务分析

(1)毕业生毕业五年内的工作任务分析。

实践专家访谈会(参见图4-3)在北京师范大学赵志群博士的研究团队指导下,经过多次认真研究分析,确定从毕业生刚走上到企业的工作岗位开始,在未来的五年中需要经历有指导的工作、独立完成工作、成为项目骨干或技术核心以及企业骨干这四个阶段。

图4-3 软件技术专业实践专家访谈会

(2)典型工作任务提取。

针对毕业生四个阶段的发展历程,从众多的岗位工作中提取出32个典型工作任务,明确了每个发展阶段典型的工作。具体表现如表4-2所示。

典型工作任务分析 表4-2

阶段名称	典型工作任务	备注
第一阶段 有指导的工作	1-1 学习企业文化	
	1-2 熟悉已有项目	
	1-3 有指导性编码	
	1-4 功能模块测试	
	1-5 产品安装配置	

续上表

阶 段 名 称	典型工作任务	备　　注
第二阶段 独立完成工作	2－1　部分模块设计	
	2－2　独立完成模块开发	
	2－3　技术支持	
	2－4　独立完成测试	
	2－5　独立测试设计用例	
	2－6　指导初级程序员	
第三阶段 项目骨干或项目核心人员	3－1　开发项目管理	
	3－2　系统分析与设计	
	3－3　独立完成核心模块开发	
	3－4　测试项目管理	
	3－5　独立完成系统级测试用例	
	3－6　提供技术帮助	
	3－7　需求分析	
	3－8　独立制定项目质量管理	
	3－9　新员工培训	
	3－10　项目配置管理	
	3－11　参与同行评审	
第四阶段 企业骨干	4－1　项目管理	
	4－2　需求分析	
	4－3　架构设计与改进	
	4－4　技术规范制定	
	4－5　设计标准制定	
	4－6　企业质量规范制定	
	4－7　专利评审	
	4－8　客户关系维护	
	4－9　系统分析与设计的测试	
	4－10　项目级测试管理	
	4－11　风险管理	

(3)典型工作任务整理与优化。

表4-2中四个发展阶段的32个典型工作任务能较全面的反映在软件企业中的重要工作。在此基础上,经过实践专家的再次论证,对提取的32个典型工作任务进行整理与优化,形成了规范的17个典型工作任务,具体如表4-3所示。

优化后的典型工作任务　　表4-3

阶 段 名 称	优化后的典型工作任务	优化前的典型工作任务	备注
第一阶段 有指导的工作	1－1　项目关键点掌握	1－1　学习企业文化	
		1－2　熟悉已有项目	
		1－5　产品安装配置	
	1－2　软件编码	1－3　有指导性编码	
		1－4　功能模块测试	

续上表

阶段名称	优化后的典型工作任务	优化前的典型工作任务	备注
第二阶段 独立完成工作	2-1　模块开发	2-1　部分模块设计	
		2-2　独立完成模块开发	
		2-5　独立设计测试用例	
		2-4　独立完成测试	
	2-2　模块测试	2-5　独立设计模块测试用例	
		2-4　独立完成测试	
	2-3　初级技术支持	2-3　技术支持	
		2-6　指导初级程序员	
	2-4　UI界面设计		
	2-5　数据库管理与维护		
第三阶段 项目骨干或项目 核心人员	3-1　系统分析与设计	3-7　需求分析	
		3-2　系统分析与设计	
	3-2　核心模块的开发	3-3　独立完成核心模块开发	
	3-3　系统测试	3-5　独立完成系统级测试用例	
	3-4　项目初级管理	3-4　测试项目管理	
		3-6　提供技术帮助	
		3-9　新员工培训	
		3-11　参与同行评审	
		3-1　开发项目管理	
	3-5　中级技术支持		
	3-6　项目配置管理	3-10　软件配置	
第四阶段 企业骨干	4-1　项目高级管理	4-1　中型项目管理	
	4-2　软件架构分析设计	4-2　需求分析	
		4-3　架构设计与改进	
		4-4　技术规范制定	
		4-5　设计标准制定	
	4-3　高级技术支持	4-6　企业质量规范制定	
		4-7　专利评审	
		4-8　客户关系维护	
	4-4　测试管理	4-10　项目级测试管理	

(4)典型工作任务转换成学习领域性课程。

经过实践专家的多次论证和教育专家的反复研究讨论,以及对从企业中提取出的17个典型工作任务进行分析归纳后,找出典型工作任务与课程之间的对应关系,归纳得出9门课程,涵盖17个典型工作任务需要的知识和技能。17个典型工作任务与9门课程之间的对应关系如表4-4所示。

典型工作任务与学习领域之间的对应关系 表4-4

序号	学习领域	典型工作任务
1	软件开发入门	(1)项目关键点掌握(企业文化、企业产品等)
2	数据库程序设计	(6)数据库建立与操作
		(2)软件编码
3	WEB程序设计－基于.net的模块开发	(2)软件编码
		(3)模块开发
		(4)模块测试
4	软件测试	(4)模块测试
		(17)测试管理
		(10)系统测试
5	UI界面设计	(7)UI界面设计
6	多层软件项目开发	(9)核心模块的开发
		(3)模块开发
		(4)模块测试
7	中小型项目管理与软件配置	(5)初级技术支持
		(14)项目高级管理
		(11)项目初级管理
		(12)中级技术支持
		(13)项目配置管理
		(16)高级技术支持
8	系统设计与实现	(2)软件编码
		(15)软件架构分析设计
		(8)系统分析与设计
		(7)UI界面设计
		(17)测试管理
		(13)项目配置管理
		(10)系统测试
9	JAVA高级应用－基于Structs与Hibernate项目实战	(3)模块开发
		(4)模块测试
		(8)系统分析与设计
		(6)数据库建立与操作
		(7)UI界面设计
		(13)项目配置管理
		(10)系统测试

(5)学习领域描述。

学习领域是一个理论与实践一体化的综合学习任务，其基本特点是保证工作过程的完整性。学习领域课程把学习过程理解为理论和时间一体化的职业能力发展过程，为学生提供了一个能对理论和实践进行整体化链接的综合性工作任务和工作过程。学习领域的课程模式构建,以学习领域为典型代表建立理论实践一体化的综合课程体系。课程体系的构建过程必须将职业资格研究、个人生涯发展目标设计、课程设计与教学分析与教学设计结合在一起。

①学习领域性课程1:软件开发入门。

<table>
<tr><td>学习领域</td><td>软件开发入门</td><td>第一学年　第一学期
基准学时:32 学时　2 学分</td></tr>
<tr><td colspan="3">典型工作任务(职业行动领域描述)
软件开发入门主要是指员工进入公司或项目组初期,为了更好、更快地适应公司的各项情况,公司将要求新员工按照公司所规定的工作要求和部门的职业道德素养,对公司文化、公司前期所完成的项目、公司的技术路线、公司所涉及到行业背景等方面进行学习、了解,为以后正式开展工作打下基础。
新员工根据公司下达的任务和要求,制定个人学习阶段的工作和学习计划,完成企业的文化背景学习、前期项目学习,了解公司在行业中的地位、行业背景知识和公司的开发技术路线,学习公司开发环境的配置和工作模式。
公司新员工以团体的方式进行工作和学习,根据公司的整体工作计划要求和进度,对公司文化、开发技术路线、开放环境配置、行业背景进行学习。同时协助其他开发团队提供简单的技术服务,快速适应公司的工作模式和工作要求,为下一阶段进入工作岗位打下坚实基础</td></tr>
<tr><td colspan="3">工作与学习内容</td></tr>
<tr><td>工作对象
·项目开发手册;
·项目协作平台;
·企业相关文档的查阅;
·企业核心技术手册的查阅;
·项目组成员的安排;
·项目小组工作计划的制定;
·项目组配置库的使用</td><td>工具材料
·相应的项目规范和资料;
·相应开发工具(Visual Tools、Eclipse、SQL Server、Orcale、MySql、CVS、VSS、Project);
·行业知识背景资料。
工作方法
·与企业指导老师进行任务的确认;
·组织小组团队成员进行任务理解;
·项目技术学习;
·制定学习计划、能力要求、考核方案。
劳动组织
·小组组长从指导老师处领取任务;
·小组组长明确任务与分工;
·与企业各部门进行沟通;
·项目组内部学习与交流</td><td>工作要求
·具有一定的学习能力;
·要有团队合作能力;
·制定工作计划;
·能识别项目文档;
·能进行核心技术研究;
·能进行工作进度控制;
·会使用项目开发平台;
·能使用公司协作平台;
·能填写各种数据表格</td></tr>
<tr><td colspan="3">学习目标
学生在指导老师的指导下,借助企业(公司)相关资料、项目手册、行业资料等,组建新员工学习团队,制定学习工作计划,明确学生目标和达到的要求,学习公司的企业文化、行业知识背景、公司现有产品的分析、公司技术路线等,使学生能快速的理解公司的企业文化,掌握公司的技术路线、技术要求和开发模型,了解公司所涉及的行业背景知识,为以后进入项目组打下基础。
学习完本课程后,学生能够根据企业的要求组建学习团队,制定科学的学习目标和学习进度,理解公司所需要的关键开发技术,了解公司所涉及的行业知识背景,有效地与项目组其他成员进行有效沟通,熟练使用工具或平台</td></tr>
</table>

续上表

<table>
<tr><td>学习领域</td><td>软件开发入门</td><td>第一学年　第一学期
基准学时:32 学时　2 学分</td></tr>
<tr><td colspan="3">学习组织形式与方法
在教学过程中,采取以学生为主导的教学模式,引导学生发现问题,自主分析问题,并制定方案解决问题。可以采取角色扮演、分组讨论等方式组织教学,老师只是协助并适时给予引导。在此过程中可以让能力较强的学生充分发挥其主导作用,并尽量让所有同学都得到很好的锻炼。同时通过校企合作、校内实训基地建设等途径,采取工学结合、开放实训室等形式,充分开发教学资源,为学生提供充分的实践机会</td></tr>
<tr><td colspan="3">学业评价
课程教学评价以各项目评价按比例构成。
各项目评价采用过程评价、知识评价和实践操作评价的形式评定。对项目评价的重点要突出实践操作的评价,以此重点反映学生对相关项目技能的掌握情况,并体现学生对相关职业能力的掌握程度;通过成果展示,做报告/ PPT,结合课堂提问、学生作业、实训报告、教学参与程度和学习态度等情况综合评价学生成绩,分优、良好、中等、及格、不及格,最后反馈给学生。同时考虑学生继续学习能力的培养进行评定。
应注重学生动手能力和实践中分析问题、解决问题能力的考核,对在学习和应用上有创新的学生应予特别鼓励,全面综合评价学生能力</td></tr>
</table>

②学习领域性课程 2:UI 界面设计。

<table>
<tr><td>学习领域</td><td colspan="2">UI 界面设计</td><td>第二学年　第二学期
基准学时:64 学时　4 学分</td></tr>
<tr><td colspan="4">典型工作任务(职业行动领域描述)
UI 界面设计是指在软件项目实施过程中,对软件界面、人机交互等表示层进行的设计开发工作。UI 界面设计分为界面设计、网页设计、移动界面设计、人机交互设计等多个工作岗位。
项目组根据项目性质、项目规模、开发的复杂程度等项目特性,将具有一定图形图像处理能力、网页设计能力、脚本编程能力的开发人员组成 UI 界面开发组或使其独立进行界面开发工作。
UI 界面开发组接收项目经理安排的开发计划任务书后,从软件资源配置库中,签出所需开发模块的详细设计文档及软件需求文档,在理解用户需求及设计要求后,利用快速开发工具,设计出软件快速原型或概念模型,提交客户及项目经理确认。依据此原型,选取适合的图形图像设计软件,设计软件界面原型,经项目经理及客户审核,确定界面整体样式与风格。界面开发人员按照详细设计所提出的界面规格要求,利用脚本编辑软件、程序设计软件或开发平台,进行软件界面实现及人机交互设计。界面开发完成后执行单元测试,无明显缺陷后交小组验收,小组验收通过后交项目经理审核并提交资源配置库。以后再由模块开发人员进一步完成界面及模块之间的接口</td></tr>
<tr><td colspan="4">工作与学习内容</td></tr>
<tr><td>工作对象
·开发计划任务书;
·项目资源配置库;
·项目开发手册;
·需求设计文档;
·项目任务书;
·详细设计文档</td><td colspan="2">工具材料
·相应的项目规范和资料;
·相应开发工具(Visual Studio 2005、MS Agent、Photoshop、windows ce、VSS、Project)。
工作方法
·利用 MSF 模型组建界面开发团队,执行项目开发</td><td>工作要求
·明确界面开发人员工作职责与工作要求;
·具有团队协作能力与沟通能力;
·能阅读理解软件开发文档</td></tr>
</table>

续上表

<table>
<tr><td>学习领域</td><td>UI 界面设计</td><td colspan="2">第二学年　　第二学期
基准学时:64 学时　4 学分</td></tr>
<tr><td colspan="4">工作与学习内容</td></tr>
<tr><td colspan="2">工作对象
·开发计划文档;
·软件原型;
·软件解决方案中相应的模块</td><td>工作方法
·利用软件配置技术进行开发资料管理;
·利用各种图形图像软件进行软件界面的形象设计;
·利用各种脚本语言、程序语言进行界面脚本程序设计与制作;
·利用开发语言及相关交互开发软件进行人机交互的设计等方面的工作;
·依据项目设计提供符合规范的业务逻辑层、数据层等层面的接口。
劳动组织
·项目经理建立界面开发项目小组并明确工作职责和任务分工;
·界面开发组组长从项目经理处领取开发任务书;
·独立或合作完成界面设计与界面测试;
·小组审核后由项目经理及客户确认</td><td>工作要求
·项目立项阶段,能依据用户基本需求,设计软件的快速原型;
·能通过直观的软件界面与用户交流,进一步了解用户需求;
·在需求分析阶段,能设计与修改软件原型,与系统分析等高级开发人员及用户明确项目各项需求及发现潜在需求;
·在设计阶段,通过多次软件原型的修改及定型,能设计项目的整体风格与页面样式;
·在开发阶段,能对功能模块的界面开展设计与实现工作;
·能提供符合开发规范的调用接口;
·在系统部署运营时,能进行界面更新设计及新界面的开发;
·能利用软件资源配置库进行开发资料的管理;
·能利用 HTML、Java Script 等脚本语言制作网页;
·能设计、处理图像及简单动画</td></tr>
<tr><td colspan="4">学习目标
学生在指导老师的指导下,按照 UI 界面设计师工作职责与工作要求,组成界面开发小组。接受开发任务后,依据项目需求,利用各类平面设计软件及开发工具,进行软件、网站界面原型设计与开发工作。
学生能在给定初步用户需求的情况下,利用常用开发工具,通过团队协作,在规定时间内,严格按照软件开发规范及项目质量管理体系要求,开发出软件快速原型或概念模型,与用户沟通形成具体的用户需求,发现潜在需求。依据不同软件项目类型,选择抛弃式、递增式或演化式软件原型设计,利用 HTML 等脚本语言设计网页,利用 C#、VB 等语言设计软件界面,利用移动终端模拟器设计移动程序界面,利用 Java Script、AJAX 技术实现 Web 程序人机交互设计,利用. net framework 中 Agent 代理、语音等组件实现多通道的人机交互界面设计,利用人工智能及搜索算法设计人机交互逻辑。
学完本课程后,学生可以熟悉制作与设计各类软件界面及人机交互程序开发与设计工作,主要包括:①人机交互设备在软件系统中的应用;②利用人机交互原理设计软件界面概念模型;③CRM 系统快速原型设计;④CRM 系统管理客户端软件界面设计;⑤CRM 系统 Web 网站整体风格设计与实现;⑥CRM 系统用户管理模块的 UI 网页设计;⑦使用 ASP. NET 开发移动应用客户端;⑧使用 AJAX 开发重构交互的动态网页;⑨使用 Agent 与语音等组件开发智能客户端</td></tr>
</table>

续上表

<table>
<tr><td>学习领域</td><td>UI 界面设计</td><td>第二学年　　第二学期
基准学时:64 学时　4 学分</td></tr>
<tr><td colspan="3">

学习组织形式与方法

1. 项目驱动教学法

项目经理(教师)对全班学生,以 4 ~6 人为一小组自由组合一个界面开发团队,团队中应保证美工、程序等角色分工的比例,人员自行选出项目组长。

各界面开发团队组成后,由组长接收项目经理布置的开发任务。组长组织撰写开发计划任务书后,开始分配并执行本小组的开发任务。

项目开始之初,每位学员需要配备 1 台电脑,并学会使用资源配置管理系统,从中签出开发文档、工作任务书、解决方案等项目资源文件。开发过程中,项目组员在完成规定的单元任务后,提交项目组长审查。若小组协作开发,在项目组长处完成组装并审查。小组审查通过后提交资源配置系统,由项目经理审核。审核通过后,项目小组继续执行剩下开发任务。若审核未通过,小组成员接收修改意见后进行项目修改。

项目经理依据开发关键步骤设计监测基线,基本保障所有开发小组完成关键步骤后,再执行下一开发任务,以控制开发时间与进度。

项目开发过程中遇到关键技术点及技术难题后,由项目经理暂停所有开发任务进行讲解,讲解结束后开发任务继续进行。

项目子模块开发完成后,由项目经理组织各开发小组推荐 1 名开发人员向全体讲解本模块的开发过程及经验体会,由项目经理点评。

项目结尾期,组织各小组交叉学习与检查其他小组开发成果,并对其作出评价。

2. 任务目标树评价方法

本课程将课程中所有开发任务细分为各级任务目标,形成学习目标树,每一目标均确定具体的提交成果与考核指标,学员在项目驱动教学中逐步完成各任务目标,一个任务目标的完成视为一个对应知识点、能力点的学习与检查通过,所有任务目标完成的比例情况被视为该学生的学习总体掌握情况。

3. 自主学习方法

项目子模块开发任务提出后,学员在教师引导下,查阅相关技术文档寻找解决办法。项目经理评选学员寻找的优秀解决方案在部分乃至全部项目小组推广与展示,激励学生自主解决问题的能力。每次项目教学完成后,项目经理布置与本次开发相关的延展有难度的开发任务,由学员课下完成,并为其提供一定的演示时间

</td></tr>
<tr><td colspan="3">

学业评价

课程教学评价以各项目评价按比例构成,其中过程考核占 60%,结果考核占 40%。

过程考核采用任务目标树完成度考核方式,为每个教学单元依据权重设计相应任务目标分值,一个任务监测点构成一个最小分值。每个任务检测点有知识、完成度、态度三部分组成,构成全面的过程评价方式。

结果考核在学期末进行,项目考核占 50%,笔试占 50%;项目考核为学期末布置一个小型界面设计项目,覆盖本学习领域知识点、能力要求 80% 以上;笔试试题包括知识点测试、知识点应用能力测试、职业能力测试、职业素养测试等 4 部分组成

</td></tr>
</table>

③学习领域性课程 3:数据库程序设计。

<table>
<tr><td>学习领域</td><td colspan="2">数据库程序设计</td><td>第一学年　　第二学期
基准学时:96 学时　6 学分</td></tr>
<tr><td colspan="4">典型工作任务(职业行动领域描述)
基于数据库应用的项目开发主要是指项目组长按照项目经理所规定的工作要求,从项目组所在的配置库中获取相关任务,根据项目测试部、质量控制部、配置管理部门等的要求,结合配置库中已开发的模块、系统分析与设计文档、系统架构与设计文档等,进行项目数据库有关工作。
项目组成员根据项目经理下达的任务,根据配置库中的系统分析设计文档和系统架构设计文档,使用项目所需要的数据库管理系统(如 SQL Server 2000、SQL Server 2005、Orcale 等)进行数据库设计开发</td></tr>
<tr><td colspan="4">工作与学习内容</td></tr>
<tr><td>工作对象
·项目开发手册;
·项目协作平台;
·项目任务书的查阅;
·数据库技术手册的查阅;
·项目组成员的安排;
·项目小组工作计划的制定;
·项目组配置库的使用;
·数据库实现进度监控方案的编制</td><td colspan="2">工具材料
·相应的项目规范和资料;
·相应开发工具(SQL Server、Orcale、MySql)。
工作方法
·与项目经理进行任务的确认;
·组织项目小组团队成员进行任务分解;
·数据库创建管理;
·表的创建管理;
·视图创建;
·关系管理;
·存储过程;
·触发器;
·制定开发计划、监控制度、考核方案。
劳动组织
·数据库人员从项目经理处领取任务;
·建立项目小组并明确任务与分工;
·与测试部、项目经理、质量控制部等进行沟通;
·项目小组内部学习与交流</td><td>工作要求
·具有一定的组织能力;
·要有责任心;
·要有团队合作能力;
·能制定工作计划;
·能进行工作进度控制;
·会使用项目开发平台;
·能使用公司协作平台;
·能填写各种数据表格</td></tr>
<tr><td colspan="4">学习目标
学生在指导老师的指导下,借助项目设计报告中数据库设计的要求,明确项目数据人员的工作职责,组建数据库实现团队,组织项目组成员制定进度。学会从项目配置库中快速获取开发项目资料,如项目任务书,熟练掌握数据库管理系统技术要点,具有良好的沟通能力和人际关系,能很好地与其他相关部门进行有效沟通。能根据项目进度监控项目小组整体工作,对项目小组工作进行考核,并成功向配置库提交阶段成果。
本阶段完成后,学生能进行数据库创建与管理、表的创建与管理、视图的创建与管理,根据需要编制存储过程和触发器等</td></tr>
<tr><td colspan="4">学习组织形式与方法
在教学过程中,采取以学生为主导的教学模式,引导学生发现问题,自主分析问题,并制定方案解决问题。可以采取角色扮演、分组讨论、等方式组织教学,老师只是协助并适时给予引导。在此过程中可以让能力较强的学生充分发挥其主导作用,并尽量让所有同学都得到很好的锻炼。同时通过校企合作、校内实训基地建设等途径,采取工学结合、开放实训室等形式,充分开发教学资源,为学生提供充分的实践机会</td></tr>
</table>

续上表

<table>
<tr><td>学习领域</td><td>数据库程序设计</td><td>第一学年　第二学期
基准学时:96 学时　6 学分</td></tr>
<tr><td colspan="3">学业评价
课程教学评价以各项目评价按比例构成。
各项目评价采用过程评价、知识评价和实践操作评价的形式评定。项目评价的重点要突出实践操作的评价,以此重点反映学生对相关项目技能的掌握,并体现学生对相关职业能力的掌握程度;通过成果展示,做报告;结合课堂提问、学生作业、实训报告、教学参与程度和学习态度等情况综合评价学生成绩,分优、良好、中等、及格、不及格等五个等级,最后反馈给学生。同时考虑学生继续学习能力的培养进行评定。
应注重学生动手能力和实践中分析问题、解决问题能力的考核,对在学习和应用上有创新的学生应予特别鼓励,全面综合评价学生能力</td></tr>
</table>

④学习领域性课程 4:基于. NET 的模块开发。

<table>
<tr><td>学习领域</td><td>基于. NET 的模块开发</td><td>第二学年　第一学期
基准学时:96 学时　6 学分</td></tr>
<tr><td colspan="3">典型工作任务(职业行动领域描述)
基于. NET 的模块开发主要利用 ASP. NET 技术熟练进行 Web 模块开发,能够独立设计和开发简单的 Web 信息系统(网站)。
开发人员接受开发经理(组长)所布置的模块开发任务,从项目组所在的配置库中获取解决方案、基础模块、模块分析与设计文档等资料,与开发组长等相关人员进行沟通并阅读理解设计文档后,按照项目开发部、测试部、质量控制部等的工作要求,在规定的时间内以经济的方式按照用户需求进行该模块的开发和单元测试工作。开发人员依据所接受任务规模大小组成开发小组或独立工作,使用软件开发平台(Visual Studio 开发工具、SQL Server 数据库、Visio 建模工具、NUnit 测试工具、Office Project 项目工具等),根据该模块的概要设计文档,编写开发计划、详细设计文档。经项目经理(组长)审核通过后,即可按照开发计划完成该模块的代码编写,填写工作周报,进行该模块的调试,经项目经理(组长)查核通过后,提交详细设计文档等和代码到配置库中,开发过程中应遵循软件文档规范和代码规范</td></tr>
<tr><td colspan="3">工作与学习内容</td></tr>
<tr><td>工作对象
·项目开发手册;
·项目协作平台;
·模块任务书的查阅;
·核心技术手册的查阅;
·与开发经理(组长)、项目组成员的沟通;
·模块开发小组工作计划的制定;
·从服务器上获取项目解决方案</td><td>工具材料
·相应的项目规范、代码规范和文档规范等资料;
·相应开发工具(VSTS、SQL Server、Project、Visio)。
工作方法
·使用小组讨论法理解模块开发任务;
·使用微软 MSF 开发模型编写文档、编写代码;
·使用代码走查法检查代码质量;
·使用小组交叉测试法进行代码测试。
劳动组织
·以小组团队的方式完成工作任务</td><td>工作要求
·在规定的时间内完成规定的工作任务;
·能与组内成员之间、各小组成员之间、任务涉及的其他部门相关人员之间进行有效的工作沟通;
·具有一定的组织能力和团队合作能力;
·能使用 Office Project 工具制定工作计划,进行开发进度控制;
·能熟练使用项目开发平台 Vistual Studio 进行代码的编写</td></tr>
</table>

续上表

<table>
<tr><td>学习领域</td><td colspan="2">基于.NET的模块开发</td><td>第二学年　第一学期
基准学时:96学时　6学分</td></tr>
<tr><td colspan="4">工作与学习内容</td></tr>
<tr><td colspan="2">工作对象
·模块代码的编写;
·对所开发模块进行单元测试</td><td>劳动组织
·与开发经理或组长进行任务的确认、沟通;
·组织模块开发小组团队成员进行任务理解;
·组织小组成员制定开发计划;
·组织小组成员编写详细设计说明书;
·组织小组成员使用开发工具进行代码编写;
·组织小组成员对模块进行单元测试;
·组织小组成员正确填写工作周报;
·组织开发组内部学习与交流;
·参与项目组代码 Review 活动</td><td>工作要求
·能熟练使用公司协作平台进行资料的检阅和开发资料管理;
·能使用 Office Excel 工具正确填写工作周报;
·自觉遵循文档规范和代码规范的工作要求;
·参与代码 Review 活动,评价代码质量;
·能够对自己所编写的代码进行调试</td></tr>
<tr><td colspan="4">学习目标
学生在老师的指导下或借助项目概要设计文档等资料,明确该模块的工作任务和工作职责,组建模块小组开发团队,组织小组成员制定开发计划,编写详细设计文档。经项目经理(组长)审核通过后,根据开发计划编写模块代码,进行调试,填写工作周报。项目经理(组长)审核通过后,向配置库中提交详细设计文档和代码。
学习完本课程后,学生应当能够使用 ASP. NET 技术进行一般的 Web 模块开发,包括:①使用 Visual Studio、SQL Server 光盘正确安装和配置.NET Web 开发平台;②使用 ASP. NET 对象和角色管理等技术开发用户登录模块;③使用站点导航控件、母版页和主题与外观等技术开发客户管理模块;④使用 ASP. NET 服务器控件、HTML 控件等技术开发营销管理模块;⑤使用数据访问控件、ADO. NET 数据访问技术开发销售管理模块;⑥使用验证控件等技术开发客户服务模块;⑦使用状态对象等技术开发系统管理模块;⑧使用 IIS 部署 CRM 客户关系管理系统。最终能独立设计和开发简单的 Web 信息系统(网站)</td></tr>
<tr><td colspan="4">学习组织形式与方法
在进行每个学习任务的学习过程中,班级共享一台公用服务器。学生按照4~6个人组成小组,每组自愿产生一名组长,日常主持工作在组员之间轮换。每个组员配备一台电脑、一份项目开发手册、一份核心技术查阅手册。
实施过程中按照明确的学习任务,体验模块完成后的效果,从服务器上查阅模块概要设计文档,制定开发计划,编写模块详细设计文档、模块代码,进行单元测试。各组之间进行交叉检查,填写开发周报,进行自评和互评。
引导方法;小组讨论法;理实一体化;代码 Review</td></tr>
<tr><td colspan="4">学业评价
本课程采取过程评价与结果评价相结合。过程评价在任务学习过程中进行,占总成绩的60%,结果评价在课程学习结束时进行,占总成绩的40%。
过程评价考核内容侧重于学生在规定的时间内完成对规定模块开发的文档编写、代码编写、单元测试、平时表现(出勤情况、改进不足)等情况,学生自评占10%,小组评价占20%,小组互评占30%,教师评价占40%。
结果评价采用实操考核,使用独立操作考试:设计和开发一个简单的 Web 信息系统(网站)</td></tr>
</table>

⑤学习领域性课程 5：软件测试。

<table>
<tr><td>学习领域</td><td colspan="2">软件测试</td><td>第二学年　　第一学期
基准学时：64 学时　4 学分</td></tr>
<tr><td colspan="4">典型工作任务（职业行动领域描述）
软件测试是按照企业软件质量标准，根据软件开发各个阶段的功能要求、性能要求，发现软件缺陷的过程，是软件质量保证的一个重要组成部分。
在软件测试中，测试组员与测试组长进行会议沟通，参与制定测试计划、测试策略，并从测试组长处领取测试子任务。
测试组员在接收到测试子任务之后，需要仔细阅读软件规格说明书，根据测试方法设计测试用例，如果使用到自动化测试，则还需要为测试用例编写测试脚本。测试组长审批通过测试用例之后，测试组员执行测试用例，以检验软件实际运行的结果是否和预期的一致。如果不一致需要在项目协作平台上提交软件缺陷报告。
软件缺陷报告在得到测试组长和开发组长的确认后，分配到开发人员手中进行修改。开发人员修改完缺陷之后，定期由开发组长构建软件包提交给测试组进行回归测试。回归测试仍有缺陷，继续交付开发人员进行修改，直到软件质量达到企业要求为止。
测试人员需要熟悉 ISO、CMMI 等行业规范，在测试过程中严格遵守企业内部质量标准。在与开发人员的沟通中应具备一定的人际交往能力</td></tr>
<tr><td colspan="4">工作与学习内容</td></tr>
<tr><td>工作对象
·被测软件项目的获得与安装；
·测试环境的搭建；
·领取测试任务；
·阅读企业相关质量标准文档；
·制定测试用例和测试策略；
·执行测试用例，报告软件缺陷；
·阶段性提交软件测试质量报告</td><td colspan="2">工具材料
·相应的项目规范和资料（企业内部质量标准）；
·相应开发工具（自动化测试工具 Rational Robot、Load Runner、NUnit 等，测试管理工具 Bug Free 等）。
工作方法
·黑盒测试方法；
·白盒测试方法；
·自动化测试方法。
劳动组织
·测试组长从项目经理处确认测试范围和要求；
·测试组长分配任务，确定测试时间；
·提交测试报告给开发人员；
·对开发人员构建的软件包进行回归测试</td><td>工作要求
·具有一定的编程能力；
·遵守软件测试步骤；
·熟悉企业内部质量标准；
·能够合理的选择测试方法、设计测试用例；
·能够熟练使用各种自动化测试工具；
·能够及时、清晰、详细地撰写软件测试文档并存入配置库；
·熟悉软件核心工作流程；
·能使用公司协作平台获取资源</td></tr>
<tr><td colspan="4">学习目标
学生以团队为单位，在指导教师处领取测试任务，借助软件规格说明书等资料，通过会议协商，按照指导教师的要求制定测试计划和测试策略，分配测试任务。利用各种测试方法为测试任务设计测试用例；利用自动化测试工具进行功能和性能测试；用准确、流畅的语言撰写缺陷报告及相关的测试文档。
学习完本课程之后，学生应当能够承担初级测试员的工作，包括：①能够与项目经理、测试组长进行沟通协商，参与制定软件测试计划和测试策略；②能编写功能、性能测试用例；③能够进行自动化测试；④能够执行测试用例，撰写缺陷报告；⑤能够与开发人员进行和谐、有效的沟通，掌握一定的沟通技巧</td></tr>
</table>

续上表

<table>
<tr><td>学习领域</td><td>软件测试</td><td>第二学年　第一学期
基准学时:64 学时　4 学分</td></tr>
<tr><td colspan="3">学习组织形式与方法
把学生可以分成多个测试小组,每个小组选派一个测试组长。指导教师作为项目经理,测试组长直接对项目经理负责。每人配备一台计算机、一份软件规格说明书。
在教学过程中引入一个实际的项目(CRM 客户关系管理系统)进行测试,完全模拟企业真实工作流程。测试组长向项目经理领取测试任务(不同的小组领取不同的任务),按照项目经理的要求编写测试计划,分配测试子任务。测试组员根据接收到的任务,按照学习到的测试方法编写测试用例,执行测试用例,提交缺陷报告。最后由测试组长进行汇总,然后提交给项目经理,由项目经理进行审查</td></tr>
<tr><td colspan="3">学业评价
本课程采取过程评价与结果评价相结合。过程评价在任务学习过程中进行,占总成绩的 60%,结果评价在课程学习结束时进行,点总成绩的 40%。
过程评价按照分组来进行,每个测试小组测试 CRM 客户关系管理系统的一个子模块,由测试组长向组员分配具体的测试任务。测试小组在规定的时间(2 ~ 3 周)内进行测试,然后由测试组长汇编成册。在最后一周,各个小组进行成果展示(测试文档、软件缺陷演示)。过程评价采取小组互评(30%)和教师评价(70%)相结合的方法。
结果评价采用理论考试的方法。考核内容侧重于测试方法的掌握、测试用例的设计、自动化测试工具的掌握</td></tr>
</table>

⑥学习领域性课程 6:多层软件项目开发。

<table>
<tr><td>学习领域</td><td>多层软件项目开发</td><td>第二学年　第二学期
基准学时:96 学时　6 学分</td></tr>
<tr><td colspan="3">典型工作任务(职业行动领域描述)
多层软件项目开发是软件开发过程中整个项目整体设计与核心模块开发。主要利用 C#技术开发系统框架及业务核心模块。开发人员接受开发经理(组长)所布置开发任务,从代码配置库中获取用户需求说明书和项目解决方案,参与项目分析后,编写核心模块概要设计文档,提交项目经理。审核通过后,按照项目开发部、测试部、质量控制部等部门的工作要求,制定核心模块详细设计文档。详细设计文档完成后由项目经理审核。开发人员以小组或独立工作的方式使用 Visual Studio、SQL Server 等工具,完成核心模块代码编写,并使用 Nunit 测试工具完成单元测试和集成测试,将开发完的核心模块交由开发经理(组长)检查,并提交核心模块概要设计文档、详细设计文档和代码到代码配置库。开发过程中应遵循软件文档规范和代码规范</td></tr>
<tr><td colspan="3">工作与学习内容</td></tr>
<tr><td>工作对象
·项目开发手册;
·项目协作平台;
·用户需求说明书;
·核心技术手册的查阅</td><td>工具材料
·相应的项目规范、代码规范和文档规范等资料;
·相应开发工具(VSTS、SQL Server、VSS、Project、Visio 等);
·相应测试工具(Nunit 等);
·相应的文档编写工具(Office 等)</td><td>工作要求
·能与组内成员之间、各小组成员之间、任务涉及的其他部门相关人员之间进行熟练的工作沟通;
·能够服从工作的安排;
·能够熟练使用项目协作平台</td></tr>
</table>

续上表

<table>
<tr><td>学习领域</td><td>多层软件项目开发</td><td colspan="2">第二学年　　第二学期
基准学时:96 学时　6 学分</td></tr>
<tr><td colspan="4">工作与学习内容</td></tr>
<tr><td colspan="2">工作对象
·与项目(经理组长)进行沟通;
·核心模块概要设计文档和详细设计文档的编写;
·核心模块代码的编写;
·核心模块代码的单元测试和集成测试</td><td>工作方法
·用小组讨论法讨论核心模块;
·运用测试工具测试代码;
·运用代码走查法交叉审查代码。
劳动组织
·独立或合作完成任务;
·从代码配置库中获取项目的用户需求说明书;
·与项目经理沟通,编写核心模块概要设计文档;
·编写核心模块详细文档;
·制定核心模块开发计划;
·从代码配置库中获取项目解决方案;
·编写核心模块代码;
·完成核心模块代码的单元测试和集成测试;
·将测试好的代码交由项目经理(组长)审查;
·提交核心模块概要设计文档、详细设计文档和代码到配置库</td><td>工作要求
·能够熟练使用相应开发工具和测试工具;
·能够遵循代码编写规范;
·能自觉遵守项目开发计划;
·能够参与代码 Review 活动</td></tr>
<tr><td colspan="4">学习目标
学生获取项目的用户需求手册后,在老师指导下,借助开发手册和核心技术资料,制定核心模块设计文档和详细设计文档,并进行开发和测试。学生能够使用相应的开发、测试和文档编写工具,在规定的时间内完成相应文档和代码的编写和代码的测试。
学习完本课程后,应当能够进行一般项目核心模块的开发,包括:①CRM 系统架构的分析与设计;②使用 VS 搭建项目(三层结构或多层结构);③使用 ADO. NET 构建数据库访问层;④使用 OOP 或 SOA 实现 CRM 业务核心模块;⑤使用 XML Web Service 和 COM + 构建 CRM 分布式服务;⑥使用 VS 部署开发完成的项目</td></tr>
<tr><td colspan="4">学习组织形式与方法
在进行每个学习任务的学习中,每一个班级共用一个服务器,每组 2 ~ 4 个人,每组自愿产生一名组长。每人配备一台计算机、一份项目开发手册、一份核心技术查阅手册。
实施过程中按照学习任务,讨论核心模块结构,制定开发计划,编写核心模块概要设计文档、详细设计文档,编写代码,采用交叉审查方式进行代码的单元测试和集成测试。
角色扮演、分组讨论法、代码走查</td></tr>
<tr><td colspan="4">学业评价
本课程采取过程评价与结果评价相结合。过程评价在任务学习过程中进行,占总成绩的 70%,结果评价在课程学习结束时进行,点总成绩的 30%。
过程评价考核内容包括学生在规定的时间内完成规定模块开发的文档编写、代码编写、单元测试、平时表现(出勤情况、改进不足)等情况,采取学生自评(占 10%)、小组评价(20%)、小组互评(占 30%)和教师评价(40%)相结合的方式。
结果评价采用独立实操考核方式</td></tr>
</table>

⑦学习领域性课程7:中小型项目管理和软件配置。

<table>
<tr><td>学习领域</td><td>中小型项目管理和软件配置</td><td colspan="2">第二学年　第二学期
基准学时:64 学时　4 学分</td></tr>
<tr><td colspan="4">典型工作任务(职业行动领域描述)
中小型项目管理主要是指项目组长按照项目经理所规定的工作要求,从项目组所在的配置库中获取相关任务,根据项目测试部、质量控制部、配置管理部门等的要求,结合配置库中已开发的模块、系统分析与设计档、系统架构与设计文档等,进行项目组内部工作的管理。
项目管理人员根据项目经理下达的任务,组织项目组成员进行风险识别,实时监控开发进度,遇到技术难点时与项目组核心成员攻关,并根据项目需要,协调人员支援开发。汇总项目存在的问题与难点,向上级反馈。
项目管理人员以团体的方式进行工作,根据项目组整体的工作计划要求,按照系统架构和设计的要求,对开发项目进行风险识别,实时监控开发进度。根据项目需要,同时协调人员支援开发和技术帮助。汇总项目存在的问题与难点,并向上级反馈。对开发完成的代码进行审查,进行绩效考核并提交配置库</td></tr>
<tr><td colspan="4">工作与学习内容</td></tr>
<tr><td>工作对象
·项目开发手册;
·项目协作平台;
·项目任务书的查阅;
·核心技术手册的查阅;
·项目组成员的安排;
·项目小组工作计划的制定;
·项目组配置库的使用;
·项目开发进度监控方案的编制;
·项目风险识别的制定;
·项目评估方案的制定</td><td colspan="2">工具材料
·相应的项目规范和资料;
·相应开发工具(Visual Tools、Eclipse、SQL Server、Orcale、MySql、CVS、VSS、Project)。
工作方法
·与项目经理进行任务的确认;
·组织项目小组团队成员进行任务理解;
·核心技术学习;
·制定开发计划、监控制度、考核方案;
·分析并制定项目风险方案。
劳动组织
·项目初级管理人员从项目经理处领取任务;
·项目初级管理人员建立项目小组并明确任务与分工;
·与测试部、项目经理、质量控制部等进行沟通;
·项目组内部学习与交流</td><td>工作要求
·具有一定的组织能力;
·要有责任心;
·要有团队合作能力;
·制定工作计划;
·能识别项目风险;
·能进行核心技术研究;
·具有成本预算与控制;
·能进行工作进度控制;
·会使用项目开发平台;
·能使用公司协作平台;
·能填写各种数据表格;
·进行项目常规管理</td></tr>
<tr><td colspan="4">学习目标
学生在指导老师的指导下,借助项目管理相关书籍,明确项目管理人员的工作职责,组建项目小组开发团队。由项目管理人员组织项目组成员制定项目风险识别方案、开发手册、开发进度和技术难点手册。学会从项目配置库中快速获取开发项目资料,如项目任务书和项目代码,熟练掌握项目开发平台和开发技术要点。具有良好的沟通能力和人际关系,能很好地与其他相关部门进行有效沟通。能根据项目进度监控项目小组整体工作,对项目小组工作进行考核,并成功向配置库提交阶段成果。
学习完本课程后,学生能够根据项目经理的要求组建项目开发团队,制定科学的项目开发手册和开发进度,描述开发技术关键问题,有效地与项目组其他成员进行沟通,对项目小组工作进行审核和评价,使用工具或平台向配置库中提交阶段成果</td></tr>
</table>

续上表

学习领域	中小型项目管理和软件配置	第二学年　　第二学期 基准学时:64 学时　4 学分
学习组织形式与方法 在教学过程中,采取以学生为主导的教学模式,引导学生发现问题,自主分析问题,并制定方案解决问题。可以采取角色扮演、分组讨论等方式组织教学,老师只是协助并适时给予引导。在此过程中可以让能力较强的学生充分发挥其主导作用,并尽量让所有同学都得到很好的锻炼。同时通过校企合作、校内实训基地建设等途径,采取工学结合、开放实训室等形式,充分开发教学资源,为学生提供充分的实践机会		
学业评价 课程教学评价以各项目评价按比例构成。 各项目评价采用过程评价、知识评价和实践操作评价的形式评定。对项目评价的重点要突出实践操作的评价,以此重点反映学生对相关项目技能的掌握,并体现学生对相关职业能力的掌握程度。通过成果展示,做报告/ PPT,结合课堂提问、学生作业、实训报告、教学参与程度和学习态度等情况综合评价学生成绩,分优、良好、中等、及格、不及格,最后反馈给学生。同时考虑学生继续学习能力的培养进行评定。 应注重学生动手能力和实践中分析问题、解决问题能力的考核,对在学习和应用上有创新的学生应予特别鼓励,全面综合评价学生能力		

⑧学习领域性课程 8:基于 Struts 与 Hibernate 项目开发。

学习领域	基于 Struts 与 Hibernate 项目开发	第三学年　　第一学期 基准学时:96 学时　6 学分
典型工作任务(职业行动领域描述) 基于 Struts 与 Hibernate 项目开发主要是指程序员按照项目经理所规定的工作要求,从项目组所在的配置库中获取相关任务,根据配置库中的需求分析和设计文档,运用 Struts 和 Hibernate 技术实现一个基于 MVC 架构的 Web 框架。 程序员根据项目经理下达的任务,运用 Struts 和 Hibernate 技术实现 MVC 架构的项目中的 MVC 模式,实时监控开发进度。遇到技术难点时,通过查阅相关技术文档或者与项目组核心成员攻关,解决实际问题。 程序员以团体的方式进行工作,根据项目组整体的工作计划要求,按照系统架构和设计的要求,运用 Struts 中丰富的标记库和独立于该框架工作的实用程序类开发 MVC 系统;运用 Hibernate 使用数据库和配置数据,为应用提供持久化服务和持久化对象		
工作与学习内容		
工作对象 ·项目开发手册; ·项目协作平台; ·项目任务书的查阅; ·核心技术手册的查阅; ·工作计划的制定; ·项目组配置库的使用; ·项目开发进度监控方案的编制	**工具材料** ·相应的项目规范和资料; ·相应开发工具(Tomcate 6.0、Eclipse、SQL Server、Orcale、MySql、Project)。 **工作方法** ·与项目经理进行任务的确认; ·组织项目小组团队成员进行任务理解; ·核心技术学习; ·制定开发计划、监控制度、考核方案; ·分析并制定项目风险方案。 **劳动组织** ·程序员从项目经理处领取任务; ·程序员根据任务书制定工作计划; ·项目组内部学习与交流	**工作要求** ·具有一定的组织能力; ·要有责任心; ·要有团队合作能力; ·制定工作计划; ·能进行核心技术研究; ·文档阅读; ·能进行工作进度控制; ·会使用项目开发平台; ·能使用公司协作平台; ·能填写各种数据表格; ·规范编码习惯

续上表

学习领域	基于 Struts 与 Hibernate 项目开发	第三学年　第一学期 基准学时:96 学时　6 学分
学习目标 学生在指导老师的指导下,借助帮助文档和相关书籍,明确程序员相应的工作职责,制定开发手册、开发进度和技术难点手册。学会从项目配置库中快速获取开发项目资料,如项目任务书和项目代码,熟练掌握项目开发平台和开发技术要点,具有良好的沟通能力和人际关系,能通过 Internat 和查阅相关技术文档或与工作组其他成员沟通等方式解决工作中遇到实际问题。 学习完本课程后,学生能够根据项目经理的要求制定工作计划,使用 Struts 和 Hibernate 技术进行实际项目的开发,描述开发技术关键问题,有效地与项目组其他成员进行沟通,对项目小组工作进行审核和评价,使用工具或平台向配置库中提交阶段成果		
学习组织形式与方法 在教学过程中,采取以学生为主导的教学模式,引导学生发现问题,自主分析问题,并制定方案解决问题。可以采取角色扮演、分组讨论等方式组织教学,老师只是协助并给予适时的引导。在此过程中可以让能力较强的学生充分发挥其主导作用,并尽量让所有同学都得到很好的锻炼。同时通过校企合作、校内实训基地建设等途径,采取工学结合、开放实训室等形式,充分开发教学资源,为学生提供充分的实践机会		
学业评价 课程教学评价以各项目评价按比例构成。 各项目评价采用过程评价、知识评价和实践操作评价的形式评定。项目评价的重点要突出实践操作的评价,以此重点反映学生对相关项目技能的掌握,并体现学生对相关职业能力的掌握程度。通过成果展示,做报告,结合课堂提问、学生作业、实训报告、教学参与程度和学习态度等情况综合评价学生成绩,分优、良好、中等、及格、不及格五级,最后反馈给学生。同时考虑学生继续学习能力的培养进行评定。 应注重学生动手能力和实践中分析问题、解决问题能力的考核,对在学习和应用上有创新的学生应予特别鼓励,全面综合评价学生能力		

⑨学习领域性课程 9:系统分析与设计。

学习领域	系统分析与设计	第三学年　第一学期 基准学时:96 学时　6 学分
典型工作任务(职业行动领域描述) 系统分析与设计是根据项目经理提供的任务,对整个系统进行分析与设计。 系统分析与设计人员根据客户要求编写系统需求分析报告、概要设计说明书、详细设计说明书。对系统设计方案进行可行性评估,包括该系统是否满足可靠性要求、系统的可扩展性、可重用性和性能等方面,输出评估报告。提交相关文档到配置库中。		
工作与学习内容		
工作对象 ·需编写的需求分析报告	**工具材料** ·产品要求说明书; ·文档编写工具 Word	**工作要求** ·能熟练地进行工作沟通; ·熟悉配置管理规范

续上表

<table>
<tr><td>学习领域</td><td colspan="2">多层软件项目开发</td><td>第三学年　第一学期
基准学时:96 学时　6 学分</td></tr>
<tr><td colspan="4">工作与学习内容</td></tr>
<tr><td colspan="2">工作对象
·需编写的概要设计说明书;
·需编写的详细设计说明书;
·需编写的架构可行性评估报告;
·相关工具的使用;
·项目组配置库的使用;
·项目开发进度监控方案的编制;
·项目风险识别的制定;
·项目评估方案的制定</td><td>工具材料
·CVS、VSTS、VSS、Visio 工具;
·内部开发平台。
工作方法
·根据产品要求编写需求分析报告;
·根据需求分析报告编写概要设计说明书;
·根据需求分析报告和概要设计说明书编写详细设计说明书;
·对已有的系统设计方案编写评估报告。
劳动组织
·系统分析师向部门经理领取系统要求说明书;
·进行系统分析与设计;
·分析和解决问题</td><td>工作要求
·能够编写符合组织级或项目级规范的文档;
·能熟练使用 Word、CVS、VSTS、VSS、Visio 等相关工具;
·熟悉 CMMI、ISO、RFC、知识产权、企业内部质量标准等相关知识;
·能够编写满足顾客要求的相关文档</td></tr>
<tr><td colspan="4">学习目标
学生在教师指导下编写需求分析报告、概要设计说明书、详细设计说明书。根据用户要求编写需求分析报告、概要设计说明书和详细设计说明书。能够对已有的系统设计方案进行可行性评估,并编写出相应的评估报告。在分析的过程中,能够对系统提出优化的方案或存在的问题。
学习完本课程后,学生应当能够按照系统分析与设计的相关标准进行简单系统分析和相关文档的编写,包括:①系统设计方案可行性评估报告;②编写需求分析报告;③编写概要设计说明书;④编写详细设计说明书</td></tr>
<tr><td colspan="4">学习组织形式与方法
在教学过程中,采取以学生为主导的教学模式,引导学生发现问题,自主分析问题,并制定方案解决问题。可以采取角色扮演、分组讨论、等方式组织教学,老师只是协助并给予适时的引导。在此过程中可以让能力较强的学生充分发挥其主导作用,并尽量让所有同学都得到很好的锻炼。同时通过校企合作、校内实训基地建设等途径,采取工学结合、开放实训室等形式,充分开发教学资源,为学生提供充分的实践机会</td></tr>
<tr><td colspan="4">学业评价
课程教学评价以各项目评价按比例构成。
各项目评价采用过程评价、知识评价和实践操作评价的形式评定。对项目评价的重点要突出实践操作的评价,以此重点反映学生对相关项目技能的掌握,并体现学生对相关职业能力的掌握程度。通过成果展示,做报告,结合课堂提问、学生作业、实训报告、教学参与程度和学习态度等情况综合评价学生成绩,分优、良好、中等、及格、不及格,最后反馈给学生。同时考虑学生继续学习能力的培养进行评定。
应注重学生动手能力和实践中分析问题、解决问题能力的考核,对在学习和应用上有创新的学生应予特别鼓励,全面综合评价学生能力</td></tr>
</table>

4.2.3 基于工作过程的课程体系重构

1)课程体系建设思路

《教育部关于推进高等职业教育改革创新引领职业教育科学发展的若干意见》提出的"高等职业教育具有高等教育和职业教育双重属性,以培养生产、建设、服务、管理第一线的高端技能型专门人才为主要任务"。因此,要培养高素质技能型人才需发展其综合职业能力,即在真实的工作环境中整体化地解决综合专业问题的能力和相应的技术思维方式。高素质技能型人才培养不仅是适应能力的训练,更重要的是要促进其创新能力与解决问题能力等核心工作能力的发展。可以看出,从操作层面来讲,高等职业教育培养的是掌握高级技术、能解决复杂专业问题并能适应未来技术发展需要的高技能、高素质人才。培养过程中既要关注学生的职业成长,也要满足职业和学生个人发展两方面的要求,从而全面提升学生综合素质。建立工作过程为导向的学习领域课程体系需要解决以下问题:

(1)确立综合职业能力发展培养目标;

(2)构建学校领域的课程模式;

(3)应用科学的职业资格研究方法进行职业分析;

(4)通过典型工作任务分析确定课程门类;

(5)按照工作过程系统化原则确立课程结构;

(6)依据职业成长的逻辑规律排列课程序列;

(7)采用便于学生自主学习的课业方式组织课程内容;

(8)遵循行动导向原则实施教学;

(9)建设以专业教室和工学整合式学习岗位为代表的教学环境;

(10)建设以过程控制为基本特征的质量控制与评价体系。

为了将典型工作任务融入到教学中,各专业应研究企业的岗位特色、工作过程、生产工艺以及岗位人员的成长与发展规律,将岗位工作能力转换为人才培养方案及课程标准,将岗位工作任务转换为学习领域,将具体工作任务、生产工艺转换为教学的学习情境或教学项目,如图4-4所示。

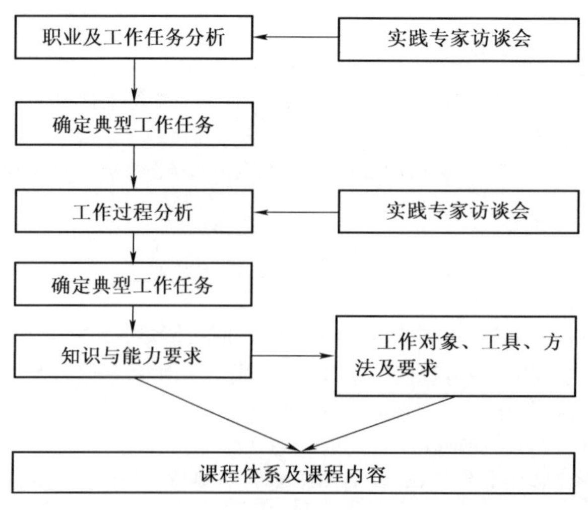

图4-4 典型工作任务的课程体系建设思路图

通过对典型职业工作任务的分析，找到在职业工作中的工作过程知识，从而使工作过程知识作为职业教育的内容成为可能。在以工作过程为导向的课程体系建设中，教学内容就是从典型的职业工作任务中提炼出来的适合教学的学习任务和工作任务。

2）课程体系建设

为了实现“培养具有团队协作意识、沟通能力、自主学习和创新能力，具备较高的外语水平、扎实的软件理论知识和较强软件开发能力，能胜任软件项目分析、软件开发、软件测试、软件管理、软件销售和维护的高素质技能型现代 IT 人才”的目标，软件技术专业的专门化平台课程体系采用了“组建科学合理的软件技术专业实践委员会→实践专家提取典型工作任务→认证并确认典型工作任务→典型工作任务描述→教育专家研讨并确认项目领域性课程→结合教学规律构建课程体系”的方式构建而成。在构建课程体系的过程中，充分遵循教学规律和学生的认知规律，同时，结合软件职业能力资格认证的技能要求，在专业实践与教育专家构建的课程基础上开设必要的基础知识与技能性课程，确保了课程体系的完整性。

我院各专业按照“双平台-双主线”的人才培养模式，将双平台划分为 0.5 + 2.5 完成课程的“理实一体”教学任务，在夯实学生专业基础平台的基础上，进行专业课程的学习，以适应企业和社会的需求。

3）课程标准

课程标准是规定某一学科的课程性质、课程目标、内容目标、实施建议的教学指导性文件。课程标准与教学大纲相比，在课程的基本理念、课程目标、课程实施建议等几部分阐述的更加详细、明确，特别是提出了面向全体学生的学习基本要求。在基于工作过程的课程体系的理念下，课程标准融入了学习领域的新理念。

（1）《软件开发入门》课程标准。

学习领域性课程名称：软件开发入门
适用专业：软件技术专业
总学时/学分：2 学分/32 学时
开设学期：第一学年第一学期
一、课程性质 《软件开发入门》是软件技术专业的专业基础课程，主要培养学生领悟企业文化、阅读和理解企业已有项目资料、在老师的指导下编写程序代码、完成简单软件项目的测试工作，安装和配置软件项目等技能。通过本课程的学习，旨在使学生能快速了解和领悟企业文化，快速理解软件开发规范及项目文档，了解软件项目开发工作流程，提高学生的学习兴趣，为后期的专业课程学习打下坚实基础。 本课程为学习专业课程的前期准备课程。本课程后续课程有《基于. net 的模块开发》、《多层软件项目开发》、《软件测试技术》等。 **二、设计思路** 针对本专业人才定位，在软件技术专业实践专家访谈会得出的典型工作任务描述基础上深入企业调研，认真分析现行国家和行业职业资格标准，召开教学专家讨论会划定学习情境。 课程依托学生进入软件企业的生产过程，模拟真实工作环境，采用任务驱动的模式实施进行。按照项目中不同的实施阶段，结合所需掌握的知识点与能力目标，依据企业工作次序的先后顺序设计与安排学习任务。

本课程的教学组织实施主要以项目小组形式进行。小组成员通过参观软件企业、阅读已有项目文档、团队实践软件开发、集体演讲开发任务等环节，体验软件企业的相关工作过程，逐步提高学习兴趣和学习能力。

课程评价综合采用过程评价与结果评价相结合的方式，通过对软件企业文化、素养和岗位分析的考核、阅读已有软件项目文档的考核、软件开发过程环节的考核、团队协助的考核等，评价学生软件开发入门所需要的素质和技能。

三、课程目标

学生能够明确软件企业文化和工作职责与工作(技能)要求，在指导老师的指导下，组成学习小组。接受开发任务后，学生组建团队，利用常用应用软件(工具)，通过团队协作，在规定时间内严格按照软件开发规范及项目质量管理体系要求，结合企业文化、软件开发规范、软件开发技术、产品安装与配置技术，完成进入软件开发岗位的素质和技术的准备工作，为其进入真实开发岗位奠定坚实基础。

学完本课程后，学员能做到：

1. 了解到软件企业文化和岗位要求，编制企业岗位分析报告；
2. 读懂企业已有项目文档及应用已有项目；
3. 根据需求，在老师的指导下编制简单代码；
4. 根据项目需要，完成项目模块的测试；
5. 根据项目要求，完成项目的安装与配置。

四、课业设计

(一)学习目标与内容设计

学习情境(任务/项目)	学习目标	学习内容
1. 软件企业文化及工作岗位分析	能识别与认知软件企业的类型； 能整理软件企业文化要求； 能明确软件企业岗位职责和技能要求； 能利用 Word 软件编制软件企业岗位技能报告	软件企业分类及等级划分； 软件企业文化； 软件岗位分类； 软件岗位职责； Word 软件的应用； 计算机基本知识
2. 阅读企业已有软件项目资料	能读懂软件项目需求分析文档； 能读懂软件项目设计文档； 能读懂软件项目的系统架构； 能读懂软件模块代码； 能正常安装和配置已有项目	软件开发国家标准文档； 设计模型； 系统架构； 开发模型； Word、Excel、Visio 等
3. 学生成绩管理系统的设计、开发和实现	能正确选择软件开发平台； 能正确安装、配置开发环境； 能正确安装、使用项目管理软件； 利用原型开发工具在规定时间内设计出预想软件的不同原型； 能正确使用开发方法与工具； 能使用测试方法进行简单的测试； 能根据需求，通过发布平台进行系统发布； 能正确进行系统的安装与配置	软件开发平台的比较分析； 软件开发平台的安装与配置方法； 项目管理软件的类型、使用方法； 软件原型设计思想、方法和工具； 软件开发技术； 软件测试； 安装(部署)、配置技术

续上表

学习情境(任务/项目)	学 习 目 标	学 习 内 容
4. 学生成绩管理系统项目的演讲	能利用 Power Point 编制项目 PPT 文件； 能利用截图软件进行系统截图； 能利用普通话进行演讲	PPT 技术； 截图软件的选择； 截图技术； 演讲技巧

（二）课业实施设计

学习情境	教学方法 与组织形式	教学资源配置	参考学时	学生提交成果
1. 软件企业文化及工作岗位分析	**教学方法** 任务驱动法、企业参观研讨法、文献检索、演示教学 **教学组织** 引入本课程学习目标及学习情景任务书(学生课外学习)； 学生自行按4人一小组的方式组建学习团队,在老师的统一安排下进入企业进行参观、调研(2学时)； 编制软件企业文化及员工素养分析报告并制作 PPT 文件(学生课外完成)； 编写软件企业岗位分析报告并制作 PPT 文件(学生课外完成)； 分组演讲与讨论每个小组所编制的企业文化及员工素养分析报告和企业岗位分析报告(2学时)	**教师** 1. 软件技术专业教师1名； 2. 企业资深技术专家2名。 **教学环境** 1. 成都软件园知名软件企业工作场地； 2. 多媒体研讨室。 **教学资源** 软件： 1. Office 办公软件； 2. 互联网络。 文档： 1. 课程标准； 2. 学习情景任务书	4	1. 企业文化及员工素养分析报告； 2. 软件企业岗位分析报告
2. 阅读企业已有软件项目资料	**教学方法** 任务驱动、演讲与讨论法 **教学组织** 已有项目背景及文档分析(1学时)； 学生以4人为一组在老师的指导下阅读相关项目文档(1学时)； 学生课外阅读相关项目文档,讨论并制作理解已有项目汇报的 PPT 文件(学生在课外完成)；	**教师** 软件技术专业教师1名 **教学环境** 多媒体研讨室 **教学资料** 软件： 1. Office 办公软件； 2. Visual Studio 2005； 3. Microsoft SQL 2005	4	已有项目阅读理解分析报告

续上表

学习情境	教学方法 与组织形式	教学资源配置	参考学时	学生提交成果
2. 阅读企业已有软件项目资料	以小组方式进行研讨(2 学时); 撰写阅读分析报告(学生课外完成并提交)	文档: 企业现有项目设计与开发文档; 代码: 企业现有项目原代码	4	已有项目阅读理解分析报告
3. 体验学生成绩管理系统的设计、开发和实现	**教学方法** 引导文教学法、任务驱动法、讨论教学法 **教学组织** 1. 组建学习团队并从项目资料管理库中下载学习任务和相关项目资料(0.5 学时); 2. 教师讲解项目要求和关键技术(2 学时); 3. 根据用户需求,按团队进行设计并研讨(4 学时); 4. 搭建设计平台,进行系统设计、讨论,提交设计文档(5 学时); 5. 在老师的指导下,完成开发环境的安装、配置(1 学时); 6. 在老师的指导下,完成项目管理软件的安装、使用(1 学时); 7. 利用原型开发工具在规定时间内设计出软件的不同原型(2 学时); 8. 根据用户需求,修改系统原型(1 学时); 9. 根据用户需求和设计规范,选择开发方法与工具进行系统的开发工作(4 学时); 10. 根据测试用例进行系统的测试工作(1 学时); 11. 提交开发资料进入项目管理库(0.5 学时); 12. 在教师的指导下,完成项目发布的环境工作并进行部署(1 学时); 13. 在老师的指导下,完成用户手册的编制工作(学生课外完成); 14. 成果展示与研讨(2 学时)	**教师** 软件技术专业教师 1 名 **教学环境** 1. 项目分析学习训练区; 2. 软件开发学习训练区; 3. 软件测试学习训练区。 **教学资料** 软件: 1. Office 办公软件; 2. VSTS 资源配置平台; 3. Visual Studio 2005; 4. 企业已有项目设计及开发文档。 文档: 1. 企业已有项目设计及开发文档; 2. 软件项目开发国家规范; 3. 程序员开发手册	24	1. 学生成绩管理系统设计及开发文档; 2. 用户使用手册; 3. 学生实现项目

续上表

五、实施建议

(一)教材编写建议

软件开发入门依托学生成绩管理系统项目,教材编写中要将项目实施各阶段技术和方法应用到各学习情景教学单元中。教材编写应覆盖所有的知识目标与能力目标,依照各知识、能力目标的权重比及课时分配确定内容的详略。

(二)教学建议

软件开发入门是多学科知识的综合应用,旨在培养学生的学习积极性,提高学生的学习兴趣,同时使学生充分了解软件开发的整体工作过程。故任课教师应具备软件开发、网页设计、图像处理、软件测试、软件管理与部署、软件系统架构与分析等多种技能。课程实施过程中可采取多教师(聘用企业技术骨干)参与方式,以达到较好的教学效果。

"软件企业文化及工作岗位分析"学习情景是使学生充分了解软件企业文化和企业岗位,在进入专业学习之前对企业有一个全面了解。故在该阶段教师需要有企业的工作经验、丰富的组织能力和归纳能力,使学生在对企业参观调研的基础上,分析和归纳企业文化、员工素质要求,并作出企业岗位分析。同时要得到软件企业的大力支持。

"阅读企业已有项目资料"学习情景是使学生加深对软件项目设计与实现部分的理解与认识。教学活动中教学素材应充分准备周详(以企业真实的项目为主)。为节约课堂时间,提高学生自学能力,教师需要将有些阅读环节放在教学时间以外进行。

"学生成绩管理系统的设计、开发和实现"学习情景是使学生全面了解软件项目开发的整个工作过程,体验软件项目开发的每个环节,为以后学习相关课程打下基础。首先,教师需要准备一套完整的软件项目文档和原代码;其次,教师需要有较强的软件项目开发经验、项目交流经验和时间控制能力,能带领学生在有限的时间内快乐体验软件项目的全过程。

本课程感性知识较多,体验和交流的环节多,自学的时间多,故在教学过程中,教师应采用多种教学方法,如"四段教学法"、"头脑风暴法"、"项目教学法"、"角色扮演法"等,同时还应注重鼓励学员创新与进行有益探索,直观获取成果的体验,从而培养学员学习与热爱本学科的兴趣。

六、课程评价

软件开发入门课程评价采用过程评价、结果考核相结合的评价方式。结果考核有项目考核、理论测试两种方式,本课程重点强调过程评价的考核方式。为了强化学生实际动手能力、培养创新精神,课程结束后安排一个小型界面设计项目由学员独立完成。为了保障教学质量与保障评价的全面性与科学性,期末安排知识点与技能的笔试考试。

评价方式与比重构成		
过程评价(60%)	结果考核(40%)	
	项目评价	理论测试
60	20	20

过程评价,采用本课程的任务目标树完成度进行评价。每个能力目标点依据完成度、完成质量、完成态度分为A,B,C,D四个评价等级,并按每个目标权重分值打分。各目标评价合计分值作为模块评价得分,各模块评价得分计算权重后构成过程评价结果

(2)《数据库程序设计》课程标准。

学习领域性课程名称:数据库程序设计
适用专业:软件技术专业
总学时/学分:6 学分/96 学时
开设学期:第一学年第二学期

一、课程性质

本课程属于软件技术专业的一门必修专业课程,旨在培养学生设计数据库、编写开发文档、使用数据库开发平台实现数据库的能力。

数据库开发是指数据库的设计、开发、实现,主要强调要有良好的设计思想和架构。学生在上岗 2~5 年后能够胜任数据库设计及开发工作。本课程的先修课为《程序设计基础》、《数据库基础》等。

二、设计思路

1. 基于软件的工作过程进行课程设计,通过实践专家访谈会和企业调研,并对实践专家访谈会得出的典型工作任务进行分析,确定与培养目标相适应的、符合企业开发流程的学习情境。

2. 本课程以 CRM 客户关系管理系统开发为教学项目,遵循企业“分析设计、分步实现、系统集成”的真实开发过程,设计学习情境。

3. 教学组织的思路:本课程采用“理-实”一体化,以企业真实项目为教学内容,采用引导文教学方法为主线,辅助角色扮演、小组讨论等教学方法进行教学。

4. 课程的考核侧重于过程考核,实行教考分离,以架构良好、符合用户需求为基准。

三、课程目标

学生获取项目的用户需求手册后,在老师指导下,借助开发手册和核心技术资料,制定数据库设计文档,并进行开发和测试。学生能够使用相应的数据库开发、测试和文档编写工具,在规定的时间内完成相应文档和代码的编写和测试。

学习完本课程后,学生应当能够进行中小型项目数据库设计与开发,包括:

1. 认识数据库管理系统;
2. 搭建数据库开发平台;
3. 使用 Transact-SQL;
4. 根据数据库设计文档创建及使用存储过程、触发器;
5. 使用 SQL Server 加载开发完成的数据库项目;
6. 完成图书管理系统设计与开发。

四、课业设计

(一)学习目标与内容设计

学习情境(任务/项目)	学 习 目 标	学 习 内 容
1. 认识数据库管理系统	1. 能够对比常用数据库管理系统软件,陈述它们之间的区别; 2. 能够以小组合作形式使用 OA,体验应用系统; 3. 在教师指导下,完成数据库应用的叙述	1. SQL Server; 2. Oracle; 3. MySQL; 4. 三层架构

续上表

学习情境(任务/项目)	学 习 目 标	学 习 内 容
2. 搭建数据库开发平台	1. 能安装数据库开发平台； 2. 能配置数据库开发平台； 3. 能分配登陆账号； 4. 能分配数据库用户； 5. 能分配角色； 6. 能分配数据库用户权限； 7. 能叙述系统数据库的作用； 8. 能使用开发平台创建数据库； 9. 能够创建数据表； 10. 能够正确选择约束并创建； 11. 能够正确选择索引并创建	1. 组件； 2. 身份验证模式； 3. 实例； 4. 登录名； 5. 用户； 6. 角色； 7. 用户权限分配； 8. 系统数据库； 9. 用户数据库； 10. 数据库文件； 11. 创建表； 12. 约束； 13. 索引
3. 使用 T-SQL，实现 CRM 系统的数据操作	1. 能够利用 CREATE 语句创建数据库； 2. 能够利用 CREATE 语句创建数据表； 3. 能够利用 ALTER 语句修改数据表； 4. 能够利用 INSERT 语句向数据表中插入新的数据记录； 5. 能够利用 SELECT 语句查询数据表中所需记录； 6. 能够利用 UPDATE 语句更新数据表中现有记录； 7. 能够利用 DELETE 语句删除数据表中已有记录	1. CREATE 语句； 2. 约束； 3. INSERT 语句； 4. SELECT 语句； 5. UPDATE 语句； 6. DELETE 语句
4. 根据数据库设计文档，实现 CRM 系统存储过程、触发器的创建及使用	1. 能够叙述存储过程的工作原理； 2. 能够叙述触发器的工作原理； 3. 能够分辨存储过程、触发器不同的使用场景； 4. 能够创建存储过程； 5. 能够调用存储过程； 6. 能够修改、删除存储过程； 7. 能够创建触发器； 8. 能够触发触发器； 9. 能够修改、删除触发器	1. 存储过程的概念； 2. 触发器的概念； 3. CREATE PROC 语句； 4. CREATE TRIGGER 语句； 5. EXEC 语句； 6. ALTER 语句； 7. DROP 语句
5. 使用 SQL Server 加载开发完成的数据库项目	1. 能叙述数据库分离、附加、备份、还原的区别； 2. 能附加数据库； 3. 能够备份、还原数据库； 4. 能够制定备份计划	1. 分离； 2. 附加； 3. 备份； 4. 还原

续上表

学习情境(任务/项目)	学 习 目 标	学 习 内 容
6. 完成图书管理系统设计和开发	1. 能根据数据库设计文档创建数据库； 2. 能根据数据库设计文档创建数据表、索引、约束； 3. 能根据数据库设计文档创建存储过程、触发器	1. 数据库； 2. 数据表； 3. 约束； 4. 索引； 5. 存储过程； 6. 触发器

（二）课业实施设计

学习情境	教学方法 与组织形式	教学资源配置	参考学时	学生提交成果
1. 认识数据库管理系统	**教学方法** 讲授、演示、引导文教学法、小组讨论法、独立工作 **组织形式** 1. 教师引导学生对比常用数据库管理系统软件(2h)； 2. 教师引导学生练习使用OA系统，认知应用程序(2h)； 3. 分组讨论，阐述数据库应用，完成调研报告(4h)	1. 服务器1台； 2. 每人配备1台计算机； 3. 项目开发手册1份； 4. 专职教师1名	8	调研报告
2. 搭建数据库开发平台	**教学方法** 案例教学法、讲授、演示、引导文教学法、小组讨论法、独立工作 **组织实施** 1. 教师布置学习任务，讲述数据库开发平台安装所需准备的知识(2h)； 2. 学生小组合作，安装数据库开发平台(1h)； 3. 教师引导学生观察数据库中两类账户，讲述登录账户和数据库用户的基础理论(1h)； 4. 根据所学知识，制作演讲稿，演讲两类不同的用户，并独立完成两类账户的创建、管理工作，并做好记录(2h)；	1. 服务器1台； 2. 每人配备1台计算机； 3. 项目开发手册1份； 4. 核心技术查阅手册1份； 5. CRM项目资料； 6. 专职教师1名	27	1. 演讲稿； 2. 创建数据库时的mdf、ndf、ldf文件

续上表

学习情境	教学方法 与组织形式	教学资源配置	参考学时	学生提交成果
2. 搭建数据库开发平台	5. 在教师引导下，学生小组合作，建立角色，分配权限（4h）； 6. 教师设置学习任务，讲述数据库的用途、意义和完成数据库创建、维护所需准备知识（3h）； 7. 学生小组合作，在教师引导下使用开发平台创建数据库（2h）； 8. 学生小组讨论并陈述数据库的创建要素，教师予以评价和总结（2h）； 9. 教师设置学习任务，讲述完成数据表创建所需准备知识（2h）； 10. 教师讲述约束的基本理论（2h）； 11. 学生小组合作，归纳总结约束的类型和作用以及适用场景，制作演示稿，演讲阐述，教师予以总结和点评（2h）； 12. 教师设置学习任务，讲述完成索引设置所需准备知识（2h）； 13. 学生小组合作，为数据表选择索引并创建（2h）	1. 服务器 1 台； 2. 每人配备 1 台计算机； 3. 项目开发手册 1 份； 4. 核心技术查阅手册 1 份； 5. CRM 项目资料； 6. 专职教师 1 名	27	1. 演讲稿； 2. 创建数据库时的 mdf、ndf、ldf 文件
3. 使用 T-SQL，实现 CRM 系统的数据操作	**教学方法** 案例教学法、讲授、演示、引导文教学法、小组讨论法、独立工作、案例教学法 **组织实施** 1. 教师设置学习任务，讲述完成该任务所需准备知识（3h）； 2. 学生小组合作，根据数据库设计文档，编写 T-SQL 语句创建数据表（2h）；	1. 服务器 1 台； 2. 每人配备 1 台计算机； 3. 项目开发手册 1 份； 4. 核心技术查阅手册 1 份； 5. CRM 项目资料； 6. 专职教师 1 名	23	SQL 脚本文件

续上表

学习情境	教学方法 与组织形式	教学资源配置	参考学时	学生提交成果
3. 使用 T-SQL，实现 CRM 系统的数据操作	3. 学生小组合作，根据数据库设计文档，编写 T-SQL 语句修改数据表，以创建约束(4h)； 4. 学生小组合作，根据数据库设计文档，编写 T-SQL 语句修改数据表，以创建索引(2h)； 5. 教师讲述数据读写的基础理论(2h)； 6. 学生小组合作，完成数据的读写操作，教师予以评价和总结(10h)	1. 服务器 1 台； 2. 每人配备 1 台计算机； 3. 项目开发手册 1 份； 4. 核心技术查阅手册 1 份； 5. CRM 项目资料； 6. 专职教师 1 名	23	SQL 脚本文件
4. 根据数据库设计文档创建及使用存储过程、触发器	**教学方法** 案例教学法、讲授、演示、引导文教学法、小组讨论法、独立工作、案例教学法 **组织实施** 1. 教师设置学习任务，讲述完成本任务所需准备知识(2h)； 2. 根据所学知识，学生分小组制作 PPT，讨论存储过程和触发器的工作原理、适用场景，教师予以点评和总结(2h)； 3. 教师讲述存储过程的创建、调用、修改、删除(3h)； 4. 学生小组合作，根据数据库设计文档，完成存储过程的创建、调用、修改、删除(7h)； 5. 教师讲述触发器的创建、触发、修改、删除(2h)； 6. 学生小组合作，根据数据库设计文档，完成触发器的创建、触发、修改、删除(6h)	1. 服务器 1 台； 2. 每人配备 1 台计算机； 3. 项目开发手册 1 份； 4. 核心技术查阅手册 1 份； 5. CRM 项目资料； 6. 专职教师 1 名	22	1. PPT； 2. 存储过程； 3. 触发器

续上表

学习情境	教学方法 与组织形式	教学资源配置	参考 学时	学生提交成果
5. 使用 SQL Server 加载开发完成的数据库项目	**教学方法** 案例教学法、讲授、演示、引导文教学法、小组讨论法、独立工作、案例教学法 **组织实施** 1. 教师设置学习任务，讲述完成本任务所需准备的知识(2h)； 2. 学生小组合作，制定数据库备份计划(1h)； 3. 教师讲述数据库备份、还原、分离、附加操作(2h)； 4. 学生根据所学知识，完成数据库分离、附加、备份、还原(1h)	1. 服务器 1 台； 2. 每人配备 1 台计算机； 3. 项目开发手册 1 份； 4. 核心技术查阅手册 1 份； 5. CRM 项目资料； 6. 专职教师 1 名	6	1. 备份文件； 2. 分离以后的数据库文件
6. 完成图书管理系统设计和实现	**教学方法** 案例教学法、讲授、演示、引导文教学法、小组讨论法、独立工作、案例教学法 **组织实施** 1. 教师引导学生阅读、分析图书管理系统项目资料(2h)； 2. 学生小组合作，完成图书管理系统数据库设计和开发(8h)	1. 服务器 1 台； 2. 每人配备 1 台计算机； 3. 项目开发手册 1 份； 4. 核心技术查阅手册 1 份； 5. 图书管理系统项目资料； 6. 专职教师 1 名	10	1. 设计文档； 2. 创建完成的数据库

五、实施建议

1. 教材编写建议

教材的编写过程中重点要再现软件企业真实的开发流程，给出一个架构良好的软件项目作为引导，同时要有良好的编程习惯，在注重锻炼学生技能的同时还要锻炼学生团队协作的精神和职业素养。

教材选择 SQL Server 2005 作为数据库开发平台进行编写。

2. 教学建议

将班级学生分组，每组 4 ~6 人，每组选拔 1 名组长。组长即是企业中的项目组长，负责小组成员任务安排、时间控制等。组长直接对老师（项目经理）负责。

为了增加团队的凝聚力，还要适时开展拓展活动。

六、课程评价

本课程采用理论考核和实操考核相结合,过程评价与结果评价相结合的方式。

理论考核采用笔试形式,考核内容侧重于 SQL Server 数据库理论知识、Transact-SQL 语句基础,理论考核占本门课程考核的比例为 30%。

实操考核采用项目考核累计方式,以学生项目架构的合理性、完成项目的进度和质量的好坏为考核依据。在实操考核的每一个学习情境中,均采用小组自评 + 小组互评 + 教师评价的方式。其中小组自评占 20%,小组互评占 20%,教师评价占 60%。

考核中各部分所占的考核比例按照以下表格所给出的数据进行计算。

项　　目	比　　例	
笔试形式	笔试形式(30%)	
实操考核	实操考核(70%)	
	认识数据库管理系统	5%
	搭建数据库开发平台	20%
	使用 Transact-SQL	15%
	根据数据库设计文档创建及使用存储过程、触发器	15%
	使用 SQL Server 加载开发完成的数据库项目	5%
	完成图书管理系统设计和开发	10%

(3)《UI 界面设计》课程标准。

学习领域性课程名称:UI 界面设计
适用专业:软件技术专业
总学时/学分:4 学分/64 学时
开设学期:第二学年第二学期

一、课程性质

《UI 界面设计》是软件技术专业重要的专业课程,主要培养学生在软件项目开发过程中对界面表示层的设计与开发技能,使学生具备开发易用、可用、交互性良好的高质量软件系统的能力。通过本课程及相关专业课程的学习,学生可适应软件界面设计、网页设计、移动界面设计、人机交互设计等多个软件开发工作岗位的需要。

先修课程:《程序设计基础》、《软件开发入门》、《图形图像处理》、《网页设计》。

后续课程:《基于. net 的模块开发》、《多层软件项目开发》、《系统分析与设计》等。

二、设计思路

针对本专业人才定位,基于 UI 界面的工作过程,在软件技术专业实践专家访谈会得出的典型工作任务描述基础上深入企业调研,认真分析现行国家和行业职业资格标准,召开教学专家讨论会确定学习情境。

课程依托一个具备多层结构的软件教学项目，按照企业开发模式，模拟真实工作环境，采用任务驱动的模式进行。按照项目中不同的实施阶段，结合所需掌握的知识点与能力目标，将该项目中开发任务归纳为由简单到复杂、由独立到综合的学习任务。

本课程的教学组织实施主要以项目小组形式进行。小组成员从完成简单任务到独立承担整个模块任务，逐步提高项目设计能力。开发过程中采用里程碑验收，统一项目基线，使学生具备参与大型项目开发应有的协作项目开发能力。

课程评价综合采用过程评价与结果评价相结合的评价体系，通过对项目过程考核、目标树完成度考核、结果评价核方式对学员的课程掌握情况进行科学评价。注重对学生能力方面的认定，而相对弱化学生知识掌握程度的笔试考核。

三、课程目标

学生明确 UI 界面设计师工作职责与工作要求，在指导老师的指导下，组成界面开发小组。接受开发任务后，学生在给定初步用户需求的情况下，利用常用开发工具，通过团队协作，在规定时间内，严格按照软件开发规范及项目质量管理体系要求，开发出软件快速原型或概念模型，与用户沟通形成具体的用户需求，发现潜在需求。然后依据不同软件项目类型，选择进行抛弃式、递增式、演化式软件原型设计，利用 HTML 等脚本语言设计网页，利用 C#及 VB 等语言设计软件界面，利用移动终端模拟器设计移动程序界面，利用 JavaScript、AJAX 技术设计实现 Web 程序人机交互功能，利用. net framework 中 Agent 代理、语音等组件实现多通道的人机交互界面设计，利用人工智能及搜索算法设计人机交互逻辑。

学完本课程后，学员可以熟练制作与设计各类软件界面，以及承担人机交互程序开发与设计工作，主要包括：1. 人机交互设备在软件系统中的应用；2. 利用人机交互原理设计软件界面概念模型；3. CRM 系统快速原型设计；4. CRM 系统管理客户端软件界面设计；5. CRM 系统 Web 网站整体风格设计与实现；6. CRM 系统用户管理模块的 UI 网页设计；7. 使用 AJAX 开发交互的动态网页；8. 使用 ASP. NET 开发移动应用客户端；9. 使用 Agent 与语音等组件开发智能客户端。

四、课业设计

（一）学习目标与内容设计

学习情境（任务/项目）	学 习 目 标	学 习 内 容
人机交互设备在软件系统中的应用	能识别与认知多数系统及设备中人机交互的应用； 应用人机交互原理，选取人机交互设备构建良好人机交互应用，提出系统界面设计构想； 利用认知心理学、人机工学与人机交互基本原理发现现有系统界面存在的问题； 利用文献发现法快速收集最新界面开发技术及其特性	人机交互原理； 认知心理学； 人机工学； 人机交互设备； 各类人机界面
利用人机交互原理设计软件界面概念模型	可利用概念原型设计原理为预想系统设计概念模型； 利用 GOMS 模型技术分析与设计较为复杂的系统交互模型	概念模型概念； GOMS 模型

续上表

学习情境(任务/项目)	学 习 目 标	学 习 内 容
CRM 客户关系管理系统快速原型设计	利用原型开发工具在规定时间内设计出预想软件的不同原型; 可根据快速原型与用户交流修改软件需求文档	软件界面设计法则; 软件界面设计要求; 软件原型设计思想; 软件原型开发工具; 抛弃、递增、演化原型
CRM 系统 Web 网站整体风格设计与实现	能利用色彩搭配原理设计不同行业的软件或网站整体风格; 能利用 VIS 视觉识别原理设计与修改网站,使其风格符合企业文化需要; 采用母版、样式等技术统一网站风格; 撰写网站整体设计文档	界面色彩搭配原理; VIS 视觉识别原理; 网站整体风格设计样式与母版技术
CRM 系统管理客户端软件界面设计	利用 WMPI 原理开发规范的 WinForm 窗体; 能依据项目需求选取合适的界面表现; 命令界面设计; 能开发命令界面; 依据菜单设计原理可优化菜单设计	WMPI 界面设计原理; 命令界面设计; 菜单界面设计
CRM 系统用户管理模块的 UI 网页设计	利用界面布局技术设计的功能模块界面; 利用图像、图标、动画等方式增强界面友好性; 利用样式、脚本控制页面的实现; 阅读规格说明书,为设计界面预留调用接口	界面布局技术; 界面图像图形应用技术; 界面样式、脚本设计; 表示层接口技术
使用 ASP. NET 开发移动应用客户端	可利用模拟器设计移动设备、嵌入式设备的菜单及界面	移动界面布局; 移动界面菜单设计; 嵌入式设备界面设计
使用 AJAX 开发重构交互的动态网页	利用 AJAX 动态网页技术,依据详细设计文档,为网页设计动态数据交换与动态表单; 利用 AJAX 技术建立网页交互层,修改已有网页增强网页的交互能力	AJAX 网页动态即时交互技术; AJAX 动态表单技术
使用 Agent 与语音组件开发智能客户端	合理应用多通道技术,使用智能体与语音组件完成界面交互; 开发人机交互层,采用人工智能技术提升界面交互能力	多通道人机交互技术; 智能体技术; 语音技术; 人工智能在人机交互中的应用; 虚拟现实技术

续上表

（二）课业实施设计

学习情境	教学方法 与组织形式	教学资源配置	参考学时	学生提交成果
人机交互设备在软件系统中的应用	**教学方法** 引导文教学法、文献检索、演示教学、任务驱动、启发教学 **教学组织** 引入本课程学习目标及学习项目(0.5 学时)； 组建开发团队(0.5 学时)； 演示 CRM 系统，并提出人机交互概念(0.5 学时)； 学生 CRM 系统构想模型报告(1 学时)； 讨论部分学生的系统构想模型(0.2 学时)； 介绍认知心理学概念(0.3 学时)； 分析已有 CRM 系统后，撰写 CRM 系统界面问题分析报告(0.8 学时)； 检查并评价各组分析报告(0.2 学时)； 安排课外拓展训练，利用数字图书馆等文献资源，研究界面开发新技术，形成软件界面开发新技术报告	**教师** UI 界面设计教师 1 名 **教学环境** 多媒体学习训练区 **教学资源** 软件： Office 办公软件 文档： CRM 可行性分析报告； CRM 需求分析报告	4	1. CRM 系统构想模型报告； 2. 软件界面开发新技术报告
利用人机交互原理设计软件界面概念模型	**教学方法** 引导文教学法、任务驱动 **教学组织** 检查《软件界面开发新技术报告》，并点评(0.2 学时)； 安排教学任务，介绍软件概念模型设计方法，并演示(0.8 学时)； 学员分组为 CRM 客户关系管理系统设计概念模型(2 学时)； 评价各组概念模型(0.5 学时)； 撰写 CRM 系统概念模型设计报告(0.5 学时)	**教师** UI 界面设计教师 1 名 **教学环境** 项目分析学习训练区 **教学资料** 软件： Office 办公软件； VSTS 资源配置平台； Visual Studio 2005 文档： CRM 需求文档 代码： CRM 解决方案	4	CRM 系统概念模型设计报告

续上表

学习情境	教学方法 与组织形式	教学资源配置	参考 学时	学生提交成果
CRM 客户关系管理系统快速原型设计	**教学方法** 引导文教学法、任务驱动 **教学组织** 引入工作任务，介绍快速原型设计方法(0.5 学时)； 指导学员从资源配置库签出项目计划任务书、需求文档(0.5 学时)； 为 CRM 客户关系管理系统设计快速原型(2 学时)； 评价各组快速原型(1 学时)； 分组讨论，修订软件需求规格说明书并提交到配置库(1 学时)	**教师** UI 界面设计教师 1 名、系统分析教师 1 名 **教学环境** 项目分析学习训练区 **教学资料** 软件： Office 办公软件； VSTS 资源配置平台； Visual Studio 2005 文档： CRM 需求文档 代码： CRM 解决方案	5	抛弃式、递增式、演化式原型各 1 个
CRM 系统 Web 网站整体风格设计与实现	**教学方法** 引导文教学法、任务驱动 **教学组织** 引入本模块工作任务(0.5 学时)； 讲解与演示网站整体设计方法(1 学时)； 分组实现 CRM 网站整体风格设计效果图(3.5 学时)； 评价各组网站整体效果图(0.5 学时)； 讲解 VIS 系统识别原理改进网站整体效果(0.5 学时)； 评价优秀网站整体效果(0.5学时)； 布置自主学习任务：撰写 CRM 网站策划书(0.5 学时)	**教师** UI 界面设计教师 1 名、平面设计教师 1 名 **教学环境** 图形图像学习训练区 **教学资料** 软件： Office 办公软件 文档： CRM 需求文档； CRM 风格设计报告 代码： CRM 解决方案； CRM 整体风格包	7	CRM 网站整体风格设计效果图 主页面、列表页、管理页、显示页各 1 个 CRM 网站策划书
CRM 系统管理客户端软件界面设计	**教学方法** 引导文教学法、任务驱动 **教学组织** 点评 CRM 网站策划书，布置本模块工作任务(0.5 学时)；	**教师** UI 界面设计教师 1 名、软件开发教师 1 名	6	登录窗口、主窗口、录入窗口各 1 个

续上表

学习情境	教学方法 与组织形式	教学资源配置	参考学时	学生提交成果
CRM系统管理客户端软件界面设计	学习CRM管理客户端WinForm窗口的设计(1学时); 分组从配置库签出客户端模块,实现CRM管理客户端窗体(2学时); 分析命令界面开发模式(0.5学时); 为CRM管理客户端开发命令界面(1学时); 评价命令界面(0.5学时); 讲解菜单开发方式与注意事项(0.2学时); 设计CRM管理客户端主菜单(0.6学时); 分组评价主菜单设计(0.2学时)	**教学环境** 软件开发学习训练区 **教学资料** 软件: Office办公软件 文档: CRM需求文档; CRM开发周报; CRM详细设计文档 代码: CRM模块包	6	登录窗口、主窗口、录入窗口各1个
CRM系统用户管理模块的UI网页设计	**教学方法** 引导文教学法、任务驱动 **教学组织** 引入本模块开发任务(0.5学时); 介绍网页布局形式(0.5学时); 从配置库中签出主页面,并采用3种布局设计(1学时); 介绍其他页面的设计技巧(1学时); 分组实现用户管理模块的各页面设计(1学时); 评价页面布局及各组开发成果(0.5学时); 介绍项目体系结构,介绍表示层与其他层面之间的关系,并介绍接口技术(0.5学时); 小组实现编写接口类(0.5学时); 小组交叉测试接口类(0.5学时)	**教师** UI界面设计教师1名、软件开发教师1名 **教学环境** 软件开发学习训练区 **教学资料** 软件: Office办公软件 文档: CRM需求文档; CRM开发周报; CRM详细设计文档 代码: CRM模块包	6	3种以上主页布局; 主页1个; 接口类文件1个

续上表

学习情境	教学方法 与组织形式	教学资源配置	参考学时	学生提交成果
使用 ASP.NET 开发移动应用客户端	**教学方法** 引导文教学法、任务驱动 **教学组织** 引入本模块的开发任务及要求(0.5 学时); 讲解移动客户端在软件体系中的位置及开发技术(1 学时); 介绍移动界面开发规则; 为 CRM 客户关系管理系统设计移动客户端界面(2 学时); 评价各组设计效果(2 学时); 布置自主学习任务,完成整个移动应用客户端的实现(0.5学时)	**教师** UI 界面设计教师 1 名、软件开发教师 1 名 **教学环境** 嵌入式开发学习训练区 **教学资料** 软件: Office 办公软件 文档: CRM 需求文档; CRM 开发周报; CRM 详细设计文档 代码: CRM 模块包	6	手机客户端主界面 1 个
使用 AJAX 开发重构交互的动态网页	**教学方法** 引导文教学法、任务驱动 **教学组织** 点评移动应用客户端优秀作品,提供开发资源地址(0.5 学时); 布置本模块教学任务(0.5 学时); 讲解 AJAX 技术动态数据交换技术及动态表单技术并验收(0.5 学时); 分组实现 CRM 客户查询功能改进页面(1.5 学时); CRM 客户信息录入改进页面(0.5 学时); 评价与总结 AJAX 技术应用(0.5 学时)	**教师** UI 界面设计教师 1 名、软件开发教师 1 名 **教学环境** 软件开发学习训练区 **教学资料:** 软件: Office 办公软件 文档: CRM 需求文档; CRM 开发周报; CRM 详细设计文档 代码: CRM 模块包	4	动态显示常用客户查询信息查询页 1 个; 动态更新客户信息录入页 1 个

续上表

学习情境	教学方法 与组织形式	教学资源配置	参考学时	学生提交成果
使用 Agent 与语音开发智能客户端	**教学方法** 引导文教学法、任务驱动、启发教学 **教学组织** 引入开发任务(0.5 学时); 介绍 Agent 与语音技术特点与使用方式(1 学时); 提供技术资料(0.5 学时); 分组尝试试验实现简单 Agent、语音(2 学时); 收集解决存在的技术问题,演示解决(0.5 学时); 分组从代码库签出智能客户端代码包,综合实现智能助手(1 学时); 评价智能助理模块实现效果,并将该模块的全面实现布置为本课程的考核项目,要求两周之内完成(1 学时)	**教师** UI 界面设计教师 1 名、软件开发教师 1 名 **教学环境** 软件开发学习训练区 **教学资料** 软件: Office 办公软件 文档: CRM 需求文档; CRM 开发周报; CRM 详细设计文档 代码: CRM 模块包	6	智能助手 1 个

五、实施建议

1. 教材编写建议

UI 界面设计依托 CRM 客户关系管理系统项目,教材编写中,将项目实施各阶段所用到的界面设计内容组织成教学单元即教学章节,章节内容安排应以界面实现为载体,将理论知识贯穿于其中。

教材编写应覆盖所有的知识目标与能力目标,依照各知识、能力目标的权重比及课时分配确定内容的详略。

教材章节应安排每章的拓展训练,让学员课后完成。拓展训练内容应为本章节内容的深入与完善,重点训练学员的熟练度。

教材每章节后应配备相应的文档模板与考核表,使教学过程得以顺利实施。

2. 教学建议

UI 界面设计是多学科知识的综合应用,任课教师应具有软件开发、网页设计、图像处理、移动设备开发等多种技能。课程实施过程中可采取多教师参与方式,以达到较好的教学效果,如网站整体风格设计可由精通网页设计教师承担,而移动界面开发则由嵌入式或 J2ME 教师担任教学任务。

UI 界面设计是对软件项目界面部分的实现,教学活动中教学素材应充分准备周详,以节约课堂时间,保证在规定的教学时间内完成教学内容。

UI 界面设计涉及软件开发全过程。项目立项阶段,主要训练学生建立概念模型、人机界面设备应用的基本界面设计能力;针对需求分析与设计阶段,重点选取建立界面原型的相关界面开发知识构成教学单元;软件编码实现阶段,选取软件界面及整体风格实现等内容作为教学单元;软件业务核心模块及架构实现

续上表

阶段，重点考虑将人机交互设计、移动界面设计等内容组织成相应教学单元。

本课程对学员的图形图像处理、美学方面有一定的要求。在课程实施中，通过展示经典设计案例，运用色彩原理，强化界面设计，以克服软件技术专业学生在此方面的不足。课程中涉及多个学科知识的交叉，如计算机学科与认知心理学、计算机学科与人机工学等，课程部分单元设计相应的案例，使学生认识到人机交互的基本特性。人机交互部分设计需要学生具备一定的程序设计能力与算法分析能力，考虑学生入学时间较短，难以进行大面积及大范围的编程设计，本课程采用相应模块教学中引导学生自主查阅资料、下载相关核心代码、教师演示编程方式，使学生较快掌握。

本课程感性知识较多，应注重启发的教学方式方法，鼓励学员创新与进行有益探索，直观获取成果的体验，从而培养学员学习与热爱本学科的兴趣。

六、课程评价

UI 界面设计课程评价采用过程评价、结果考核相结合的评价方式进行，结果考核为项目考核、理论测试两种方式。本课程重点强调过程评价的考核方式，为了强化学生实际动手能力、培养创新精神，课程结束后安排一个小型界面设计项目由学员独立完成。为了保障教学质量与保障评价的全面性与科学性，期末安排知识点与技能的笔试考试。

评价方式与比重构成		
过程评价(60%)	结果考核(40%)	
	项目评价	理论测试
60	20	20

过程评价，采用本课程的任务目标树完成度进行，对于每个能力目标点依据完成度、完成质量、完成态度分为 A、B、C、D 四个评价等级，并依据每个目标权重分值打分。各目标评价合计分值作为模块评价得分，各模块评价得分计算权重后构成过程评价结果。

(4)《基于.NET 模块开发》课程标准。

学习领域性课程名称：基于.NET 模块开发
适用专业：软件技术专业
总学时/学分：6 学分/96 学时
开设学期：第二学年一学期

一、课程性质

基于.NET 模块开发是软件技术专业的核心课程。本课程主要培养学生在使用 ASP.NET 技术设计和开发网站功能模块、编写符合规范的详细设计文档的能力，同时通过模拟真实工作环境及任务，使学生具备与工作岗位相匹配的职业能力和素养。

本课程的先修课程有《操作系统》、《程序设计基础》、《软件开发入门》、《UI 界面设计》、《数据库应用》，后续课程有《核心模块开发》、《软件测试》等。

二、设计思路

基于.NET 模块开发是基于工作过程系统化的方法开发的一门课程，通过实践专家访谈会得出的典型工作任务。

续上表

通过企业调研，与培养目标相适应，确定了8个学习情境。学习情境的编排按照由简单到复杂、从单一到综合的顺序排列。

教学方法采用任务教学法、引导文教学法、小组讨论法、项目教学法、角色扮演法。组织形式以小组为单位，4~6人一个小组，小组长扮演项目经理，模拟企业的真实工作环境。

课程的考核侧重于过程考核，实行教考分离，导入企业的考核标准，企业人员直接参与课程的实操考核。

三、课程目标

学生在老师的指导下或借助项目概要设计文档等资料，明确该学习领域的工作任务和工作职责，组建小组开发团队，组织小组成员制定开发计划、编写详细设计文档，经项目经理（组长）审核通过后，根据开发计划编写学习情境代码，进行单元测试，填写工作周报。项目经理（组长）审核通过后，向配置库中提交详细设计文档和代码。

学习完本课程后，学生应当能够使用ASP.NET技术进行一般的Web模块开发，包括：①使用Visual Studio、SQL Server光盘正确安装和配置.NET Web开发平台；②使用ASP.NET对象和角色管理等技术开发用户登录模块；③使用站点导航控件、母版页和主题与外观等技术开发客户管理模块；④使用ASP.NET服务器控件、HTML控件等技术开发营销管理模块；⑤使用数据访问控件、ADO.NET数据访问技术开发销售管理模块；⑥使用验证控件等技术开发客户服务模块；⑦使用状态对象等技术开发系统管理模块；⑧使用IIS部署CRM客户关系管理系统。

四、课业设计

（一）学习目标与内容设计

学习情境	学 习 目 标	学 习 内 容
安装和配置.NET Web开发平台（K1）	1. 会安装Visual Studio，并对其进行配置； 2. 会安装团队资源管理器（TFC）并将其加入到VSTS服务器中； 3. 会安装SQL Server，并对其进行配置； 4. 会制定开发计划和正确填写工作周报； 5. 能描述安装和配置.NET Web开发平台步骤	1. 主流的团队管理工具介绍； 2. 团队资源管理器的安装（TFC）； 3. SQL Server数据库安装与配置； 4. CRM客户关系管理系统介绍及体验； 5. 开发计划、进度的控制； 6. 门户网站、CRM客户关系管理系统用户体验
开发用户登录模块（K2）	1. 能描述ASP.NET工作模型； 2. 会使用ASP.NET对象进行用户登录判断和使用标准控件对页面进行布局； 3. 能使用Visual Studio编写代码，并能在VSTS服务器上对代码文件正确地签入签出； 4. 会使用ASHX文件开发验证码； 5. 会使用VS 2005进行代码跟踪、调试； 6. 代码规范	1. ASP.NET 2.0模型介绍； 2. 开发工具VS 2005的使用； 3. ASP.NET标准控件布局； 4. Response、Request对象的使用； 5. 用户登录模块功能体验； 6. 页面登录流程； 7. 代码规范； 8. 文档规范； 9. 验证码的介绍及使用； 10. 调试技巧； 11. 团队资源管理器的使用

续上表

学习情境	学 习 目 标	学 习 内 容
开发客户管理模块（K3）	1. 能描述模块的工作流程； 2. 会对站点进行统一布局； 3. 会使用导航控件实现站点导航； 4. 会设计和实现数据库； 5. 能对代码进行 Review	1. 客户管理模块功能体验； 2. 客户管理流程； 3. 母版页的工作原理及使用； 4. Menu 控件的使用； 5. Site Map Path 控件的使用； 6. Tree View 控件的使用； 7. 代码 Review 的方法
开发营销管理模块（K4）	1. 会根据软件文档编写软件详细设计文档； 2. 会使用 ASP. NET 服务器控件、HTML 控件； 3. 会使用 ASP. NET 第三方控件； 4. 会根据软件模块详细设计文档完成模块开发并进行调试	1. 营销管理模块功能体验； 2. 营销管理流程； 3. HTML 控件使用； 4. File Upload 控件的使用； 5. 第三方控件 FCKeditor 的使用； 6. ASP. NET 标准服务器控件使用； 7. Server 对象的使用
开发销售管理模块（K5）	1. 会使用数据访问控件实现数据显示； 2. 会使用 ADO. NET 对数据的增加、修改、删除； 3. 能描述使用 ADO. NET 数据库访问技术工作过程	1. 销售管理模块功能体验； 2. 销售管理流程； 3. ADO. NET 工作模型； 4. 数据访问控件 Grid View、Data List、Form View、Repeater 的使用； 5. ADO. NET 技术使用（Connection、Data Set、Data Adapter、Data Reader、Command、事务控制等）
开发客户服务模块（K6）	1. 会使用 ASP. NET 验证控件验证数据； 2. 会使用 JavaScript 做页面验证； 3. 会编写简单的正则表达式； 4. 能描述验证方式的使用场景	1. 客户服务模块功能体验； 2. 客户服务流程介绍； 3. ASP. NET 验证控件的使用； 4. JavaScript 页面验证的使用； 5. 正则表达式的使用
开发系统管理模块（K7）	1. 会使用 Session 状态对象保存用户信息； 2. 会使用 Cookie 状态对象验证用户登录； 3. 会使用 Application 状态对象、Gobal. asax 文件实现站点计数； 4. 会使用配置文件维护状态对象； 5. 能描述基于角色的权限控制原理； 6. 能描述 ASP. NET 状态、内置对象应用于不同场景	1. 系统管理模块功能体验； 2. ASP. NET 中状态对象 Session、Cookie、View State、Application 的介绍及使用； 3. Cache 对象的使用； 4. 基于角色的权限控制原理介绍； 5. 配置文件介绍及使用

续上表

学习情境	学 习 目 标	学 习 内 容
部署 CRM 客户关系管理系统(K8)	1. 会搭建基于. NET Web 项目运行时环境; 2. 会使用 IIS 对 CRM 客户关系管理系统进行部署并能正确访问; 3. 能描述使用 IIS 部署. NET Web 网站的步骤; 4. 会进行项目评审并撰写项目评审报告	1. 部署环境; 2. IIS 的使用; 3. Web 安全机制

(二)课业实施设计

学生分组讨论组织方式:学生以组为单位轮流到讨论区进行讨论,所有组讨论完之后由各组组长发言,最后由教师进行总结。小组组长分阶段由该小组成员轮流担任。

编号	教学方法与组织形式	教学资源配置	参考学时	提交成果
K1	**教学方法** 任务教学法、引导文教学法、小组讨论法 **教学组织** 教师介绍任务和当前主流开发工具和团队管理工具,学生听讲(0.5 学时); 教师讲解 VS 2005、TFC 安装注意事项,学生听讲并安装 VS 2005、TFC,教师辅导(1.5 学时); 教师讲解 SQL Server 2005 安装注意事项,学生听讲并安装 SQL Server 2005,教师辅导(1 学时); 教师引导并跟学生一起讨论 CRM 客户关系管理系统背景,学生分组讨论该系统功能(2 学时); 学生安装 Office(含 Visio、Project)软件,教师讲解使用 Project 制定开发计划,学生听讲并练习使用 Project 制定开发计划(2 学时); 学生体验门户网站、Web MIS 系统、CRM 客户关系管理系统(0.5 学时); 各小组进行交叉检查,然后组长发言,教师对各组进行考核评价和总结(0.5 学时)	1. 理实一体化教室,投影仪; 2. 一台公用的服务器; 3. 每位同学一台计算机; 4. VS 2005、SQL Server 2005、Office 软件各一套; 5. CRM 客户关系管理系统一套; 6. 配备教师一名	8	搭建开发环境步骤文档

续上表

编号	教学方法与组织形式	教学资源配置	参考学时	提交成果
K2	**教学方法** 项目教学法、引导文教学法、小组讨论法、角色扮演法 **教学组织** 教师讲解任务和 ASP. NET 2.0 工作模型、VS 2005 的使用、ASP. NET 标准控件布局、Response 与 Request 对象，学生听讲并使用 VS 2005 进行控件布局(1 学时)； 学生体验用户登录模块，分组讨论用户登录流程，并画出流程图，教师指导(2 学时)； 教师讲解使用 ASHX 文件生成图片和设计验证码，学生听讲并编写代码生成验证码(2 学时)； 教师讲解文档编写规范、代码编写规范、概要设计文档、详细设计文档，学生听讲并指导学生根据用户登录概要设计文档编写详细设计文档(2 学时)； 教师讲解开发计划的制定与工作周报的填写，学生听讲并完成该模块的开发计划制定(1 学时)； 学生分组完成用户登录模块开发，教师指导(6 学时)； 教师和组长分别对代码进行 Review，教师总结(0.5 学时)； 各小组进行交叉检查，然后组长发言，教师对各组进行考核评价和总结(0.5 学时)	1. 理实一体化教室，投影仪； 2. 一台公用的服务器； 3. 每位同学一台计算机； 4. CRM 客户关系管理系统一套； 5. 代码规范、文档规范文档各一套； 6.《基于. NET 模块开发》教材一本； 7. 人民邮电出版社《ASP. NET 2.0 揭秘》卷 I、卷 II；微软 MSDN 网站； 8. CRM 客户关系管理系统开发手册一套； 9. 配备教师一名	15	开发代码、软件详细设计文档、工作周报、开发计划
K3	**教学方法** 项目教学法、引导文教学法、小组讨论法、角色扮演法 **教学组织** 教师讲解任务和介绍母版页、Menu 控件、Site Map Path 控件、Tree View 控件的使用，学生听讲并练习(2 学时)； 学生体验客户管理模块，分组讨论客户管理工作流程，并画出流程图(1 学时)； 教师指导学生根据客户管理概要设计文档编写详细设计文档(2 学时)；	1. 理实一体化教室，投影仪； 2. 一台公用的服务器； 3. 每位同学一台计算机； 4. CRM 客户关系管理系统一套； 5. 代码规范、文档规范文档各一套； 6.《基于. NET 模块开发》教材一本； 7. 人民邮电出版社《ASP. NET 2.0 揭秘》卷 I、卷 II；微软 MSDN 网站；	15	

续上表

编号	教学方法与组织形式	教学资源配置	参考学时	提交成果
K3	教师指导学生编写开发计划(0.5 学时); 教师与学生共同讨论数据库设计,E-R 图,学生设计和实现客户管理数据库(2 学时); 学生分组完成客户管理模块开发,教师指导(6.5 学时); 教师和组长分别对代码进行 Review,教师总结(0.5 学时); 各小组进行交叉检查,然后组长发言,教师对各组进行考核评价和总结(0.5 学时)	8. CRM 客户关系管理系统开发手册一套; 9. 配备教师一名	15	开发代码、软件详细设计文档、工作周报、开发计划
K4	**教学方法** 项目教学法、引导文教学法、小组讨论法、角色扮演法 **教学组织** 教师讲解任务和 HTML、File UpLoad、FCKeditor、服务器控件、Server 对象的使用,学生听讲并练习(1.5 学时); 学生体验营销管理模块,分组讨论营销管理工作流程,并画出流程图(0.5 学时); 教师指导学生根据营销管理概要设计文档编写详细设计文档(1 学时); 教师指导学生编写开发计划(0.5 学时); 教师指导学生设计和实现营销管理数据库(1 学时); 学生分组完成营销管理模块开发,教师指导(4.5 学时); 各小组进行交叉检查,然后组长发言,教师对各组进行考核评价和总结(1 学时)	1. 理实一体化教室,投影仪; 2. 一台公用的服务器; 3. 每位同学一台计算机; 4. CRM 客户关系管理系统一套; 5. 代码规范、文档规范文档各一套; 6.《基于. NET 模块开发》教材一本; 7. 人民邮电出版社《ASP. NET 2.0 揭秘》卷 I、卷 II;微软 MSDN 网站; 8. CRM 客户关系管理系统开发手册一套; 9. 配备教师一名	10	
K5	**教学方法** 项目教学法、引导文教学法、小组讨论法、角色扮演法 **教学组织** 教师讲解任务和 ADO. NET 数据库访问技术、数据访问控件的使用,学生练习(5 学时);	1. 理实一体化教室,投影仪; 2. 一台公用的服务器; 3. 每位同学一台计算机; 4. CRM 客户关系管理系统一套; 5. 代码规范、文档规范文档各一套;	15	

续上表

编号	教学方法与组织形式	教学资源配置	参考学时	提交成果
K5	学生体验销售管理模块,分组讨论销售管理工作流程,并画出流程图,教师指导(0.5 学时); 教师指导学生根据销售管理概要设计文档编写详细设计文档(1 学时); 教师指导学生编写开发计划(0.5 学时); 教师指导学生设计和实现销售管理数据库(1 学时); 学生分组完成销售管理模块开发,教师指导(6 学时); 各小组进行交叉检查,然后组长发言,教师对各组进行考核和总结(1 学时)	6.《基于.NET 模块开发》教材一本; 7. 人民邮电出版社《ASP.NET 2.0 揭秘》卷 I、卷 II;微软 MSDN 网站; 8. CRM 客户关系管理系统开发手册一套; 9. 配备教师一名	15	开发代码、软件详细设计文档、工作周报、开发计划
K6	**教学方法** 项目教学法、引导文教学法、小组讨论法、角色扮演法 **教学组织** 教师讲解任务和验证控件、JavaScript 页面验证、正则表达式的使用,学生听讲并练习(2 学时); 学生体验客户服务模块,分组讨论客户工作流程,并画出流程图,教师指导(0.5 学时); 教师指导学生根据客户服务概要设计文档编写详细设计文档(1 学时); 教师指导学生编写开发计划(0.5 学时); 学生分组完成客户服务模块开发,教师指导(4 学时); 各小组进行交叉检查,然后组长发言,教师对各组进行考核和总结(1 学时)	1. 理实一体化教室,投影仪; 2. 一台公用的服务器; 3. 每位同学一台计算机; 4. CRM 客户关系管理系统一套; 5. 代码规范、文档规范文档各一套; 6.《基于.NET 模块开发》教材一本; 7. 人民邮电出版社《ASP.NET 2.0 揭秘》卷 I、卷 II;微软 MSDN 网站; 8. CRM 客户关系管理系统开发手册一套; 9. 配备教师一名	9	
K7	**教学方法** 项目教学法、引导文教学法、小组讨论法、角色扮演法 **教学组织** 教师讲解任务和 ASP.NET 中状态对象的使用,学生听讲并练习(2 学时);	1. 理实一体化教室,投影仪; 2. 一台公用的服务器; 3. 每位同学一台计算机; 4. CRM 客户关系管理系统一套; 5. 代码规范、文档规范文档各一套;	18	

续上表

编号	教学方法与组织形式	教学资源配置	参考学时	提交成果
K7	教师讲解基于角色的权限管理机制,学生分组讨论机制及采用 NET 如何实现(3学时); 教师讲解任务,学生听讲并体验系统管理模块,分组讨论系统管理工作流程,并画出流程图(1 学时); 教师指导学生根据系统管理概要设计文档编写详细设计文档(2 学时); 教师指导学生编写开发计划(0.5 学时); 学生分组完成系统管理模块开发,教师指导(8.5 学时); 各小组进行交叉检查,然后组长发言,教师对各组进行考核和总结(1 学时)	6.《基于. NET 模块开发》教材一本; 7. 人民邮电出版社《ASP. NET 2.0 揭秘》卷 I、卷 II;微软 MSDN 网站; 8. CRM 客户关系管理系统开发手册一套; 9. 配备教师一名	18	开发代码、软件详细设计文档、工作周报、开发计划
K8	**教学方法** 项目教学法、引导文教学法、小组讨论法 **教学组织** 教师讲解任务和 IIS 的安装与配置,学生听讲并练习(0.5 学时); 教师讲解使用 IIS 部署 WEB 网站时的配置以及搭建基于. NET Web 项目时运行环境,学生听讲并练习,学生部署 CRM 客户关系管理系统(2 学时); 学生讲解项目,教师评审(3 小时); 各小组进行交叉检查,然后组长发言,教师对各组进行考核和总结(0.5 学时)	1. 理实一体化教室,投影仪; 2. 一台公用的服务器; 3. 每位同学一台计算机; 4. CRM 客户关系管理系统一套; 5.《基于. NET 模块开发》教材一本; 6. 配备教师一名	6	CRM 项目部署步骤文档

五、实施建议

1. 教材编写建议

教材的编写过程中充分体现的 ASP. NET 技术特点,前面课程中已经讲过的结构、原理知识不讲或一笔带过。

教材中除专业知识外,应该从规范、团队合作、代码规范、代码质量、文档规范等方面给学生一些必要的知识。

2. 教学建议

在进行每个学习任务的教学过程中,班级共享一台公用服务器,学生按照 4 ~ 6 个人一个小组,每组自愿产生一名组长,日常主持工作(组员之间轮换)。每个组员配备一台电脑,一份项目开发手册,一份核心技术查阅手册等。每个学习情景完成后,在小组内部进行自评和代码 Review 活动,各组之间互评。

续上表

六、课程评价

本课程采取过程评价与结果评价相结合。过程评价在任务学习过程中进行，占总成绩的60%，结果评价在课程学习结束时进行，占总成绩的40%。

过程评价考核内容侧重于学生在规定的时间内完成模块开发的文档编写、代码编写、单元测试、平时表现（出勤情况、改进不足）等情况，分为学生自评（占10%）、小组评价（20%）、小组互评（占30%）、教师评价（40%）。结果评价采用实操考核，独立操作考试，设计和开发一个简单的Web信息系统（网站）。

考核中各部分所占的考核比例按照以下表格所给出的比例计算。

<table>
<tr><td>结果考核（40%）</td><td colspan="8">过程考核（60%）</td></tr>
<tr><td rowspan="3">设计和开发一个网站（40%）</td><td>K1</td><td>K2</td><td>K3</td><td>K4</td><td>K5</td><td>K6</td><td>K7</td><td>K8</td></tr>
<tr><td>5%</td><td>12%</td><td>16%</td><td>12%</td><td>15%</td><td>15%</td><td>20%</td><td>5%</td></tr>
<tr><td colspan="8">备注：在每个学习情景中，学生自评占10%，小组评价占20%，小组互评占30%，教师评价占40%</td></tr>
</table>

（5）《软件测试》课程标准。

学习领域性课程名称：软件测试
适用专业：软件技术专业
总学时/学分：4学分/64学时
开设学期：第二学年第一学期

一、课程性质

本课程是软件技术专业的一门专业课程，目标是培养系统掌握软件测试知识、能独立实施功能和性能测试的初级软件测试员。

软件测试是软件生命周期中的一个重要组成部分。软件测试员通过运行软件发现在软件项目规划、需求分析、软件设计、程序编码等阶段产生的缺陷，其目的就是在软件进入最终用户手中之前发现并解决软件缺陷。因此，软件测试是保证软件质量的重要手段。本课程的先修课程为《程序设计基础》、《数据结构》、《数据库应用技术》，后续课程为《多层软件项目开发》等。

二、设计思路

通过对企业软件测试人员的调研，以及对实践专家访谈会得出的典型工作任务进行分析，确定与培养目标相适应的学习情景。

教学组织的思路：本课程采用"理-实"一体化，以企业真实项目为教学内容，主要采用引导文教学法，辅助角色扮演、小组讨论等教学方法进行教学。

教学任务以真实项目作为载体，按照从简单到复杂、从独立任务到综合任务设计。

课程考核采取理论考核+实操考核的方式，侧重实操考核。实操考核模拟企业真实情景，引入企业考核方式。理论考核采取笔试，重点考察学生对于软件测试系统理论知识的掌握情况。

三、课程目标

学生以团队为单位，在指导教师处领取测试任务；借助软件规格说明书等资料，通过会议协商，按照指

续上表

导教师的要求制定测试计划和测试策略，分配测试任务；利用各种测试方法为测试任务设计并执行测试用例；能利用自动化测试工具进行功能和性能测试；能用清晰、流畅的语言撰写缺陷报告，并撰写相关的测试文档。

学习完本课程之后，学生应当能够从事初级测试员的工作，包括：1. 能够与项目经理、测试组长进行沟通协商，参与制定软件测试计划和测试策略；2. 能编写功能、性能测试用例；3. 能够进行自动化测试；4. 能够执行测试用例，撰写缺陷报告；5. 能够与开发人员进行和谐、有效的沟通，掌握一定的沟通技巧。

四、课业设计

(一)学习目标与内容设计

学习情境	学习目标	学习内容
1. 软件测试准备	1. 能复述软件测试定义； 2. 能描述软件测试的模型； 3. 能描述常用的软件质量模型及其评价标准； 4. 能够读懂软件测试计划； 5. 能够参与编写测试计划	1. 软件测试概念； 2. 软件测试分类； 3. 软件测试原则； 4. 软件测试 V 模型、W 模型、H 模型； 5. 软件测试过程； 6. 单元测试方法； 7. 集成测试方法； 8. 确认和验收测试； 9. 软件质量； 10. 软件质量度量； 11. 通用评价过程； 12. 测试计划的内容
2. 功能测试	1. 能够根据测试任务编写测试用例； 2. 能够把测试用例汇编成文档； 3. 能够利用自动化测试工具进行功能测试； 4. 能够利用软件文档进行查阅	1. 黑盒测试基本概念； 2. 黑盒测试基本方法； 3. 黑盒测试典型内容； 4. 测试用例编写要素； 5. 黑盒测试典型内容； 6. 黑盒测试工具； 7. 软件文档编写模版； 8. Rational Robot 自动化测试工具的使用
3. 性能测试	1. 能够根据测试需求设计性能测试策略； 2. 能够分析软件性能瓶颈； 3. 能够利用自动化测试工具进行性能测试； 4. 能够组织、跟踪测试用例	1. 软件性能的概念； 2. 性能测试的目的； 3. 性能测试的类型； 4. 性能测试的策略； 5. 性能测试的流程； 6. Load Runner 自动化测试工具的使用

续上表

学习情境	学 习 目 标	学 习 内 容
4. 缺陷提交	1. 能够编写缺陷报告； 2. 能够跟踪缺陷报告； 3. 能够对缺陷报告进行度量分析； 4. 能够准确的描述软件缺陷； 5. 能够有效地与开发人员进行沟通	1. 软件缺陷报告要素； 2. 软件缺陷生命周期； 3. 准确重现软件缺陷经验； 4. 软件缺陷跟踪技巧方法； 5. 软件缺陷常用统计量
5. 软件测试综合练习	1. 能够独立完成功能测试； 2. 能够独立完成性能测试； 3. 能够与测试组同事协作完成测试任务； 4. 能够利用软件资源配置库获取资源、存储资源	分组对 CRM 客户关系管理系统子模块进行测试

（二）课业实施设计

学习情境	教学方法 与组织形式	教学资源配置	参考 学时	学生提交成果
1. 软件测试准备	**教学方法** 引导文教学法、小组讨论法 **教学组织** 1. 学生分组讨论软件缺陷危害，教师引导出软件测试的重要性（1 学时）； 2. 教师布置学习任务，介绍软件测试基本概念（1 学时）； 3. 教师介绍软件测试基本流程（1 学时）； 4. 教师介绍软件测试计划编写方法（1 学时）； 5. 学生分组阅读、讨论测试计划，并按模版编写样张（2 学时）	1. 软件测试文档模版； 2. 软件质量体系文档； 3. 教师一名，相关从业人员一名； 4. 多媒体教室	6	软件测试计划文档样张
2. 功能测试	**教学方法** 引导文教学法、任务教学法、小组讨论法、体验式教学法 **教学组织** 1. 学生上机体验软件功能测试，教师予以点评，由此引导出测试设计的必要性（1 学时）；	1. 每个学生配备一台计算机； 2. 局域网； 3. CRM 客户关系管理系统软件及文档； 4. Rational Robot 工具软件； 5. 教师一名	24	1. 功能测试用例文档； 2. 测试脚本

续上表

学习情境	教学方法 与组织形式	教学资源配置	参考学时	学生提交成果
2. 功能测试	2. 教师布置学习任务、介绍黑盒测试基本概念(1学时); 3. 教师介绍测试用例编写要素(1学时); 4. 教师介绍黑盒测试基本方法(4学时); 5. 学生测试环境搭建(1学时); 6. 学生进行黑盒测试用例设计实践(2学时); 7. 学生分组讨论测试用例设计的合理性,教师予以点评(2学时); 8. 教师演示 Rational Robot 录制(1学时); 9. 教师演示 Rational Robot 脚本编程(3学时); 10. 学生根据任务,进行 Rational Robot 上机实践(8学时)	1. 每个学生配备一台计算机; 2. 局域网; 3. CRM 客户关系管理系统软件及文档; 4. Rational Robot 工具软件; 5. 教师一名	24	1. 功能测试用例文档; 2. 测试脚本
3. 性能测试	**教学方法** 引导文教学法、任务教学法、分组讨论法 **教学组织** 1. 学生分组讨论软件性能,并体验软件性能缺陷带来的问题,教师由此引出性能测试的必要性(1学时); 2. 教师布置学习任务、介绍性能测试基本概念(1学时); 3. 教师介绍性能测试基本策略(1学时); 4. 教师演示 Load Runner VU 脚本录制(2学时); 5. 教师演示 Load Runner 场景搭建(2学时); 6. 学生根据任务,进行 Load Runner 上机实践(8学时); 7. 教师介绍测试报告分析(1学时)	1. 每个学生配备一台计算机; 2. 局域网; 3. CRM 客户关系管理系统软件及文档; 4. Load Runner 工具软件; 5. 教师一名	16	1. 性能测试用例文档; 2. 测试脚本

续上表

学习情境	教学方法 与组织形式	教学资源配置	参考 学时	学生提交成果
4. 缺陷提交	**教学方法** 引导文教学、任务教学法、分组讨论法 **教学组织** 1. 学生执行测试用例，思考如何把发现的缺陷报告给开发人员，教师引导出缺陷报告的重要性(1 学时)； 2. 教师布置学习任务、介绍软件缺陷要素及其模版(1 学时)； 3. 学生进行软件缺陷报告文档编写实践(2 学时)	1. 每个学生配备一台计算机； 2. 局域网； 3. 教师一名	4	缺陷报告
5. 软件测试综合练习	**教学方法** 任务教学法、分组讨论法 **教学组织** 1. 测试组向教师确认测试任务，分组讨论测试计划(2 学时)； 2. 测试组分组完成测试任务(10 学时)； 3. 测试组进行测试成果演示，并展开小组互评(2 学时)	1. 每个学生配备一台计算机； 2. 局域网； 3. CRM 客户关系管理系统软件及文档； 4. Rational Robot 工具软件； 5. Load Runner 工具软件； 6. 教师一名	14	1. 软件测试文档一套(测试计划、测试用例、缺陷报告)； 2. 全班现场演示

五、实施建议

1. 教材编写建议

在教材的编写过程中应该按照软件测试的系统流程进行编写，对于涉及软件测试管理的内容进行简述，对于前面已经讲过的单元测试以实际应用为主。

教材中除了专业知识外，还应该在能力培养中注重职业发展、人际沟通、语言表达、行业规范等方面的内容。

2. 教学建议

按照 CRM 客户关系管理系统子系统的数量把学生分成若干学习工作组，每个组选择一名测试组长，测试组长直接向项目经理(指导教师)负责。评分针对整个团队，由测试组长具体分配到组员。测试成果在全班演示。

发挥学生在测试过程中的创造性，注重学生语言、文字表达能力的培养。

3. 考核评价设计

本课程采取过程考核与结果考核相结合的考核形式。过程考核在任务学习过程中进行，占总成绩 70%，结果考核在课程学习结束时进行,占总成绩30%。

过程考核按照分组进行,侧重考核学生在规定时间内完成规定的测试任务、测试文档、平时表现等情况。采取小组互评(30%)和教师评价(70%)相结合的方法作为总体的得分。

结果考核方式为笔试,考核内容侧重于测试方法的掌握、测试用例的设计、自动化测试工具的掌握。考核中各部分所占的考核比例按照以下表格所给出的比例进行计算。

结果考核(30%)	过程考核(70%)				
笔试(30%)	情景1	情景2	情景3	情景4	情景5
	5%	15%	15%	5%	30%
	备注:过程考核评分是针对整个小组总的评分,具体每位组员的得分点数由测试组长进行分配,分配结果必须得到2/3组员的同意,否则由指导教师进行仲裁				

六、课程资源

参考资料

1. 于涌编著. 软件性能测试与 Load Runner 实战. ISBN:9787115178268. 北京:人民邮电出版社.
2. 朱少民著. 全程软件测试. ISBN:9787121048784. 北京:电子工业出版社.
3. 麦克卡瑞夫著. . Net 软件测试自动化之道. ISBN:9787121040610. 北京:电子工业出版社.

其他资源

1. 51testing 软件测试网:http://www.51testing.com/html/index.html.

(6)《多层软件项目开发》课程标准。

学习领域性课程名称:多层软件项目开发
适用专业:软件技术专业
总学时/学分:6学分/96学时
开设学期:第二学年第二学期

一、课程性质

本课程属于软件技术专业的一门必修专业课程,旨在培养学生设计良好软件架构、编写开发文档、使用VS实现项目的能力。

多层架构的软件项目开发是指软件体系架构和业务核心模块的设计实现工作,主要强调软件要有良好的设计思想和架构。学生在上岗2~5年后能胜任多层架构的软件项目设计及开发工作。本课程的先修课程为《C#程序设计》、《数据库应用技术》、《基于.NET模块开发》,后续课程有《中小型项目管理与软件配置》、《系统分析与设计》等。

二、设计思路

1. 基于软件的工作过程进行课程设计,通过实践专家访谈会和企业调研,并对实践专家访谈会得出的典型工作任务进行分析,确定了与培养目标相适应、符合企业开发流程的学习情境。

2. 本课程以CRM客户关系管理系统开发为教学项目,遵循企业"分析设计、分步实现、系统集成"的真实开发过程,设计学习情境。

3. 教学组织的思路：本课程采用“理-实”一体化，以企业真实项目为教学内容，采用引导文教学方法为主，辅以角色扮演、小组讨论等教学方法进行教学。

4. 课程的考核侧重于过程考核，实行教考分离，以架构良好、符合用户需求为基准。

三、课程目标

学生获取项目的用户需求手册后，在老师指导下，借助开发手册和核心技术资料，制定核心模块设计文档和详细设计文档，并进行开发和测试。学生使用相应的开发、测试和文档编写工具，在规定的时间内完成相应文档、代码的编写和代码的测试。

学习完本课程后，学生应当能够进行一般项目核心模块的开发，包括：1. CRM 系统架构的分析与设计；2. 使用 VS 搭建项目（三层结构或多层结构）；3. 使用 ADO. NET 构建数据库访问层；4. 使用 OOP 或 SOA 实现 CRM 业务核心模块；5. 使用 XML Web Service 和 COM + 构建 CRM 分布式服务；6. 使用 VS 部署开发完成的项目。

四、课业设计

（一）学习目标与内容设计

学习情境（任务/项目）	学习目标	学习内容
1. CRM 系统架构的分析与设计	1. 能正确分析用户需求； 2. 能编写概要设计说明书和详细设计说明； 3. 能与项目经理（组长）进行有效沟通； 4. 能熟练使用 VSTS 协作平台； 5. 能熟练使用 Visio 建模工具建立用例模型	1. VSTS 协作平台； 2. 阅读、分析用户需求； 3. Visio 建模工具； 4. UML 用例； 5. 符合国家标准的概要设计说明书和详细设计说明书
2. 使用 VS 搭建项目（三层结构或多层结构）	1. 能正确使用 VS 建立系统架构； 2. 能正确使用 VS 设计系统类	1. 三层结构和多层结构项目架构介绍； 2. 使用 VS 建立解决方案； 3. 使用 VS 设计系统类
3. 使用 ADO. NET 构建数据库访问层	1. 能正确使用 ADO. NET 五大对象：Connection、Command、DataReader、DataAdapter 和 DataSet； 2. 能正确使用 Web. config 或 App. config 文件存储数据连结字符串； 3. 能正确使用 ADO. NET 构建数据访问层； 4. 能正确使用 VS 生成 dll 动态链接库	1. ADO. NET 连接模式和非连结模式以及五大对象介绍； 2. . NET 内存管理与垃圾回收机制； 3. . NET 外部资源管理机制； 4. XML 基础知识介绍； 5. Web. config 和 App. config 作用及写法； 6. . NET 程序集介绍
4. 使用 OOP 或 SOA 实现 CRM 业务核心模块	1. 能使用 C#正确封装系统类； 2. 能正确使用类与类之间的关系	1. 类的四大特性：抽象、封装、继承和多态，以及如何使用 C#实现类的四大特性； 2. C#中方法介绍；

学习情境 （任务/项目）	学习目标	学习内容
4. 使用 OOP 或 SOA 实现 CRM 业务核心模块	1. 能使用 C#正确封装系统类； 2. 能正确使用类与类之间的关系	3. C#中的事件、委托； 4. C#中的抽象类和接口； 5. C#中类与类关系介绍：关联、依赖和聚合； 6. OOP 或 SOA 思想介绍； 7. 使用 VSTS 签入和签出代码
5. 使用 XML Web Service 和 COM + 构建 CRM 分布式服务	1. 能正确使用 VS 开发 XML Web Service； 2. 能正确部署 XML Web Service； 3. 能正确使用 UDDI 查询 XML Web Service； 4. 能正确使用 VS 访问 XML Web Service	1. SOAP 简单对象访问协议介绍； 2. 分布式应用程序介绍； 3. 使用 VS 创建 XML Web Service； 4. XML Web Service 部署； 5. 使用控制台应用程序、ASP.NET Web 应用程序、WinForm 应用程序访问部署好的 XML Web Service； 6. 代理类介绍； 7. UDDI 介绍
6. 使用 VS 部署开发完成的项目	1. 能使用 VS 正确生成应用程序； 2. 能使用 VS 或第三方工具制作安装程序	1. 软件 Debug 版本和 Release 版本介绍； 2. 软件版本控制介绍； 3. 使用 VS 生成应用程序； 4. 使用 VS 制作安装程序

（二）课业实施设计

学习情境	教学方法 与组织形式	教学资源配置	参考 学时	学生提交成果
1. CRM 系统架构的分析与设计	**教学方法** 引导文教学法、小组讨论法、角色扮演法 **组织形式** 1. 教师引导学生从 VSTS 协作平台签出用户需求说明书（1 学时）； 2. 教师引导学生阅读、分析用户需求；小组采用讨论法、角色扮演法分析用户需求（2 学时）；	1. 服务器 1 台； 2. 每人配备 1 台计算机； 3. 项目开发手册 1 份； 4. 核心技术查阅手册 1 份； 5. 专职教师 1 名	16	1. CRM 系统概要设计文档； 2. CRM 系统 UML 用例模型

续上表

学习情境	教学方法 与组织形式	教学资源配置	参考学时	学生提交成果
1. CRM 系统架构的分析与设计	3. 教师引导学生使用 Visio 建模工具设计用户登录模块 UMI 用例(1 学时); 4. 学生小组合作,在教师指导下使用 Visio 设计客户管理模块、营销管理模块、销售管理模块、客户服务模块、系统管理 UML 用例,设计完成后小组交叉讨论(10 学时); 5. 学生小组合作,在教师引导下,编写用户登录模块概要设计说明书(2 学时); 6. 学生小组合作,课后编写客户管理模块、营销管理模块、销售管理模块、客户服务模块、系统管理概要设计说明书	1. 服务器 1 台; 2. 每人配备 1 台计算机; 3. 项目开发手册 1 份; 4. 核心技术查阅手册 1 份; 5. 专职教师 1 名	16	1. CRM 系统概要设计文档; 2. CRM 系统 UML 用例模型
2. 使用 VS 搭建项目(三层结构或多层结构)	**教学方法** 引导文教学法、案例教学法 **组织实施** 1. 教师引导学生分析 PetShop 3.0 架构(2h); 2. 在教师引导下,学生小组讨论 PetShop 3.0 架构的优点(2 学时); 3. 在教师引导下,学生小组合作,编写用户登录模块详细设计说明书(2 学时); 4. 在教师引导下,学生小组合作使用 VS 搭建项目架构(2 学时); 5. 学生小组合作,课后编写用客户管理模块、营销管理模块、销售管理模块、客户服务模块、系统管理详细设计说明书	1. 服务器 1 台; 2. 每人配备 1 台计算机; 3. 项目开发手册 1 份; 4. 核心技术查阅手册 1 份; 5. PetShop 3.0 项目资料; 6. 专职教师 1 名	8	1. 项目解方案和架构; 2. CRM 系统详细设计文档
3. 使用 ADO. NET 构建数据库访问层	1. 教师引入数据库访问情境,引导学生使用 ADO. NET 访问数据库 (2 学时); 2. 教师引导学生分析使用 ADO. NET 访问数据库的缺点,	1. 服务器 1 台; 2. 每人配备 1 台计算机; 3. 项目开发手册 1 份; 4. 核心技术查阅手册 1 份; 5. 专职教师 1 名	11	1. 数据访问层源代码; 2. 编译成 dll 的数据访问层

续上表

学习情境	教学方法 与组织形式	教学资源配置	参考学时	学生提交成果
3. 使用 ADO. NET 构建数据库访问层	小组讨论怎样更好的实现数据访问方法(1 学时); 3. 在教师引导下,学生小组合作,使用 ADO. NET 构建数据访问层(4 学时); 4. 在教师引导下,学生小组合作,使用 Web. config 和 App. config 提高数据访问层的移植性(2 学时); 5. 在教师引导下,学生小组合作,把数据访问层编译成 dll (2 学时)	1. 服务器 1 台; 2. 每人配备 1 台计算机; 3. 项目开发手册 1 份; 4. 核心技术查阅手册 1 份; 5. 专职教师 1 名	11	1. 数据访问层源代码; 2. 编译成 dll 的数据访问层
4. 使用 OOP 或 SOA 实现 CRM 业务核心模块	1. 在教师引导下,引入类的四大特性,根据用户管理模块详细设计,实现用户登录模块(4 学时); 2. 在教师指导下,学生小组合作,根据营销管理模块详细设计,实现营销管理模块(4 学时); 3. 在教师引导下,学生小组合作,使用 Nunit 测试用户登录模块(4 学时); 4. 在教师指导下,小组使用 Nunit 交叉测试营销管理模块(4 学时); 5. 在教师指导下,小组合作,根据详细设计文档分别实现销售管理模块、客户服务模块、系统管理;同时使用 Nunit 交叉测试(24 学时)	1. 服务器 1 台; 2. 每人配备 1 台计算机; 3. 项目开发手册 1 份; 4. 核心技术查阅手册 1 份; 5. PetShop 3.0 项目资料; 6. 专职教师 1 名	32	
5. 使用 XML Web Service 或 COM + 构建 CRM 分布式服务	1. 教师引入分布式服务情境,学生采用头脑风暴法分析哪些模块需要对外公开,教师作最后总结分析(1 学时); 2. 教师引导学生使用 XML Web Service 开发分布式服务(3 学时);	1. 服务器 1 台; 2. 每人配备 1 台计算机; 3. 项目开发手册 1 份; 4. 核心技术查阅手册 1 份; 5. PetShop 3.0 项目资料; 6. 专职教师 1 名	9	

续上表

学习情境	教学方法 与组织形式	教学资源配置	参考学时	学生提交成果
5. 使用 XML Web Service 或 COM + 构建 CRM 分布式服务	3. 教师引导学生,使用 Web 应用程序、WinForm 应用程序、控制台应用程序访问开发好的 XML Web Service 分布式服务;组织学生小组讨论 XML Web Service 分布式服务的优缺点(3 学时); 4. 教师引导学生部署开发好的 XML Web Service 分布式服务(2 学时);	1. 服务器 1 台; 2. 每人配备 1 台计算机; 3. 项目开发手册 1 份; 4. 核心技术查阅手册 1 份; 5. PetShop 3.0 项目资料; 6. 专职教师 1 名	9	1. 数据访问层源代码; 2. 编译成 dll 的数据访问层
6. 使用 VS 部署开发完成的项目	1. 教师引入需要制作安装程序的情景,引导学生分析制作安装程序的原因(1 学时); 2. 在教师引导下,学生小组合作,使用 VS 制作安装程序; 3. 学生小组交叉测试制作好的安装程序(3 学时)	1. 服务器 1 台; 2. 每人配备 1 台计算机; 3. 项目开发手册 1 份; 4. 核心技术查阅手册 1 份; 5. PetShop 3.0 项目资料; 6. 专职教师 1 名	4	

五、实施建议

1. 教材编写建议

教材的编写过程中重点再现软件企业真实的开发流程,给出一个架构良好的软件项目作为引导,同时培养学生良好的编程习惯,在注重锻炼学生技能的同时还要锻炼学生团队协作的精神和职业素养。

2. 教学建议

将班级学生分组,每组 4 ~6 人,每组选拔 1 名组长,组长即是企业中的项目组长,负责小组成员任务安排,时间控制等。组长直接对老师(项目经理)负责。特别要提出的是,代码编写和测试要在小组之间轮换进行。

为了增加团队的凝聚力,还要适时地开展拓展活动。

六、课程评价

本课程采用理论考核和实操考核相结合,过程评价与结果评价相结合。

理论考核采用笔试形式,考核内容侧重于面向对象的 4 大特征、.NET 内存管理机制和外部资源管理机制,理论考核占本门课程考核的比例为 30%。

实操考核采用项目考核累计方式,以学生项目架构的合理性、完成项目的进度和质量的好坏为考核依据。在实操考核的每一个学习情境中,均采用小组自评 + 小组互评 + 教师评价的方式。其中小组自评占 20%,小组互评占 20%,教师评价占 60%。

考核中各部分所占的考核比例按照以下表格所给出的比例进行计算。

续上表

项　　目	比　　例	
笔试形式	笔试形式(30%)	
实操考核	实操考核(70%)	
	CRM 系统架构的分析与设计	7%
	使用 VS 搭建项目(三层结构或多层结构)	9%
	使用 ADO. NET 构建数据库访问层	9%
	使用 OOP 或 SOA 实现 CRM 业务核心模块	22%
	使用 XML Web Service 和 COM + 构建 CRM 分布式服务	7%
	能使用 Nunit 测试业务核心模块、数据访问层和分布式服务	7%
	使用 VS 部署开发完成的项目	7%

(7)《中小型项目管理和软件配置》课程标准。

学习领域性课程名称:中小型项目管理和软件配置
适用专业:软件技术专业
总学时/学分:4 学分/ 64 学时
开设学期:第二学年第二学期

一、课程性质

本课程是软件技术专业的一门专业课程,主要是培养学生系统掌握软件配置知识,并能独立实施配置管理的能力。

软件配置是软件质量保证活动的一个重要组成部分。配置管理是对软件开发过程中所选定的中间工作产品、产品组件以及产品的唯一标识、受控存储、变更控制和状态报告。本课程的先修课程为《软件测试》,后续课程为《项目初级管理》。

二、设计思路

通过对企业软件测试人员的调研,并对实践专家访谈会得出的典型工作任务进行分析,确定了与培养目标相适应的学习情景。

教学组织的思路:本课程采用“理 - 实”一体化,以企业真实项目为教学内容,采用引导文教学方法为主,辅以角色扮演、小组讨论等教学方法进行教学。

教学任务以真实项目作为载体,按照从简单到复杂、从独立任务到综合任务设计。

课程考核采取理论考核 + 实操考核的方式,侧重实操考核。实操考核模拟企业真实情景,引入企业考核方式。理论考核采取笔试,重点考察学生对于软件测试系统理论知识的掌握情况。

三、课程目标

学生以团队为单位,在指导教师处领取测试任务;借助软件规格说明书等资料,通过会议协商,按照指导教师的要求制定测试计划和测试策略,分配测试任务;利用各种测试方法为测试任务设计并执行测试用例;能利用自动化测试工具进行功能和性能测试;能用清晰、流畅的语言撰写缺陷报告,并撰写相关的测试文档。

学习完本课程之后，学生应当能够从事初级测试员的工作，包括：1. 能够与项目经理、测试组长进行沟通协商，参与制定软件测试计划和测试策略；2. 能编写功能、性能测试用例；3. 能够进行自动化测试；4. 能够执行测试用例，撰写缺陷报告；5. 能够与开发人员进行和谐、有效的沟通，掌握一定的沟通技巧。

四、课业设计

（一）学习目标与内容设计

学习情境	学 习 目 标	学 习 内 容
1. 软件配置管理学前准备	1. 理解软件配置管理对于软件开发活动的重要性； 2. 能描述 CMM 软件能力成熟度模型； 3. 确定配置管理活动的任务	1. 软件配置管理活动； 2. 软件配置管理标识； 3. 软件配置管理存储； 4. 软件配置管理变更控制； 5. 软件配置管理状态报告； 6. 版本控制与基线； 7. CMM 软件能力成熟度模型； 8. 配置管理成本/收益分析
2. 配置管理角色分配	1. 理解配置管理需要全员参与； 2. 能够根据团队需要分配配置管理角色	1. 参与配置管理活动的角色； 2. 配置管理委员会的工作； 3. 配置库管理员的工作； 4. 配置管理负责人的工作； 5. 配置管理活动中的组织角色； 6. 配置管理活动中的其他角色
3. 配置管理数据	1. 理解什么是配置项； 2. 理解配置项的元数据； 3. 理解配置项记录的内容； 4. 掌握 VSS 工具的使用	1. 配置项对象； 2. 配置项元数据； 3. 配置项的批准； 4. 配置项的发布； 5. 配置项的事件记录； 6. 配置项的变更请求； 7. VSS 用户的管理； 8. VSS 数据库管理； 9. VSS 工程的建立； 10. 签入、签出等操作
4. 配置管理综合实践	1. 能够根据需要从配置库中存取配置项； 2. 能够建立配置工程； 3. 能够对配置库进行管理； 4. 能够根据产品发布要求从配置库提取配置项进行产品构建	1. 配置管理技术； 2. 不同开发模型下的配置管理

续上表

（二）课程实施设计

学习情境	教学方法 与组织形式	教学资源配置	参考学时	学生提交成果
1. 软件配置理论准备	**教学方法** 引导文教学法、小组讨论法 **组织实施** 1. 学生分组讨论没有引入配置管理的开发中所碰见的问题，教师引导出软件配置的重要性（1 学时）； 2. 教师布置学习任务，介绍软件配置基本概念（1 学时）； 3. 教师介绍软件配置基本任务（1 学时）； 4. 教师介绍配置管理相关国际标准（1 学时）； 5. 学生分组阅读、讨论配置计划（2 学时）	1. 教师 1 名，相关从业人员 1 名； 2. 多媒体教室	6	1. 软件配置计划文档样张
2. 配置管理角色分配	**教学方法** 引导文教学法、任务教学法、小组讨论法、体验式教学法 **组织实施** 1. 学生按照喜好进行分组，并推选出组长，制订出配置管理规章（1 学时）； 2. 教师介绍配置管理角色（1 学时）； 3. 教师介绍软件企业中配置管理相关的组织角色（0.5 学时）； 4. 教师介绍配置管理相关的项目角色（3.5 学时）	1. 教师 1 名，相关从业人员 1 名； 2. 多媒体教室	6	1. 学生进行分组； 2. 制订配置管理规章
3. 配置管理数据	**教学方法** 引导文教学法、任务教学法、分组讨论法 **组织实施** 1. 学生分组讨论在实际的软件开发中哪些元素可以作为配	1. 每个学生配备 1 台计算机； 2. 局域网； 3. VSS 工具； 4. 教师 1 名	24	软件配置数据库

续上表

学习情境	教学方法 与组织形式	教学资源配置	参考学时	学生提交成果
3. 配置管理数据	置项,教师由此引出配置库的必要性(1 学时); 2. 教师布置学习任务,介绍什么是配置项(1 学时); 3. 教师介绍配置项的元数据(1 学时); 4. 教师介绍配置项应该记录的内容(1 学时); 5. 教师演示 VSS 工具的使用(6 学时); 6. 学生根据任务,进行 VSS 上机实践(14 学时)	1. 每个学生配备 1 台计算机; 2. 局域网; 3. VSS 工具; 4. 教师 1 名	24	软件配置数据库
4. 软件配置管理综合练习	**教学方法** 任务教学法、分组讨论法 **组织实施** 1. 项目组向教师确认配置任务,分组讨论配置管理活动规章(2 学时); 2. 项目组分组进行开发活动,并在其中引入配置管理(24 学时); 3. 项目组进行配置管理活动成果演示,并展开小组互评(2 学时)	1. 每个学生配备 1 台计算机; 2. 局域网; 3. CRM 客户关系管理系统软件及文档; 4. VSS 工具; 5. 教师 1 名	28	1. 构建的软件产品; 2. 全班现场演示

五、实施建议

1. 教材编写建议

教材应该按照软件配置的任务流程进行编写,前面已经讲过的单元测试以理论方法为主。

2. 教学建议

把学生分成若干学习工作组,每个组选择一名项目组长,项目组长直接向项目经理(指导教师)负责。评分针对整个团队,由项目组长具体分配到组员。构建成果在全班演示。

发挥学生在配置过程中的团队合作精神。注重学生语言、文字表达能力的培养。

3. 考核评价设计

本课程采取过程考核与结果考核相结合的考核形式。过程考核在任务学习过程中进行,占总成绩 70%,结果考核在课程学习结束时进行,占总成绩 30%。

过程考核按照分组来进行,侧重考核学生在规定时间内完成规定的配置活动、平时表现等情况。采取小组互评(30%)和教师评价(70%)相结合的方法作为总体的得分。

续上表

结果考核方式为笔试,考核内容侧重于配置管理活动理论、配置管理工具的掌握。

考核中各部分所占的考核比例按照以下表格所给出的比例进行计算。

结果考核(30%)	过程考核(70%)			
笔试	情景1	情景2	情景3	情景4
	15%	15%	30%	40%
	备注:过程考核评分是针对整个小组总的评分,具体每位组员的得分点数由项目组长进行分配,分配结果必须得到2/3组员的同意,否则由指导教师进行仲裁			

六、课程资源

参考资料

1. Anne Mette 编著. 配置管理原理与实践. ISBN:7-302-07527-1. 北京:清华大学出版社.
2. 王海涛著. 软件配置管理. ISBN:9787302090939. 北京:清华大学出版社.

(8)《Java高级应用-开发基于SSH的信息平台》课程标准。

学习领域性课程名称:Java高级应用-开发基于SSH的信息平台
适用专业:软件技术专业
总学时/学分:6学分/96学时
开设学期:第三学年第一学期

一、课程性质

《Java高级应用-开发基于SSH的信息平台》是软件技术专业的核心课程,主要培养学生基于Struts + Hibernate + Spring的集成系统的设计和开发技能。本课程以开发网上信息发布平台为基础,通过任务驱动教学活动,强调学生"边开发边学习",培养学生缜密的思维能力、精湛的分析能力和主动的解决问题能力,使学生具备基于Java框架技术的企业级网站开发能力。通过本课程的学习,学生可适应企业级网站开发、大型网络系统开发等多类网络平台开发工作岗位的需要。

学习本课程前应先学习《程序设计基础》、《Java编程技术》、《数据库原理及应用》、《J2EE》。本课程是Java方向的最后一门课程,学习完成后可进入项目实战阶段。

二、设计思路

1. 针对本专业人才定位,基于SSH框架开发企业级网络平台,在软件技术专业实践专家访谈会得出的典型工任务描述基础上深入企业调研,认真分析现行国家和行业职业资格标准,召开教学专家讨论会划定学习情境。

2. 本课程是依托一个网上信息发布平台开发的教学项目,按照企业开发模式,模拟真实工作环境,采用任务驱动的模式进行。课程按照项目中不同的实施阶段,结合所需掌握的知识点与能力目标,将该项目中开发任务归纳为由简单到复杂、由独立到综合的学习任务。

3. 本课程的教学组织实施主要以项目小组形式进行,小组成员从完成简单任务到独立承担整个模块任务,逐步提高项目设计能力。开发过程中采用里程碑验收,统一项目基线,使学生具备参与大型项目应有的协作项目开发能力。

4. 课程评价综合采用过程评价与结果评价相结合的评价措施，通过对项目过程考核、目标树完成度考核、结果评价核方式对学员的课程掌握情况进行科学评价。评价注重对学生能力方面的认定而相对弱化学生知识掌握程度的笔试考核。

三、课程目标

学生能明确企业级软件开发的工作职责与工作要求，在老师的指导下，组成网上书店系统的开发小组。接受开发任务后，学生在给定需求分析的情况下，正确选取和使用相关软件工具，在规定时间内，严格按照软件开发规范及项目质量管理体系要求，开发基于SSH框架的轻量级Java框架技术网上信息发布平台。

学完本课程后，学生可以熟练完成基于Struts + Hibernate + Spring的集成系统的设计和开发工作，主要包括：1. 运用Java SE/OO/Web Servlet API技术，自定义MVC框架，实现用户登录功能；2. 使用Struts的ActionForm组件和Action组件，实现信息发布功能；3. 使用Struts的DispatchAction优化系统编码过程；4. 使用Struts德标签库技术，实现信息模糊查询；5. 使用Hibernate的对象持久化功能，实现用户注册信息的增删改操作；6. 使用Hibernate的关联关系功能，简化JDBC中的数据库操作；7. 使用Hibernate的HQL，实现系统信息的复杂查询；8. 使用Spring简化Hibernate编码，实现系统日志和事务的管理；9. 使用Spring与Hibernate和Struts集成，完成SSH集成框架的最终组装。

四、课业设计

（一）学习目标与内容设计

学习情境（任务/项目）	学习目标	学习内容
1. 使用MVC实现用户管理模块	1. 按照工作任务计划书的安排完成任务； 2. 通过对本模块情境真实需求的理解，能阅读需求分析、概要设计和详细设计文档，并在教师引导下参与部分文档设计和撰写； 3. 通过.NET Framework与JSP Model2的体系结构的对比分析，能设计本项目的解决方案（技术选型）； 4. 能使用MVC模式开发基础模块； 5. 能使用SQL Server完成数据库建设； 6. 能使用Dreamweave设计html页面； 7. 能实现业务逻辑类，通过业务逻辑类调用DAO层访问数据，完成MVC框架Model部分的开发； 8. 能定义Action接口，创建Action Form Bean；实现Controller类并配置web.xml，完成MVC框架Controller部分的开发； 9. 能按照详细设计文档要求，使用MyEclipse创建JSP页面，完成MVC框架View部分的开发； 10. 能调试运行程序模块并撰写调试报告； 11. 能通过对本模块MVC框架的比较使用，制定项目技术选型报告； 12. 能撰写模块开发报告文档	1. 软件项目文档； 2. 软件工程开发流程； 3. 解决方案的设计； 4. Struts框架定义； 5. SQL Server数据库设计； 6. Dreamweaver页面设计； 7. 自定义框架运行原理； 8. 业务逻辑类； 9. DAO层； 10. Action接口； 11. web.xml； 12. 调试报告； 13. 技术选型报告

续上表

学习情境(任务/项目)	学习目标	学习内容
2. 使用 Struts 实现信息发布模块	1. 按照工作任务计划书的安排完成任务; 2. 会在 MyEclipse 中为 Web 工程添加 Struts Capabilities 配置 Struts; 3. 能根据项目文档建立信息发布系统中数据库表结构; 4. 能分析网上书店系统中,发布信息的业务流程; 5. 会使用 Struts 2.0 中数据标签、控制标签、表单标签; 6. 能运用 Struts 2.0 的标签完成网上书店用户注册页面设计; 7. 能运用 Struts 2.0 实现注册页面的输入校验; 8. 能运用 Struts 2.0 实现表单验证; 9. 根据数据库中的表结构,生成 Customer、BookDetails 等实体类的编写; 10. 会完成网上书店系统中所涉及的 Action 类的开发; 11. 会完成网上书店系统中所涉及的 ActionForm 类的编写; 12. 能调试运行信息发布功能,撰写开发报告文档	1. Sturts 开发步骤; 2. Struts 工作原理; 3. MyEclipse 下 Struts 程序工具; 4. Struts 配置文件; 5. 视图组件; 6. ActionForm 类; 7. 自定义 Action 类; 8. Struts 数据标签; 9. Struts 控制标签; 10. Struts 表单标签; 11. 控制器组件; 12. ActionSerlvert; 13. 模型组件; 14. Struts 2.0 的数据校验工作方式
3. 使用 Hibernate 实现信息管理	1. 按照工作任务计划书的安排完成任务; 2. 能理解 Hibernate 体系结构; 3. 能理解 ORM 映射机制; 4. 能描述 Hibernate 核心类和接口; 5. 会添加 Hibernate 支持; 6. 会设置并理解 Hibernate 配置文件的信息; 7. 掌握运用 Hibernate 开发应用的几个步骤; 8. 会运用 MyEclipse database Explorer 工具生成实体类和实体类所对应的映射文件; 9. 能根据项目文档,运用 HQL 实现按照书名、作者、图书种类查询图书信息; 10. 能实现图书分页显示; 11. 会运用 Hibernate 相关类和接口实现图书的添加、修改图书信息和删除图书; 12. 能用 HibernateSessionFactory 工具类简化 Hibernate 开发; 13. 会描述面向对象领域的关联关系,分析网上书店系统中一对多、多对多的关系; 14. 能调试运行网上书店以上功能,撰写开发报告文档	1. Hibernate 体系结构; 2. Configuration 类; 3. 持久化; 4. ORM 映射; 5. HQL 查询; 6. 运用 Query, Session, Transaction, SessionFactory 等接口实现对数据库的 CRUD 操作; 7. 运用 HibernateSessionFactory 简化 DAO 类; 8. 运用 Hibernate 关联映射技术实现单向 many-to-one 关联; 9. 运用 Hibernate 关联映射技术实现单向 many-to-many 关联

续上表

学习情境(任务/项目)	学 习 目 标	学 习 内 容
4. 使用 Springle 整合 MIS 系统	1. 按照工作任务计划书的安排完成任务; 2. 能够为项目添加 Spring 支持; 3. 会修改 web. xml,使项目增加对 Spring 的支持; 4. 能理解配置文件 applicationContext. xml; 5. 能描述 Spring 框架的发展历程和框架特点; 6. 能解释概念依赖注入,描述 DI 的使用步骤; 7. 能描述依赖注入在项目开发中的应用; 8. 会运用 Spring 依赖注入 Bean; 9. 会运用 Spring 依赖注入 DataSource; 10. 会运用 Spring 依赖注入 SessionFactory; 11. 掌握 Spring AOP 原理及实现; 12. 会运用 Spring 的依赖注入与 Struts 整合应用; 13. 会运用 Spring 与 Hibernate 整合应用; 14. 能调试运行系统,撰写开发报告文档	1. Spring 体系结构; 2. 依赖注入的实现; 3. 依赖注入 Bean; 4. 依赖注入 DataSource; 5. 依赖注入 SessionFactory; 6. Spring 与 Hibernate 整合系统; 7. Spring 与 Struts 整合系统

(二)课业实施设计

学习情境	教学方法 与组织形式	教学资源配置	参考 学时	学生提交成果
1. 使用 MVC 实现用户管理模块	**教学方法** 引导文教学法、文献检索、演示教学、任务驱动、启发教学、小组讨论法 **教学组织** 引入本课程学习目标及学习项目(0.5 学时); 组建开发团队(0.5 学时); 从生活案例引出框架技术的使用原因、定义,主流框架技术,并提出三层结构与框架技术的关系(由企业人员主讲,0.5学时); 让学生通过自定义一个 MVC 框架,体会框架的含义,体会 MVC 设计模式中 Controller 的作用;	**教师** Java 高级教师一名; 企业开发人员一名; **教学环境** 软件开发学习训练区 **教学资源** 软件: Office 办公软件; MyEclipse 7.0; Tomcat 6.0; Struts 2.0; Microsoft SQL Server 2005 文档: 网上书店需求分析说明书; 网上书店概要设计说明书; 网上书店详细设计说明书;	14	1. 网上书店开发报告; 2. 拓展项目《房屋出租系统开发报告》

续上表

学习情境	教学方法 与组织形式	教学资源配置	参考学时	学生提交成果
1. 使用MVC实现用户管理模块	小组讨论MVC框架中M、V、C分别扮演的角色(0.5学时)； 基于自定义MVC框架实现网上书店的用户登录功能(0.5学时)； 学生操作,教师辅导(0.5学时)； 考核评价,总结(0.5学时)； 布置实现信息发布任务(0.5学时)	Struts 2.0帮助文档 资料： 1.《Pro Spring》； 2.《Spring In Action 2 nd. Edition》； 3.《Hibernate In Action》	14	1. 网上书店开发报告； 2. 拓展项目《房屋出租系统开发报告》
2. 使用Struts实现信息发布模块	**教学方法** 引导文教学法、任务驱动、小组讨论法 **教学组织** 小组展示成果,引出技术难题(0.5学时)； 学生分组讨论Struts核心组件和遵照MVC模式运行。通过补充案例讲解Struts的MVC各种组件的原理,并深度剖析(0.5学时)； 小组讨论网上书店系统中,发布信息的业务流程； 使用Struts开发“发布信息”,对比ppt,分析三层结构,描述需要实现的功能业务流程。教师示范需要实现的功能的代码(1学时)； 完成网上书店系统中所用到的Action类的编写； 布置网上书店系统中所用到的ActionForm类的编写； 布置网上书店系统中注册页面设计及输入验证(1学时)； 布置网上书店系统中其他页面的设计(1学时)； 学生操作,教师辅导(0.5学时)； 考核评价,总结(0.5学时)； 布置网上书店系统中编码简化任务(0.5学时)	**教师** Java高级教师1名 **教学环境** 软件开发学习训练区 **教学资源** 软件： Office办公软件； MyEclipse 7.0； Tomcat 6.0； Struts 2.0； Microsoft SQL Server 2005； 文档： 网上书店需求分析说明书； 网上书店概要设计说明书； 网上店详细设计说明书； Struts 2.0帮助文档 资料： 1.《Pro Spring》； 2.《Spring In Action 2nd. Edition》； 3.《Hibernate In Action 2nd. Edtion》	18	1. 网上书店开发报告； 2. 拓展项目《房屋出租系统开发报告》

续上表

学习情境	教学方法 与组织形式	教学资源配置	参考 学时	学生提交成果
3. 使用 Hibernate 实现信息管理	**教学方法** 引导文教学法、任务驱动、小组讨论法 **教学组织** 小组展示成果，引出技术难题(0.5 学时)； 讲解如何使用 HQL 实现查询(1 学时)； 小组讨论 HQL 和 SQL 的区别，使用 HQL 的注意事项； 讲解如何使用 Hibernate 的类和接口实现对数据库的 CURD 操作(1.5 学时)； 布置运用 MyEclipse database Explorer 工具生成网上书店系统中所要用到的 POJO 类和对应的映射文件(1.5 学时)； 布置网上书店系统中实现按书名、作者和分类实现查询(1.5 学时)； 布置网上书店系统中实现添加图书信息(1 学时)； 布置网上书店系统中实现修改图书信息(1 学时)； 布置网上书店系统中实现删除图书信息(1 学时)； 学生操作，教师辅导(1 学时)； 考核评价，总结(0.5 学时)	**教师** Java 高级教师 1 名 **教学环境** 软件开发学习训练区 **教学资源** 软件： Office 办公软件； MyEclipse 7.0； Tomcat 6.5； Hibernate 3.1； Microsoft SQL Server 2005 文档： 网上书店需求分析说明书； 网上书店概要设计说明书； 网上书店详细设计说明书； Hibernate 帮助文档 资料： 1.《Pro Spring》； 2.《Spring In Action 2nd. Edition》； 3.《Hibernate In Action 2nd. Edtion》	18	1. 网上书店开发报告； 2. 拓展项目《房屋出租系统开发报告》
4. 使用 Springle 整合 MIS 系统	**教学方法** 引导文教学法、任务驱动、小组讨论法 **教学组织** 小组展示成果，引出技术难题(0.5 学时)； 讲解如何使用 Spring 实现依赖注入(1 学时)；	**教师** Java 高级教师 1 名 **教学环境** 软件开发学习训练区 **教学资源** 软件： Office 办公软件； MyEclipse 7.0；	14	1. 网上书店开发报告； 2. 拓展项目《房屋出租系统开发报告》

续上表

学习情境	教学方法 与组织形式	教学资源配置	参考学时	学生提交成果
4. 使用 Springle 整合 MIS 系统	结合我们身边的例子,小组讨论依赖注入在具体项目中的应用; 讲解使用 Spring 依赖注入实现磁盘输入业务(1.5 学时); 布置运用 Spring 与 Hibernate 实现整合系统(1.5 学时); 布置运用 Spring 与 Struts 实现整合系统(1.5 学时); 学生操作,教师辅导(2 学时); 考核评价,总结(0.6 学时)	Tomcat 6.5; Hibernate 3.1; Microsoft SQL Server 2005 文档: 网上书店需求分析说明书; 网上书店概要设计说明书; 网上书店详细设计说明书; 测试报告; SSH 帮助文档 资料: 1.《Pro Spring》; 2.《Spring In Action 2nd. Edition》; 3.《Hibernate In Action 2nd. Edtion》	14	1. 网上书店开发报告; 2. 拓展项目《房屋出租系统开发报告》

五、实施建议

1. 课程实施过程应淡化教材,强化系统开发实际经验

Java 高级技术应用依托轻量级 Java 框架网络发布平台案例。教材编写中,将项目实施各阶段所用到的框架技术内容组织成教学单元即教学章节,章节内容应以案例贯穿,各框架技术都使用增量贯穿案例辅助讲解理论知识。在课程实施过程中,尽可能多地引导学生参与项目开发每个环节,在培养专业能力的同时,使学生获得工作过程知识,促进关键能力和综合素质的提高。

2. 教学组织实施过程应注重建立与工作的直接联系

每一个学习任务的引出都有一个真实的工作情境描述,实施过程按照明确学习任务、分析需求分析、熟悉框架技术、确定实施计划、代码编辑、调试运行、撰写开发报告的流程进行。

3. 采用行动导向的教学方法

Java 高级技术应用是软件开发 Java 方面的最后一门课程,难度偏大,但容易让学生积累实战经验。在课程实施中,通过补充案例强化框架技术知识,由学生自己动手实现各系统模块构建。本课程采用模块教学,引导学生自主查阅资料,下载相关核心代码、教师演示程序,使学生尽快掌握。

本课程感性知识较多,应注重启发教学的教学方式方法,鼓励学生创新与进行有益探索,能直观获取成果的体验,从而培养学生学习与热爱本学科的兴趣。

六、课程评价

Java 高级技术开发课程评价采用过程评价、结果考核相结合的评价方式,结果考核又分为项目考核、理论测试两种方式,本课程重点强调过程评价的考核方式,强化学生实际动手能力,培养创新精神,课程结束后安排一个小型界面设计项目由学员独立完成。为了保障教学质量与保障评价的全面性与科学性,期末安排知识点与技能的笔试考试。

续上表

评价方式与比重构成		
任务过程评价(60%)	结果考核(40%)	
	拓展项目评价	笔试测试
60	20	20

过程评价标准具体如下:

	团队合作能力	功能完成度	运行情况	代码规范性	成果提交	合计
任务1	3	6	2	3	2	16
任务2	4	6	2	4	2	18
任务3	2	8	1	2	1	14
任务4	2	4	1	3	2	12

(9)《系统分析与设计》课程标准。

学习领域性课程名称:系统分析与设计

适用专业:软件技术专业

总学时/学分:6学分/96学时

开设学期:第三学年第一学期

一、课程性质

系统分析与设计是软件技术专业的核心课程之一,属于学习领域课程。本课程主要培养学生分析、设计和开发软件系统的能力,根据客户需求编写规范的需求规格说明书、概要设计说明书、详细设计说明书的能力;同时能够对已有的系统方案进行可行性评估,并编写相应的评估报告;在分析的过程中对系统提出优化的方案或提出存在的问题的能力。同时通过模拟真实工作环境及任务,强化训练,使学生具备与工作岗位相匹配的职业能力和素养。

该课程是软件技术专业最后一门核心课程,先修课程有操作系统、程序设计基础、软件开发入门、UI界面设计、数据库应用、核心模块开发、软件测试等。

二、设计思路

系统分析与设计是以学习领域进行课程设计,通过实践专家访谈会和企业调研,并对实践专家访谈会得出的典型工作任务进行分析,确定与培养目标相适应的从简单到复杂、从单一到综合的4个学习情境。

课程的考核侧重于过程考核,实行教考分离,导入企业的考核标准,并让企业人员直接参与课程的实操考核。

三、课程目标

学生在教师指导下编写需求分析报告、概要设计说明书、详细设计说明书,根据用户要求编写需求分析报告、概要设计说明书和详细设计说明书;能够对已有的系统设计方案进行可行性评估,并编写出相应的评估报告;在分析的过程中,能够对系统提出优化的方案或存在的问题。

续上表

学习完本课程后，学生应当能够按照系统分析与设计的相关标准进行简单系统分析和相关文档的编写，包括：1. 撰写系统设计方案可行性评估报告；2. 编写需求分析报告；3. 编写概要设计说明书；4. 编写详细设计说明书。

四、课业设计

（一）学习目标与内容设计

学习情境	学习目标	学习内容
编写CRM客户管理系统需求规格说明书—K1	1. 安装Visual Studio Team System（VSTS）服务器（TFS），并对其进行配置； 2. 安装VSTS团队资源管理器（TFC），并会使用； 3. 安装Office Project，并会使用； 4. 安装Office Visio，并会使用； 5. 使用Project制定系统开发计划； 6. 根据客户需求编写数据字典； 7. 根据客户需求编写规范的需求规格说明书； 8. 正确填写工作周报和总结报告	1. 当前主流的团队管理工具； 2. VSTS服务器的安装； 3. 团队资源管理器（TFC）的使用； 4. Office Project的使用； 5. Office Visio的使用； 6. 数据字典； 7. 需求规格说明书的编写； 8. 工作周报和总结报告
编写CRM客户关系管理系统概要设计说明书—K2	1. 使用Visio画用例图、系统流程图、部署图； 2. 会使用VS2005中的系统设计工具； 3. 根据客户需求进行系统分析和设计； 4. 正确描述软件生命周期； 5. 使用VS 2005设计系统原型； 6. 使用PowerDesigner设计数据库； 7. 根据系统分析和设计编写规范的概要设计说明书	1. 用例图、流程图、部署图的作用及画法； 2. VS 2005系统设计工具的使用； 3. 软件生命周期； 4. VS 2005设计系统原型； 5. 系统分析与设计； 6. PowerDesigner工具的使用； 7. 概要设计说明书
编写CRM客户关系管理系统详细设计说明书—K3	1. 使用Visio画序列图、活动图、协作图； 2. 使用VS 2005类设计器设计静态类图； 3. 根据概要设计说明书编写规范的详细设计说明书	1. 序列图、活动图、协作图的作用及画法； 2. VS 2005类设计器的使用； 3. 详细设计说明书
编写CRM客户关系管理系统评估报告—K4	1. 描述软件系统评估要点； 2. 客观合理地评估软件系统； 3. 根据系统设计文档编写规范的系统评估报告	1. 系统评估的意义； 2. 系统评估的要点和方法； 3. 系统评估报告的编写

续上表

（二）课业实施设计

编号	教学方法与组织形式	教学资源配置	参考学时	提交成果
K1	**教学方法** 任务教学法、引导文教学法、小组讨论法 **教学组织** 明确任务，介绍当前主流开发工具和团队管理工具（0.5 学时）； 讨论 IIS、SQL Server 2005、VS 2005 安装注意事项，学生安装 IIS、SQL Server 2005、VS 2005，教师辅导（1.5 学时）； 讨论 TFS、TFC 安装注意事项，学生安装 TFS、TFC，教师辅导（4 学时）； 学生安装 Office 软件（含 Visio、Project）（0.5 学时）； 讲解 TFS、TFC 的使用（3 学时）； 讲解、讨论 CRM 客户关系管理系统需求，分析出数据字典（3.5 学时）； 编写 CRM 客户关系管理需求规格说明书（6 学时）； 考核评价、总结（1 学时）	1. 理实一体化教室，投影仪； 2. 一台公用的服务器； 3. 每位同学一台计算机； 4. VS 2005、SQL Server 2005、Office 软件各一套； 5. CRM 客户关系管理系统文档一套； 6. 需求规格说明书模板； 7. 清华大学出版社《VISUAL STUDIO 2005 TEAM SYSTEM 专家教程》； 8. 电子工业出版社《移山之道—VSTS 软件开发指南》第二版； 9. 微软 MSDN 网站； 10. 配备教师一名	20	VSTS 安装步骤文档、CRM 客户关系管理系统需求规格说明书、工作周报和总结报告
K2	**教学方法** 项目教学法、引导文教学法、小组讨论法、角色扮演法 **教学组织** 明确任务，介绍用例图、流程图和部署图的作用和画法，学生画 CRM 客户关系管理系统用例图、流程图和部署图（4 学时）； 讲解 VS 2005 中系统设计工具的使用，学生会使用 VS 2005 系统设计工具进行 CRM 客户关系管理系统系统设计（5 学时）； 介绍软件生命周期，学生听讲（3 学时）； 介绍原型法，学生使用 VS 2005 设计 CRM 系统原型（5 学时）； 介绍 PowerDesigner 工具的使用，学生根据数据字典使用 PowerDesigner 工具设计 CRM 数据库（3 学时）； 介绍概要设计说明书的作用、编写注意事项，学生编写 CRM 客户关系管理系统概要设计说明书（9 学时）； 考核评价、总结（1 学时）	1. 理实一体化教室，投影仪； 2. 一台公用的服务器； 3. 每位同学一台计算机； 4. CRM 客户关系管理文档一套； 5. 概要设计说明书模板； 6. 机械工业出版社《系统分析师 UML 用例实战》； 7. 微软 MSDN 网站； 8. 配备教师一名	30	CRM 客户关系管理系统概要设计说明书、工作周报和总结报告

续上表

编号	教学方法与组织形式	教学资源配置	参考学时	提交成果
K3	**教学方法** 项目教学法、引导文教学法、小组讨论法、角色扮演法 **教学组织** 明确任务，介绍序列图、活动图、协作图的意义和画法，学生画 CRM 客户关系管理系统的序列图、活动图和协作图(5 学时)； 介绍使用 VS 2005 类设计器设计类，学生使用 VS 2005 类设计器设计 CRM 客户关系管理系统静态类图(6 学时)； 学生讨论详细设计，教师辅导(6 学时)； 指导学生编写 CRM 客户关系管理系统详细设计说明书(8 学时)； 考核评价、总结(1 学时)	1. 理实一体化教室，投影仪； 2. 1 台公用的服务器； 3. 每位同学 1 台计算机； 4. CRM 客户关系管理系统文档 1 套； 5. 详细设计模板； 6. 机械工业出版社《系统分析师 UML 用例实战》； 7. 微软 MSDN 网站； 8. 配备教师 1 名	26	CRM 客户关系管理系统详细设计书、工作周报和总结报告
K4	**教学方法** 项目教学法、引导文教学法、小组讨论法、角色扮演法 **教学组织** 明确任务，讲解系统评估的意义(2 学时)； 讲解评估的要点和方法(3 学时)； 学生分组讨论 CRM 客户关系管理系统的评估要点(4 学时)； 对评估要点进行评估，并提出优化的方案或改进意见(2 学时)； 指导学生编写 CRM 客户关系管理系统评估报告(8 学时)； 考核评价、总结(1 学时)	1. 理实一体化教室，投影仪； 2. 1 台公用的服务器； 3. 每位同学 1 台计算机； 4. CRM 客户关系管理系统文档 1 套； 5. 机械工业出版社《基准测试与最佳实践》； 6. 高等教育出版社《软件评估、度量、最佳方案》； 7. 配备教师 1 名	20	CRM 客户关系管理系统评估报告、工作周报和总结报告

五、实施建议

(一)教材编写建议

教材的编写过程中充分体现的系统分析与设计的方法，前面课程中已经讲过的结构、原理知识不讲或一带而过。

教材中除专业知识外，应该从规范、团队合作、设计合理、文档规范等方面给学生一些必要的知识。

（二）教学建议

在进行每个学习任务的教学过程中，班级共享一台公用服务器，学生按照4～6个人组成一个小组，每组自愿产生一名组长，日常主持工作在组员之间轮换。每个组员配备一台电脑，一份项目开发手册，一份核心技术查阅手册等。每个学习情景完成后，小组内部进行自评和互评。

六、课程评价

1. 课程教学评价以各项目评价按比例构成。

2. 各项目评价采用过程评价、知识评价的形式评定。过程评价的重点要突出实践操作，以此反映学生对相关项目技能的掌握情况，并体现学生对相关职业能力的掌握程度。通过成果展示，做报告，结合课堂提问、学生作业、实训报告、教学参与程度和学习态度等情况综合评价学生成绩，分优、良好、中等、及格、不及格，最后反馈给学生。同时考虑学生继续学习能力的培养。

3. 应注重学生动手能力和实践中分析问题、解决问题能力的考核，对在学习和应用上有创新的学生应予特别鼓励，全面综合评价学生能力。

考核中各部分所占的考核比例按照以下表格所给出的比例进行计算。

<table>
<tr><td>知识评价(20%)</td><td colspan="4">过程考核(80%)</td></tr>
<tr><td rowspan="3">通过相关知识点的描述来进行评价(20%)</td><td>K1</td><td>K2</td><td>K3</td><td>K4</td></tr>
<tr><td>20%</td><td>35%</td><td>30%</td><td>15%</td></tr>
<tr><td colspan="4">备注：在每个学习情景中，学生自评占10%，小组评价占20%，小组互评占30%，教师评价占40%，评价的重点要突出实践能力的评价</td></tr>
</table>

4.3 高职信息类课程资源建设的实践与创新

课程资源也称教学资源，也就是课程与教学信息的来源，或者指一切对课程和教学有用的物质和人力。广义的课程资源指有利于实现课程教学目标的各种因素；狭义的课程资源仅指形成课程与教学的直接因素来源。在信息化发展的数字时代，课程资源除校内的实验室、教学资料、图书馆等所提供的资源外，网络化教学资源的建设也越来越普及。

当前，高职信息类课程资源建设主要存在以下问题：

一是课程资源建设的参与面不足。高职的技术应用型人才不同于本科，是基于技术能力体系的，而技术能力并不是必须要依附于理论才能存在的，它是可以自成体系的。技术运用能力是高职教学资源体系建设的立足点，过去教师是有什么用什么，现在要求全部教职员工都是教学改革的参与者，都要积极地参与教学改革过程，了解高等职业教育的资源建设规律，努力搭建一个教育资源建设、服务的平台，使专业之间、师生之间能够相互交流和互动。

二是课程资源建设的系统性不够。在实践中习得是高职教学方式的重要模式，培养高职学生是要他们掌握能力，而不是简单地验证理论。而目前在学校，实验是个薄弱环节。除了要拿出相当多的资金来建设实习实训基地，还应采取多种措施，在资源开发中注意理论与实践的结合，加大配套实习实训资源的开发，充分利用高职教育对多媒体和网络教学手段的良好适用性弥补硬件建设的时间和资金缺口。这样的教学资源不能仅仅是传统意义的一本书，或一些课程网页，而是一整套教学解决方案。

三是课程资源建设的个性化不足。我们应当看到，即使是培养相同的技术应用型人才，面向地区不同，培养需求也存在差异，资源建设必须要满足这些外在的多样化需求。另外，学生来源多样化，同一专业的学生也存在自身水平的层次差距，资源建设必须考虑到这些内在的差异。同时我们的毕业生有两条出路——升学和就业。这两种选择我们都应该尊重，在资源建设上也应当有所体现。满足多样化需求是高职教学资源体系建设的重要因素。提供给教师和学生的资源应该是可以让教师和学生进行个性化选择的，其信息应当是海量级的，其内容应当是经过教育和学习的锤炼与检验的，是集该领域教育教学成果之精华的。

因此，高职信息类课程资源建设需要从以下几方面入手：一是将现代化的信息技术和网络环境渗透到教学中，改变传统的教学模式，提高教与学的效果；二是打破时空限制，采用多元化教学手段，促进学生自主学习能力和自主创新能力的培养与提高；三是创设仿真实验环境与条件，节约实验成本，减少某些实验带来的安全隐患；四是为社会和行业相关的从业人员服务，提供自学参考与技术指导，提升高职院校的社会服务能力。

基于此，四川交通职业技术学院计算机工程系将课程资源建设的重点放在了网络化课程资源的建设和项目资源的建设上，目标定位在课程资源“云”的建设上，力求所有教学资源全部上网，充分发挥网络优势，便于学生、教师、管理人员以及合作企业通过网络获取所需资源。在此以软件技术专业为例，介绍软件技术专业的课程资源建设情况。

4.3.1 课程标准、校本学材、实训项目的建设情况

软件技术专业建成了6门校本特色教材和6门核心课程的课程标准，如表4-5所示。

课 程 资 源 列 表　　表4-5

序号	类　别	项 目 名 称	建设情况
1	优质核心课程	《Web程序设计》	完成
2	优质核心课程	《Java程序设计》	完成
3	校本教材	《数据库程序设计》	完成
4	校本教材	《软件测试》	完成
5	校本教材	《J2ME程序设计》	完成
6	校本教材	《交通行业系统分析与设计》(双语学材)	完成
7	课程标准	《Web程序设计》课程标准	完成
8	课程标准	《Java高级程序设计》课程标准	完成
9	课程标准	《数据库程序设计》课程标准	完成
10	课程标准	《软件测试》课程标准	完成
11	课程标准	《J2ME程序设计》课程标准	完成
12	课程标准	《数据结构》课程标准	完成
13	生产性问题资源库	软件开发生产性问题资源库	完成
14	实训教学项目	实训基地管理系统软件实训教学项目	完成
15	实训教学项目	CRM客户管理系统实训教学项目	完成
16	实训教学项目	交通信息化产品网上购物系统实训教学项目	完成
17	实训教学项目	移动版交通信息查询系统实训教学项目	完成

续上表

序号	类　别	项 目 名 称	建设情况
18	网站	ATOB 主题网站	完成
19	实训指导书	《Web 程序设计》实训指导书	完成
20	实训指导书	《Java 程序设计》实训指导书	完成
21	实训指导书	《数据库程序设计》实训指导书	完成
22	实训指导书	《软件测试》实训指导书	完成
23	实训指导书	《J2ME 程序设计》实训指导书	完成
24	实训指导书	《数据结构》实训指导书	完成

4.3.2 网络课程的建设情况

完成了 12 门网络课程的建设，为学生和社会人员提供网络学习平台，如表 4-6 所示。

网络课程建设列表　　表 4-6

序号	课 程 名 称	课 程 网 址
1	邮件服务器配置管理	http://dascom. svtcc. net/skills/solver/classView. do? classKey = 101886
2	Java 高级应用	http://dascom. svtcc. net/skills/solver/classView. do? classKey = 109765
3	可视化工具	http://dascom. svtcc. net/skills/solver/classView. do? classKey = 864461
4	数据库设计	http://dascom. svtcc. net/skills/solver/classView. do? classKey = 132352
5	三维制作——3DMAX	http://dascom. svtcc. net/skills/solver/classView. do? classKey = 145684
6	移动应用开发	http://dascom. svtcc. net/skills/solver/classView. do? classKey = 844607
7	网络安全管理与实现	http://dascom. svtcc. net/skills/solver/classView. do? classKey = 5970981
8	OOP-java programming	http://dascom. svtcc. net/skills/solver/classView. do? classKey = 973981
9	C 语言程序设计	http://dascom. svtcc. net/skills/solver/classView. do? classKey = 966672
10	Java 程序设计	http://www. svtcc. net/jpkc/jpkc/perCourse/
11	C + + 程序设计	http://www. svtcc. net/jpkc/jpkc/course/
12	面向. net 的程序设计	http://dascom. svtcc. net/suite/solver/classView. do? classKey = 95983&menuNavKey = 95983

4.3.3 综合实训平台的建设情况

以网络课程资源建设为基础，与北京中道致远公司合作，共同开发建设了表 4-7 所示的综合实训项目平台。这些项目均来自企业真实案例，学生利用这个综合实训平台，可按流程和步骤分组完成项目的开发与设计。

综合实训项目列表　　表 4-7

序号	名　称	序号	名　称
1	Windows 2003 网络实训 (. net 2003)	5	实训必选基础课 (ITBASE)
2	人事管理系统 (HRM)	6	快递运输管理系统 (EXP2008)
3	企业网站系统 (EWP)	7	网络办公平台开发项目 (. net OA 2008)
4	大学图书馆管理系统 (LIBRARYM)		

4.3.4 与国际接轨的项目建设

为培养学生掌握国际规范与标准的能力,四川交通职业技术学院计算机工程系与加拿大BCIT学院共同完成了近90个项目的建设。这些项目来自北美的工商业,对提高学生的项目开发能力起到了很好的锻炼与培养作用。表4-8所示为其中的某个案例。

PROJECT # W08-01 表4-8

COMPANY	Apparent Networks	DATE	1/08/10, re-submitted:
ADDRESS	#400, 321 Water St.	PHONE	604-433-2333 ext. 105 604-433-2333 ext. 123 86-028-82680518
	Vancouver V6B 1B9	E-MAIL	ljorgenson@ apparentnetworks. com, mvilcu@ apparentnetworks. com
CONTACT	Mr Loki Jorgenson	TITLE	Chief Scientist
	Marius Vilcu,	WEBSITE	apparentnetworks. com

BUSINESS PROFILE:

Apparent Networks develops network performance analysis and diagnostic software designed specifically for large enterprise, co-location companies, managed service providers (MSPs) and IT consultants involved in network infrastructure management. These organizations, faced with delivering greater availability and more services with reduced operating budgets are challenged to make the most efficient use of existing infrastructure and skill sets.

Apparent Networks is a mature start-up with just over nearly 50 employees across N. America, recently completing a $13.6 million series B round of funding.

PROJECT DESCRIPTION:

AppCritical™, the flagship product, measures network and their behaviors by sending very small bursts of packets across a network path and recording the effects on the packets. It measures network capacity, locates bottlenecks, isolates problems and determines why the problems occurred. It uses packet sampling and advanced mathematical calculations to achieve these results.

AppCritical characterizes the network in terms of maximum achievable throughput, utilization, jitter, and latency at the application level. Further, it can specifically identify the source of any detected degradation such that it can be quickly remediated.

ZipTie. org is a network element management system that is available as an open-source distribution. It allows end-users to manage network elements such as switches and routers.

By combining aspects of ZipTie with AppCritical, a demonstration of network awareness and automated remediation can be constructed. AppCritical can monitor and measure network performance, and identify when degradations appear. Ziptie can make changes to network elements that define performance. Thus, AppCritical can direct ZipTie to make changes to the network, verify them, and then either request them rolled back if performance is worse or unchanged, or log them as validated based on improved performance.

IMPACT OF SUCCESS:

Students will be expected to develop the concept for automated network remediation system using ZipTie and AppCritical's API. This will include whatever wrapper and interface code is needed to make them talk to each other. And construct a simple demo out of network gear that define a particular path, and may be constructed to contain a specified degradation.

This demonstration will offer the market insight into the potential of autonomic networking, and provide some direct experience into the specific challenges that need to be addressed by future products.

Negotiable. Likely will require some network gear that can be provided or sourced as needed. These would like include managed switches and any end-hosts required to define a path.

PROGRAMMING LANGUAGE:

Negotiable. This will be a research project with flexible constraints and deliverables. The first step of the project is to identify an optimal deliverable.

4.4 高职信息类专业项目体系的构建与实施

各专业紧紧围绕人才培养目标,结合"校企合作、工学结合"的办学思路,充分利用合作企业的优质资源,积极推进"双平台-双主线"人才培养模式。为培养学生综合职业技能及专业技能,各专业遵循学生认知规律和技能提升规律,结合企业项目案例,形成了各自的项目培养体系。

1)软件技术专业项目体系(Java 方向)

序号	学期	项 目 名 称	项目来源	支 撑 能 力
1	1	文字快速录入训练	学校或企业	打字、速记能力
2	1	制作个人求职书	学校或企业	Office 办公软件应用能力
3	1	编制工作流程图	学校或企业	Office 办公软件应用能力
4	1	个人情况展示与汇报 PPT 制作	学校或企业	Office 办公软件应用能力
5	1	公司电子板报设计	学校或企业	Office 办公软件应用能力
6	1	信息产业相关数据调查与分析报告	学校或企业	Office 办公软件应用能力
7	1	公司员工信息管理系统开发	学校或企业	Office 办公软件应用能力
8	1	单位员工津贴管理	学校或企业	逻辑编程能力
9	2	图书管理系统	学校或企业	运用 Java SE 编写桌面应用程序能力
10	2	运用 Applet 绘制一个电子时钟	学校或企业	编写带多线程的 Applet 程序的能力; 运用 Graphics 进行图形绘制能力
11	2	编写一款 C/S 聊天软件	企业	运用Java SE 实现C/S 网络通信的能力
12	3	新闻发布系统	企业	运用 HTML、CSS、JSP、Java Bean 开发简单 B/S 应用程序能力
13	3	全国计算机等级考试管理系统	学校	运用 JSP、Servlet、Java Bean 和 JDBC 开发 Java Web 应用程序的能力
14	3	驾校管理系统数据库设计	企业	数据库分析与设计能力
15	4	驾校管理系统	企业	运用 Struts、Hibernate、Spring 构建 Java Web 应用程序能力
16	4	航空售票系统 Android 版	企业	运用 Android 进行移动应用开发能力
17	5	大型购物网站设计	企业	系统分析与设计能力; 系统整合能力

2)软件技术专业项目体系(.net 方向)

序号	学期	项 目 名 称	项目来源	支 撑 能 力
1	1	文字快速录入训练	学校或企业	打字、速记能力
2	1	制作个人求职书	学校或企业	Office 办公软件应用能力
3	1	编制工作流程图	学校或企业	Office 办公软件应用能力

续上表

序号	学期	项 目 名 称	项目来源	支 撑 能 力
4	1	个人情况展示与汇报 PPT 制作	学校或企业	Office 办公软件应用能力
5	1	公司电子板报设计	学校或企业	Office 办公软件应用能力
6	1	信息产业相关数据调查与分析报告	学校或企业	Office 办公软件应用能力
7	1	公司员工信息管理系统开发	学校或企业	Office 办公软件应用能力
8	1	单位员工津贴管理	学校或企业	逻辑编程能力
9	2	Windows 资源管理器	自定	WinForm 控件使用、DirectoryInfo、FileInfo 类的使用
10	2	订单管理系统	自定	Windows 相关编程技术,使用 ADO. NET 对数据库数据进行添加、修改、删除和查询,能够实现团队协作开发
11	3	自行车销售管理系统	自定	使用 ASP. NET 标准服务器控件,使用 ASP. NET 验证控件,使用用户控件 UserControl,使用客户端回调技术,ASP. NET 的代码调试与跟踪技术,ASP. NET 的错误和异常处理技术,使用 ASP. NET 母版页完成站点统一布局,使用 Menu 控件完成站点菜单,使用 SiteMap 控件进行页面导航,使用 ASP. NET 技术开发一个系统原型,使用 ADO. NET 技术进行数据访问,ASP. NET 个性化技术、ASP. NET 主题技术、使用当前流行的支付手段技术进行支付
12	4	机票预订管理系统	企业	ASP. NET 网站的总体规划及设计,使用 ASP. NET 网页设计中的母板页、用户控件、主题、外观、WebService、WCF 等相关技术实现相应的功能
13	5	常驻与外来人口管理系统	企业	编写规范的需求规格说明书,使用 PowerDesigner 工具进行数据库建模,编写规范的概要设计说明书、规范的详细设计说明书
14	5	行政执法管理系统	企业	编写规范的需求规格说明书,使用 PowerDesigner 工具进行数据库建模,编写规范的概要设计说明书、规范的详细设计说明书

3)计算机应用技术专业项目体系

序号	学期	项 目 名 称	项目来源	支 撑 能 力
1	1	文字快速录入训练	学校或企业	打字、速记能力
2	1	制作个人求职书	学校或企业	Office 办公软件应用能力
3	1	编制工作流程图	学校或企业	Office 办公软件应用能力

续上表

序号	学期	项 目 名 称	项目来源	支 撑 能 力
4	1	个人情况展示与汇报 PPT 制作	学校或企业	Office 办公软件应用能力
5	1	公司电子板报设计	学校或企业	Office 办公软件应用能力
6	1	信息产业相关数据调查与分析报告	学校或企业	Office 办公软件应用能力
7	1	公司员工信息管理系统开发	学校或企业	Office 办公软件应用能力
8	1	单位员工津贴管理	学校或企业	逻辑编程能力
9	2	设计制作数码显示电路	学校或企业	电工电子技术应用能力
10	2	设计制作数字钟电路	学校或企业	电工电子技术应用能力
11	2	基于 Swing 技术开发学生管理系统	学校或企业	Java 项目开发应用能力
12	2	基于 Structure 框架技术开发自助旅游信息网站	学校或企业	Java 项目开发能力
13	3	加载触摸屏驱动并校准、测试	学校	嵌入式系统应用能力
14	3	设计一个以太网流量发生器	学校或企业	嵌入式系统应用能力
15	3	设计一个数码电子交警系统	学校或企业	嵌入式系统应用能力
16	3	使用 QT Creator 开发一个最基本的 MeeGo 程序	学校或企业	QT 界面设计能力
17	4	使用 Android 开发一个移动警务通系统	学校或企业	Android 移动应用开发能力
18	4	使用 Android 开发一个手机游戏	学校或企业	使用 Android 开发游戏能力
19	4	制作一个 U 盘或者门铃	学校或企业	电子产品制作与焊接能力
20	5	SMT 贴片机实践操作	学校或企业	SMT 工艺能力
21	5	利用物联网知识解析“手机一卡通”	学校或企业	物联网应用技术能力
22	5	基于 ARM 板的 GPRS 实验	学校	嵌入式系统应用能力

4)图形图像制作专业项目体系

序号	学期	项 目 名 称	项目来源	支 撑 能 力
1	1	文字快速录入训练	学校或企业	打字、速记能力
2	1	制作个人求职书	学校或企业	Office 办公软件应用能力
3	1	编制工作流程图	学校或企业	Office 办公软件应用能力
4	1	个人情况展示与汇报 PPT 制作	学校或企业	Office 办公软件应用能力
5	1	公司电子板报设计	学校或企业	Office 办公软件应用能力
6	1	信息产业相关数据调查与分析报告	学校或企业	Office 办公软件应用能力
7	1	公司员工信息管理系统开发	学校或企业	Office 办公软件应用能力
8	1	单位员工津贴管理	学校或企业	C 语言开发能力
9	2	素描基础训练	学校或企业	美术基础知识应用能力
10	2	春夏秋冬的色彩构成	学校或企业	色彩构成能力
11	2	数码照片后期处理	学校或企业	Photoshop 位图软件运用能力
12	2	海报招贴设计	学校或企业	Photoshop 位图软件运用能力
13	2	静态网站设计	学校或企业	Dreamweaver 网页设计软件运用能力

续上表

序号	学期	项 目 名 称	项目来源	支 撑 能 力
14	3	学校 360°全景摄影	学校	摄影能力
15		商业促销广告制作	企业	平面广告设计能力
16	3	“我的大学生活”专题片制作	学校	摄像及视频剪辑制作能力
17	3	“龟兔赛跑”插图设计	学校或企业	图形结构及矢量软件的运用能力
18	3	Flash MV 制作	学校或企业	Flash 动画软件应用能力
19	3	电子贺卡制作	学校或企业	平面设计与动画制作的综合能力
20	4	画册的设计与制作	学校或企业	排版与印刷能力
21	4	软件界面设计	学校或企业	平面设计综合能力
22	4	企业视觉识别系统	学校或企业	平面设计综合能力
23	4	三维虚拟校园建模	学校	三维建模能力
24	5	“女人与狗”音频制作	企业	音频处理能力

5)楼宇智能化工程技术

序号	学期	项 目 名 称	项目来源	支 撑 能 力
1	1	文字快速录入训练	学校或企业	打字、速记能力
2	1	制作个人求职书	学校或企业	Office 办公软件应用能力
3	1	编制工作流程图	学校或企业	Office 办公软件应用能力
4	1	个人情况展示与汇报 PPT 制作	学校或企业	Office 办公软件应用能力
5	1	公司电子板报设计	学校或企业	Office 办公软件应用能力
6	1	信息产业相关数据调查与分析报告	学校或企业	Office 办公软件应用能力
7	1	公司员工信息管理系统开发	学校或企业	Office 办公软件应用能力
8	1	单位员工津贴管理	学校或企业	C 语言开发能力
9	2	综合布线方案设计实训	综合布线工程技术	综合布线方案设计能力
10	2	综合布线工程施工技术实训	综合布线工程技术	综合布线工程施工技术能力
11	2	CAD 识图竞赛	建筑 CAD	对 CAD 基本功能的运用能力
12	2	用 CAD 绘制信息楼平面图	建筑 CAD	对 CAD 基本功能的运用能力
13	3	监控设备的安装与调试	安防系统	对监控系统的运用能力
14	3	门禁系统的安装与调试	安防系统	对门禁系统的运用能力
15	3	消防系统的安装与调试	消防系统	对消防系统的运用能力
16	3	照明与供电系统的设计	供电与照明技术	对照明和供电系统的运用能力
17	4	楼宇设备自动控制系统的调试	楼宇自动化系统	对整个楼宇设备的自动控制能力
18	4	电气控制系统的安装与调试	电气控制技术	电气系统的安装与调试能力
19	5	工程项目管理实训	工程管理	对工程项目的管理与控制能力

6)网络技术专业项目体系

序号	学期	项 目 名 称	项目来源	支 撑 能 力
1	2	认识 Cisco 路由器、交换机	Cisco System Inc.	路由器配置能力
2	2	通过 CONSOLE 管理路由器	Cisco System Inc.	路由器配置能力
3	2	熟悉路由器的各种模式	Cisco System Inc.	路由器配置能力
4	2	路由器的基本配置命令	Cisco System Inc.	路由器配置能力
5	2	Ping、tracderoute、telnet 的使用	Cisco System Inc.	路由器配置能力
6	2	CDP 命令操作	Cisco System Inc.	路由器配置能力
7	2	路由器密码恢复	Cisco System Inc.	路由器配置能力
8	2	路由器 IOS 维护	Cisco System Inc.	路由器配置能力
9	2	静态路由配置	Cisco System Inc.	路由器配置能力
10	2	静态路由、默认路由的配置	Cisco System Inc.	路由器配置能力
11	2	配置 RIP	Cisco System Inc.	路由器配置能力
12	2	RIP 环路避免的几种方法实验配置	Cisco System Inc.	路由器配置能力
13	2	RIP-2 路由协议定时器的配置	Cisco System Inc.	路由器配置能力
14	2	配置 EIGRP	Cisco System Inc.	路由器配置能力
15	2	EIGRP 自动汇总配置	Cisco System Inc.	路由器配置能力
16	2	单区域 OSPF 配置	Cisco System Inc.	路由器配置能力
17	2	多区域 OSPF 配置	Cisco System Inc.	路由器配置能力
18	2	标准访问控制列表	Cisco System Inc.	路由器配置能力
19	2	扩展访问控制列表	Cisco System Inc.	路由器配置能力
20	2	静态地址转换	Cisco System Inc.	路由器配置能力
21	2	动态地址转换	Cisco System Inc.	路由器配置能力
22	2	PAT	Cisco System Inc.	路由器配置能力
23	2	配置 PPP	Cisco System Inc.	路由器配置能力
24	2	PPP 封装 PAP 验证配置	Cisco System Inc.	路由器配置能力
25	2	PPP 封装 CHAP 验证配置	Cisco System Inc.	路由器配置能力
26	2	FRAME-RELAY 封装配置	Cisco System Inc.	路由器配置能力
27	2	路由重分发的配置	Cisco System Inc.	路由器配置能力
28	2	交换机 CLI 界面调试技巧	Cisco System Inc.	交换机配置能力
29	2	交换机的基本配置命令	Cisco System Inc.	交换机配置能力
30	2	交换机密码恢复	Cisco System Inc.	交换机配置能力
31	2	交换机端口与 MAC 地址绑定	Cisco System Inc.	交换机配置能力
32	2	VLAN 划分	Cisco System Inc.	交换机配置能力
33	2	相同 VLAN 的跨交换机通信	Cisco System Inc.	交换机配置能力

续上表

序号	学期	项 目 名 称	项目来源	支 撑 能 力
34	2	通过三层交换机实现 VLAN 间路由	Cisco System Inc.	交换机配置能力
35	2	通过路由器实现 VLAN 间路由	Cisco System Inc.	交换机配置能力
36	2	VTP	Cisco System Inc.	交换机配置能力
37	2	生成树协议	Cisco System Inc.	交换机配置能力
38	2	多层交换机静态路由配置	Cisco System Inc.	交换机配置能力
39	2	三层交换机 OSPF 动态路由	Cisco System Inc.	交换机配置能力
40	2	三层交换机 DHCP 服务器的配置	Cisco System Inc.	交换机配置能力

第5章 “双平台-双主线”人才培养模式下的教学管理与教学方法改革

5.1 “双平台-双主线”人才培养模式下的教学管理改革

完善的管理体制和运行机制是实现变革的有力保障。人才培养模式改革的有效推进依赖于相应的管理改革,只有这样才能保证改革的效率和效果。为推进“双平台-双主线”的人才培养模式改革与实施,四川交通职业技术学院计算机工程系推进了内部管理体制改革,将管理重心下沉,凸显教研室的地位与作用,以教研室为基层的管理与考核单位,承担人才培养的核心任务。

一方面,为适应新的人才培养模式改革和发展的需要,计算机工程系进一步理顺二级管理体制和运行机制,积极推进教学管理体制改革,推进教学管理规范化、流程化、标准化,下移教学管理重心,充分发挥教研室在教学管理、专业建设、课程建设、人才培养中的主体作用。依托学院“二级管理目标考核办法”,强化教学建设项目的常规建设和管理工作。充分吸纳教学改革过程中取得的经验和成就,结合院系两级教学管理体制改革的实际,对院系两级教学规章制度进行衔接、补充或修订。近年来,先后出台了项目全程贯穿实施方案、学生创业助学基金管理办法和学生巡回联赛竞赛机制等,修订和完善了二级管理办法、教研室管理办法、专业负责人管理办法、工作室运行机制与管理办法等。

另一方面,强化管理文化建设。通过对管理者的责任意识、服务意识和教学管理能力的培养,强化“系荣我荣”的主人翁观念,使教研室成员对本专业或方向的发展有强烈的责任感、主动意识和敏锐的市场观察能力。教研室作为系级的教学管理单位要发挥主观能动性,主动开展前瞻性、对策性教学改革,同时规范每一个教学环节、教学活动和教学文件,强化教学过程和教学资源建设,以各个阶段的项目为依托,切实将提高人才培养质量贯穿于日常教学和工作之中。

5.2 “双平台-双主线”人才培养模式下的教学组织变革

“双平台-双主线”人才培养模式是一个从理念、方案到实施的全面改革过程。课程体系的变革以及教学方法的改革需要在相应的教学组织形式下才能实现。因此,教学组织的变革是“双平台-双主线”人才培养模式改革的重要内容。在新的人才培养模式下,教学的组织实施主要由与市场技术和知识同步的教学、项目实践、校外教学组织实施构成,形成以夯实知识和能力为基础,以项目实践、顶岗实习为手段,以高质量就业为目标的教学组织与实施方案。

1)校内教学组织实施

校内的教学组织主要围绕人才培养方案中的课程体系实施,在校内各个学习训练区实施“理实一体”教学,在教学过程中,运用多种有效的教学方法和教学手段,旨在提高学生的学习主动性和积极性,让学生由被动学习转变为主动获取知识,充分激发学生的学习欲望。

2)项目实践

按照“循序渐进的能力培养突进路线”所涉及的各阶段项目实施教学，即学生一进校便随机分成10个人一组的项目团队，在外聘教师及专职教师的指导和引领下完成每学期的项目实践，打破传统教学只在教室或实训室进行的方式。在项目实施过程中，通过教师的引导实施教学，实现人才培养，让学生在一个个项目实践中培养团队协作精神、沟通意识以及技术文档的撰写能力和职业能力。

3)校外教学组织

校外教学组织主要通过学生半年的顶岗实习实施教学。顶岗实习是人才培养方案中的一个重要环节，这一环节改变了教学实施地点、实施方式和模式，让学生在企业真实的岗位上学习和提高，对学生了解企业文化，掌握行业规范和标准，以及培养自身的职业素质、职业能力起到锻炼作用。在顶岗实习过程中，教师的教学行为主要以指导和辅导为主，教师也由校内校外指导教师同时构成。

当然，教学组织不仅是一种形式，教学组织的具体实现需要教师的教学艺术作为支撑。只有高效的教学组织才能通过各种途径和渠道有效将知识和技能传递给学生，让学生的能力得到提升。在校内外教学组织和项目实践过程中，应在不同的教学组织形式下，充分考虑以下几方面内容：

一是分析学生特点，因材施教。孔夫子在两千多年前就曾讲过“有教无类”。了解每位学生的特点、基础水平、技术特长、性格爱好等，有利于教学和项目的实施，并分配适合他们的任务。

二是创设恰当的教学情境。在基于工作过程的思想指导下，将传统的教师“教”、学生“学”的教学组织方式，转变为教师引导、学生主导的教学组织方式。在整个教学过程中，教师充当导演的角色，而学习方案和解决方案的制订，方案的实施与验收都由学生自己完成，教师只是引导和指导。教师必须根据教学内容创设恰当的、循序渐进的教学情境，通过不同的教学情境将教学内容关联起来，更好地实施教学。

三是教师和学生的角色定位。在整个教学实施过程中，要明确好教师与学生的角色定位，不同的教学情境下角色有所不同。注意区分教与学、项目经理与项目实施人员的角色与各自的对应关系。

5.3 “双平台-双主线”人才培养模式下的教学方法改革

5.3.1 “双平台-双主线”人才培养模式下教学方法变革的基本原则

高职教育的人才培养目标内在地决定了高职教育的教学方法有别于普通高等教育。高等职业教育的教学一方面要使学生牢固和坚实地掌握必备的基础理论知识，即理论知识以必需、够用为度；另一方面，要体现以能力为本位的培养目标，重在培养学生的实践动手能力、学习能力及可持续发展能力。在“基于工作过程”的课程体系下，需要有对应的教学方法，才能有效实现课程目标。

在“以人为本”的理念下，围绕高职教育的人才培养目标，其教学方法和教学手段的改革需要遵循以下六个原则：

1)有利于发挥学生主体作用和教师主导作用的原则

要着力培养学生的职业能力和可持续发展能力,必须要充分发挥学生学习的主动性,这就要求在教学过程中打破以教师为主体的传统教学方式,摒弃“填鸭式”的满堂灌模式,坚持以学生为主体,教师主要起引导作用。特别是在全程贯穿的“项目”路线下,教师成为教学情境的设计者,教学任务的提出者,学生是具体任务完成的实施者,是教学活动的主要参与者。通过任务驱动、项目引导、案例剖析等多种教学方式的结合,鼓励学生主动思考,激发学生的学习积极性,发挥其主观能动性,培养学生积极思考、主动解决问题的能力。

2)有利于培养学生学习能力的原则

何谓学习?即学会学习。俗话说,授之以鱼,不如授之以渔。高职教育一方面要实现培养高素质技能型人才的培养目标,另一方面还要培养学生的可持续发展能力。因此,在教学过程中,要引导学生树立终身学习的意识,让学生通过网络资源、技术手册等多种方式获取所需的知识和信息,培养学生分析问题、利用多种渠道获得信息并处理问题的能力。同时,还要加强学习方法的训练,全方位提高学习能力。

3)有利于培养学生团队协作能力的原则

学生首先是一个社会人,与他人协作是现代社会对每个社会成员所提出的基本要求。特别是对于高职信息类专业而言,其工作性质决定了这类人才必须要具备很强的团队合作能力,才能高效和创造性地工作。因此,在信息类人才培养阶段,高职教师在教学实施过程中,应通过分组讨论、头脑风暴、小组协作等方式有意识地培养学生的团队协作能力,提升就业竞争力。

4)有利于培养学生创新能力的原则

高职高专教学中,对技能的掌握、继承与创新是最基本的要求。教师在教学中要注重培养学生的创新精神,尤其是对 IT 专业的学生而言,创新能力尤为重要。创新教育要突出教学过程的综合性、开放性,注重教学中学生的参与性、实践性,尊重和激励学生掌握技能的主动性。在教学过程中,要通过多种方式培养学生善于提问、敢于质疑、敢于发表与众不同见解精神,以及创新精神和创新能力。

5)有利于学生个性发展的原则

高职高专的学生来源具有多样性、多元性的特点,必须坚持“因材施教”的教育思想,遵循学生个性发展的要求,有效改革教学方法和教学手段,落实“以人为本”的理念,最大限度地挖掘和培养学生的潜能,促进学生个性和能力的全面综合发展。

6)有利于培养学生可持续发展能力的原则

当前,人类社会正进入了以知识创新和应用为重要特征的知识经济时代,科学、技术与社会的飞速发展对高职教育是否能培养出合格的高素质技术人才提出了新的挑战和更高的要求。为了适应日新月异的社会发展对技术人才的要求,高职院校需要培养具有自我获取知识能力、更新知识能力的创新型的可持续发展人才。不仅要针对岗位群需要培养学生胜任该岗位的能力,还要兼顾学生长远的发展,为其终身发展奠定基础。因此,终身教育的理念应贯穿教学的始终,培养学生终身学习的意识和能力,掌握自学的方法,为学生的长效可持续发展奠定基础。

当然,教学方法和手段改革不是孤立的,是随课程内容和课程体系改革而不断变化的,是为培养目标的实现服务的。因此,需要从教学条件、教学设施、考核方式等方面综合考虑。

5.3.2 “双平台-双主线”人才培养模式下教学方法变革的主要方法

结合高等职业教育教学的特点，主要通过以下几种教学方法推动“双平台-双主线”人才培养模式的实现。

1）MCLA（基于榜样）教学法

MCLA 是一种基于榜样的学习方法，全称为 Model Centered Learning Architecture，它是印度 NIIT 公司提出的一种在专家引导下的独立解决实际问题的科学学习方法。学生在教师的引导下，遵循螺旋式的学习和认知规律，逐步培养独立解决实际问题的能力。一次完整的教学过程有以下四个步骤：

（1）教师引导。教师作为问题情境的设计者，进行解决问题技巧的示范及有关技术知识的传授和特定实例的列举等。教师在用系统的方法完成各项任务、解决所提出的问题时，学生在一边观察、思考。

（2）引导实践。学生在已获得的知识基础上，解决一个上述教师所演示的类似的或更复杂的问题，将学到的概念付诸应用，从而得到更好地巩固。

（3）引导探索。这一步是学生运用所学概念的准备工作的一部分，学生将通过查找各种相关信息（如从图书馆或互联网获得所需的技术参考资料等）辅助解答更新的问题。这有助于学生提高在技术探索方面的技能，并成为一种根深蒂固的习惯，终生在竞赛中处于领先状态。在瞬息万变的 IT 工业界，探索和吸取新知识的能力对于保持最新的技能、自信、判断力都是至关重要的。

（4）独立实践。在这一阶段，学生已经可以自信地实施并验证自己解决问题的方案。独立实践的完成可以使学生产生极大的信心，同时获得独立解决下一个问题的能力。

整个教学过程先从“做”开始，以一个贴近现实生活的实际问题的提出为教学的开始，并且提出相应的解决方案。在实施解决方案的过程中，如遇到问题，再以此问题为基点去学习专业理论，在“做中学”，从而打破现有教学方法中的从理论到实践的“学中做”的方法。

2）任务驱动教学法

“任务驱动教学法”是基于建构主义学习理论的一种教学方法。它强调学生要在真实情境中的任务驱动下，在探索任务和完成任务的过程中，在自主学习和团队协作的环境下，在讨论和会话的氛围中，进行学习活动。这样学生不仅能学到知识、提高技能，还能培养实践动手能力，提高探索创新精神。学生在完成任务的过程中始终处于主体地位。教师的角色是学习情境的创设者、学习任务的设计者、学习资源的提供者、学习活动的组织者和学习方法的指导者。“任务驱动教学法”给学生提供了充分的自由，使学生成为学习的主体，改变了“教师讲、学生听”的传统讲授型教学模式，创造了以学定教、学生主动参与、自主学习、团队协作、探索创新的新型学习方式。

任务驱动教学法的适应性主要表现在以下几方面：

（1）探究教学策略。

在实践中发现，学生感觉编程类课程枯燥乏味，光凭教师的讲解难以理解，许多知识点抽象空洞，不能和实际应用结合起来，学习没有兴趣。而任务驱动的教学方法能激发学生学习的积极性和主动性，提高课堂教学的效果，帮助学生熟练掌握和运用知识。教师以任务链的方式合理呈现任务，并有效地组织学生合作交流，使学生通过自主活动建构知识和完善自己认知结构。这一有效的教学策略为:任务提出→自主探索、合作交流→引入知识点→任务解决。

(2)创设任务情境,激活学习积极性。

如何提高学生学习的积极性和主动性?如何将枯燥的编程知识与实际应用及开发结合起来?笔者通过实践分析发现,通过任务驱动的教学方式可以提高学生的学习积极性和思考问题的主动性。在这种任务驱动的教学方法下,学生通过自主探索与合作交流,可以提高自身分析问题与解决问题的能力。通过师生互动,在角色平等中共同进步,通过多方互动在多方协助中成长。结合所要讲授的知识点,授课教师可创设相关知识点所对应的任务情境,以某个人物角色贯穿整个任务情境,使学生感觉问题贴近现实生活,能够学以致用。

(3)以项目驱动的方式融合课程所需知识点,形成支撑课程的知识链。

通过任务驱动的方式引入知识点的讲授,以项目驱动的方式融合所讲授的知识点,将分散的知识点串成知识链。在课程的知识点讲授的同时,让学生分组分工完成一个综合项目——例如猜数游戏、“酒店管理系统”、“航空公司客户管理系统”等的设计与实现,在具体任务的解决过程中,培养团队协作、沟通能力以及对知识的理解和运用能力。

3)项目教学法

项目教学法就是在教学中,教师组织学生真实地参加项目设计、实施和管理的全过程,共同完成教学任务。实际上就是以实际的教学项目为媒介,先由教师对项目进行分解,并作适当的示范,然后让学生分组围绕各自的学习项目进行讨论、协作学习,分工完成项目,最后以共同完成项目的水平与程度评价学生是否达到教学目标的一种教学方法。项目教学法中的项目具有以下特点:

(1)一般情况下,项目教学法中采用的项目大都是真实的,来自企业一线的生产项目,具有一定的应用价值,与企业生产过程有一定关系。

(2)该真实项目能与某一教学内容关联起来,综合了有关的理论知识和实践技能。

(3)学生在该项目教学法实施的过程中有独立制订项目计划并付诸实施的机会,在一定时间范围内,在教师的指导下,可以自行组织、安排自己的学习行为,通过学习能提供具体的成果展示。学生学习过程所遇到的困难,可以通过咨询教学、查阅有关文档、借助网络资源等方式寻求解决方案,以此培养获取知识和信息的能力以及解决问题的能力。

(4)项目教学中,学习过程体现的是一个人人参与的创造性实践活动,教师的考核以项目过程为重,而非最终的结果。

与传统教学法相比,项目教学法有比较明显的优势,具体如表5-1所示。

项目教学法与传统教学法比较 表5-1

比较项目	传统教学法	项目教学法
教学目标	传授知识和技能	运用已有和新学的知识、技能解决实际问题
教学形式	以教师为主体,学生被动学习	学生为主体,教师为主导
教学条件	教室+机房	理实一体实训室,做中学、学中做
交流方式	主要是教师单方面的讲授、提问,学生被动回答问题	双向互动学习
参与程度	学生听从教师安排,被动学习	学生有兴趣积极主动学习,由“要我学”,变为“我要学”
考核方式	注重结果考核	注重过程考核
特色	教师发现学生不足,补充授课内容	教师利用学生的优点实施教学活动

5.3.3 “双平台-双主线”人才培养模式下教学方法变革的典型案例

高等职业教育培养高素质技能人才的培养目标,以及基于工作过程的课程体系决定了教学方法须满足“学中做、做中学”的需要,实现做学合一。由此,四川交通职业技术学院计算机工程系从教学环境和教学方法两个方面入手,按照“理实一体、做学合一”的思想规划和建设学习训练区,推动教师在理实一体教学中大胆改革教学方法、教学模式和考核方式。以下就是计算机工程系部分教师所实施的教学方法改革的案例。

1)MCLA 教学法在教学中的实践与成效

MCLA 教学法充分体现了以学生为主体、教师为主导的教学思想,对提高学生在教学活动中的参与度有其独特的作用。为了全面提高计算机专业课程的教学质量,四川交通职业技术学院计算机工程系将 MCLA 法应用于计算机专业课的教学中,收到了良好的教学效果。下面,以 Java 程序设计这一教学单元为例,谈谈 MCLA 教学方法的应用与实践。

(1)创设问题情境,教师引导教学。

在传统的教学方法中,以教师讲授大量理论知识为主。MCLA 教学方法注重情境的设置,在第一环节,教师结合现实生活中出现的实际问题作为案例,并创设相应的问题情境,引导学生去思考、学习。例如,在事件处理教学中,教师结合邮箱注册、邮箱登录、游戏登录中如何获取输入的账号及密码等现实问题作为案例引入,激发学生的好奇心,调动学生学习的积极性。

【情境 1】 在与计算机进行交互的过程中,计算机如何识别我们从文本框输入的信息?在交互过程中,计算机如何响应鼠标、键盘等操作?请设计如图 5-1、图 5-2 所示界面,实现单击按钮后,可捕获到文本框输入的值,并且在界面上显示出来。

图 5-1

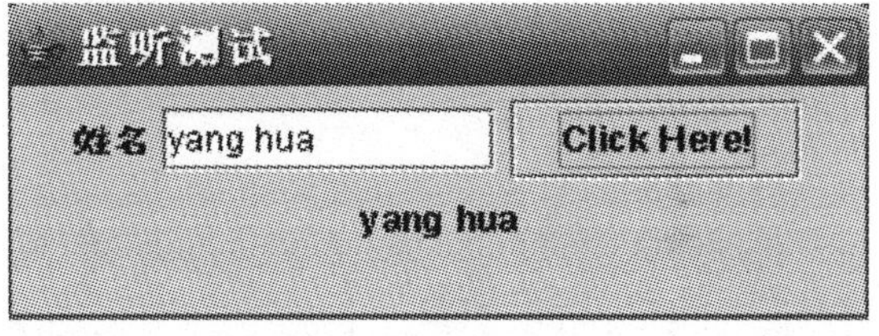

图 5-2

问题提出后,教师按照计划、实施、验证的步骤逐一向学生演示问题是如何得以解决的。在每个过程中,教师都以问题驱动的方式引导学生主动思考,如:如何做到在你点击按钮后,文本框中输入的信息会显示出来?通过什么方式获取文本框中输入的信息?在问题逐一解决的过程中,在学生逐步思考的过程中引入事件处理、文本框的相关属性等知识,帮助学生对难以理解的概念一步步形成感性认识。

在运用 MCLA 教学方法过程中,建立案例和创设情境需要注意以下几点:

①案例内容要循序渐进,由易到难,遵循学生的认知规律,以利于学生学习和提高实践操作与实际应用能力;

②案例要有连贯性,能有机地联系前期课程的知识和后续要学的知识;

③案例要有实践性,创设的问题情景要贴近现实生活,切合实际;

④要有创新性和乐趣,即除了能激发学生的学习兴趣外,还要留给学生一定的创新空间,以利于培养其创新意识。

总之,创设的案例和情境要符合现实,要符合学生的认知规律,融教学内容于案例之中,引导学生获取知识、探求知识、运用知识、解决问题。

(2)进一步分析案例的解决方法,引导学生实践。

学生在已获得的知识及已具备实践技能的基础上,自主解决类似的或更复杂的问题,可以将学到的知识付诸应用,充分调动主动参与问题解决的积极性,还能更好地巩固所学知识。可通过以下案例实施这一阶段的教学:

【情境2】 在网上申请账号的时候,通常都要求输入预设密码,并且进行两次输入密码是否一致的验证。试设计一用户注册界面,实现注册时两次密码输入的验证过程,如图5-3所示。

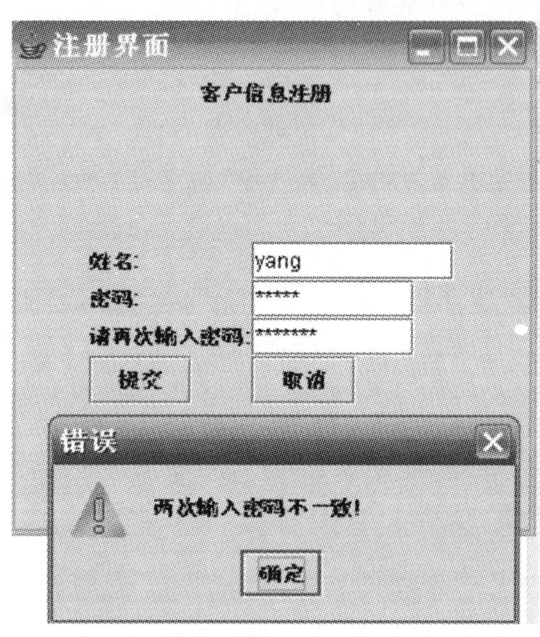

图 5-3

在MCLA教学方法中,采取“计划—实施—验证”的步骤解决所提出的问题,以获得相应的解决方案。在此过程中,教师的作用仍然是引导学生思考、实践以及传递技术知识、示范解决问题的技巧、列举某些特定实例,帮助学生加深对事件处理、文本框属性等基本知识和概念的掌握,以及学习针对案例进行分析,制订解决问题的计划步骤,引入与所学内容相关的企业应用实例。学生在教师的引导及提示下,通过典型的实例和已掌握的知识、已具备的技能,参照教师帮助设计的“计划—实施—验证”的步骤进行实践,最终解决实际问题。通过这一阶段的学习,学生不仅能够掌握新的知识和解决问题的方法,还能巩固已有知识,并能提高自己运用知识解决实际问题的能力,达到举一反三、触类旁通的目的。

(3)引导学生探索,解决更复杂的案例。

通过前两个阶段的实践,学生对知识的理解及技能的掌握都有一定提高,教师在这一阶段的作用由引导思考、实践变为引导探索、参与讨论,培养学生借助工具查阅资料的能力。学生则由在教师引导下的思考、实践变为更多地由自己进行解决方案的探索与实践。学生要逐步提高自己的学习能力,养成不断学习,不断提高专业技术水平,在所学领域不断探索的习惯。同时要掌握运用各种工具和信息资料(如书籍、帮助文档、开发手册以及Internet上的信息等)查阅信息,探索和吸取新知识、新技术的方法,并最终运用到问题的解决中。可设计如下案例:

【情境3】 在DAZA航空公司的客户管理系统中，需要设计如图5-4所示界面，并通过相应的操作实现对客户信息的查询、增加、删除和修改。

在教师的引导与帮助下，学生需要通过查阅Java帮助文档或其他参考资料，找到在Java编程中如何建立与数据库的连接，实现对数据库的增、删、改、查的访问操作。

(4)独立实践。

在这一阶段，学生已经可以自信地实施并验证自己的方案了。独立实践的完成可以使学生产生极大的信心，同时获得独立解决下一个问题的能力。该阶段设计的情境如下：

【情境4】 在游戏程序中，通常我们都可以通过键盘上方向键的操作控制人物或对象的移动，试从图5-5的小战车开始，通过键盘的方向键操作实现小战车的上下左右的移动。

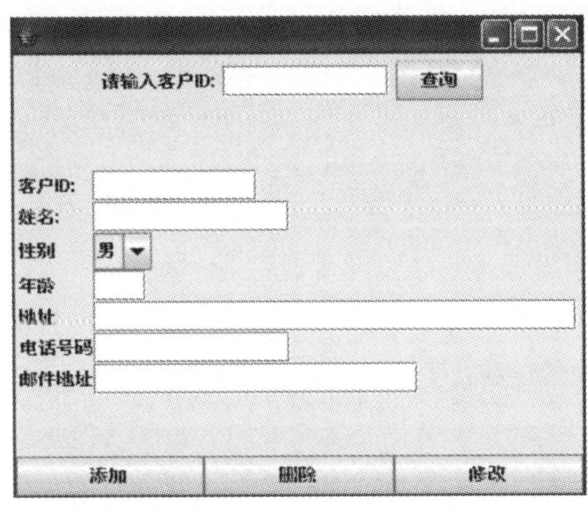

图 5-4

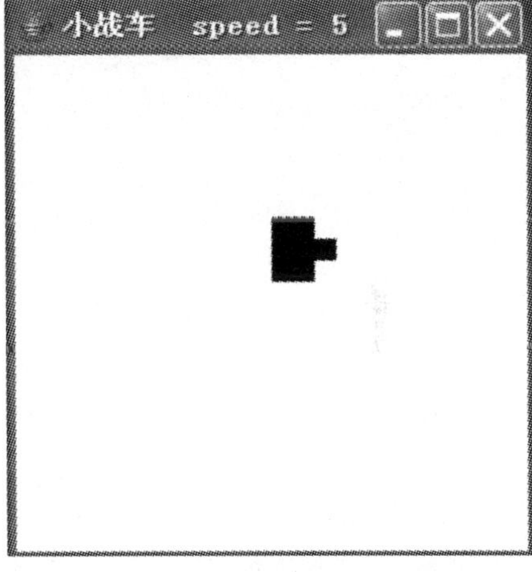

图 5-5

经过上述三个阶段的学习与实践，学生已逐步建立了解决问题的自信与解决问题的能力。在这一阶段中，学生需要独立查阅资料，与教师交流讨论，按照“计划—实施—验证”的过程自行设计问题解决的计划步骤，按照问题解决的计划实施，最终解决该问题。在问题解决的过程中，学生的自信渐渐树立起来，对知识和技能的掌握也由生疏到熟练，同时也激发了学生对解决下一个问题的兴趣。

2)任务驱动教学法实施案例

下面以程序控制结构这一单元的教学为例，阐述任务驱动教学法的具体实施。

(1)任务提出。

教师创设一问题情境，通过编写游戏的方式，激发学生兴趣，引入需要学生掌握的程序控制结构的知识介绍。

【问题情境】 用Java语言编写一个猜数字的游戏，由计算机随机产生一个100以内的整数，让用户去猜。如果用户猜的比计算机大，则输出“大了，再小点！”，反之则输出“小了，再大点！”，用户总共只能猜10次，并根据用户正确猜出答案所用的次数输出相应的信息，如：只用1次就猜对，输出“你是个天才！”；6次以内猜对，则输出“还将就”；8次才猜对，输出“过关了，不过还要努力！”；如果10次还没有猜对，则游戏结束！

(2)自主探索、合作交流。

在该环节，学生被分成若干小组，分别对已有知识的掌握进行自主探索，分组交流，找出该问题的解决方案。学生得出需要用到的知识结构如下：

循环控制结构,用于控制输入的次数不超过10次,每次输入与计算机产生的数进行比较;

条件判断结构,用于判断输入的数是否与计算机产生的数一致;

条件判断结构,用于判断输入的次数是否为小于2,大于2同时小于6,大于6同时小于8,大于8同时小于10,以此显示对游戏者的评语。

(3)教师点评,并引入知识点。

在解决该问题的过程中,需要用到程序控制结构中的循环控制以及条件判断结构。由于游戏者输入的次数只有10次,建议用for循环实现游戏次数的控制。判断游戏者是否猜对以及对其的游戏评语可以用if-else语句及其嵌套实现判断操作。

(4)问题解决。

通过学生的自主交流、探索与教师的点评,得出该游戏的解决方案:

```
import java. util. * ;
import java. io. * ;
public class CaiShu{
public static void main(String[ ] args) throws IOException{
Random a = new Random( ) ;
int num = a. nextInt(100) ;
System. out. println( "请输入一个 100 以内的整数:" ) ;
for (int i =0;i < =9;i + + ){
BufferedReader bf = new BufferedReader( new InputStreamReader( System. in) ) ;
String str = bf. readLine( ) ;
int shu = Integer. parseInt( str) ;
if (shu > num)
System. out. println( "输入的数大了,输小点的!" ) ;
else if (shu < num)
System. out. println( "输入的数小了,输大点的!" ) ;
else {
System. out. println( "恭喜你,猜对了!" ) ;
if (i < =2)
System. out. println( "你真是个天才!" ) ;
else if (i < =6)
System. out. println( "还将就,你过关了!" ) ;
else if (i < =8)
System. out. println( "但是你还……真笨!" ) ;
else
System. out. println( "对你……无语了!" ) ;
break;}
} } }
```

传统教学法与任务驱动教学法在该内容上的教学比较如表5-2所示。

传统教学法与任务驱动教学法实施比较 表 5-2

传统教学法的教学设计及实施			任务驱动教学法的教学设计及实施		
教学实施过程	教师活动	学生活动	教学实施过程	教师活动	学生活动
1. 知识传授——引入程序控制结构的概念，介绍程序控制结构的分类 C 语言有九种控制语句，可分成以下三类： ①条件判断语句 if 语句，switch 语句 ②循环执行语句 do while 语句，while 语句，for 语句 ③转向语句 break 语句，goto 语句，continue 语句，return 语句	讲授	听讲	1. 提出任务——通过猜数游戏创设本次课的情境以及需要解决的任务	提出需要解决的任务	接受任务
2. 分别详细介绍 if 语句、while 语句、do-while 语句、for 语句、case 语句等的语法	讲授	听讲	2. 自主探索、合作交流	引导学生探索解决该任务需要哪些知识作支撑	自主学习，探索需要用到的知识点，分组讨论通过探索得出的解决方案
3. 举例——以 if 语句为例，通过一个小程序介绍 if 语句的用法 输入两个整数，输出其中的大数	讲授，给出参考代码	听讲、记笔记	3. 教师点评，并引入知识点	点评各小组的解决方案，引入相关知识点的介绍	思考并对比各自的解决方案与教师提供的解决方案的差异
4. 作业布置——分别用 while 语句、do-while 语句、for 语句实现从 1 到 100 的各数相加的和，并输出结果	指导	完成代码编写任务	4. 任务解决	给出具体的解决方案	讨论其他的解决方案
学 习 效 果			学 习 效 果		
教师主要以知识的讲授为主，学生被动的接受这些知识，并不明白所学内容与实际的联系，感觉知识内容枯燥乏味，机械运用教师所讲授的方法解决问题			学生成为教学实施过程的主体，从情境的创设和问题的提出引发学习兴趣。教师在整个过程中起引导的作用，充分发挥学生自主探索的能动性。学生通过自己的探索和分组交流以及教师的点评掌握所学内容，分析问题、解决问题以及自主学习的能力得到大大提高		

5.3.4 “双平台-双主线”人才培养模式下教学方法变革的成效分析

结合软件技术专业及专业群建设中的课程改革，计算机工程学在教改试点班级的计算机专业课中实施了 MCLA、项目教学、任务驱动等教学方法，无论教师还是学生都体会到了与传统的满堂灌、填鸭式教学方法的差异。这种基于工作过程和工作流程的任务驱动、项目引导的“做中学”的教学方法，充分体现了学生在教学实施过程中的主体地位和教师的主导地位，学生的主观能动性得到了最大发挥。由于学生的角色发生了变化,由被动的接受枯燥的概念及知识变为主动的获取和探究知识概念并付诸实践,学生的学习积极性明显提高,其分析问题、解决问题、探究知识及创新能力都得到了较大提高,教学质量显著提高。当然,这对教师提出了更高的要求,不但要求教师具有丰富的实践经验和教学经验,能引用合适的案例,创设恰当的情境进行教学,还要求教师转变角色、教学观念和方式,成为学生学习的组织者、引导者。

经过两年的教学试点改革,“理实一体、做学合一”的教学方法改革收到了良好的效果,教师的教学理念有了较大的转变,学生主体、教师主导的教学观得到了切实的落实。

1)教师的教学引导作用主要体现在

(1)创设适宜的学习情境;

(2)帮助学生设计恰当的学习活动;

(3)引导学生有效利用学习资源;

(4)帮助学生对自己的学习过程进行评价反馈;

(5)帮助学生找到自己的差距与学习目标。

由此,教学的中心由教师的教转变为学生的学,由教师的讲转变为学生的做。整个教学过程以解决问题为主线,贯穿着学生探索解决方案的过程。在教学过程中,学生作为学习的主人,可以充分地自主学习,民主地发表自己的见解,勇敢地提出质疑,平等地相互交流,积极建构自己的认知结构。

2)学生学习方式的转变

情境学习理论认为,有用知识的获得必须镶嵌在相关或“真实”的情境中。它强调情感和活动相互联系所产生的教学价值。教学过程中创设的各种学习情境为学生的合作交流提供了空间。从教学实践来看,学生的学习方式在以下方面发生了转变:

(1)从被动接受知识变为主动探索知识和经验;

(2)学生所学的知识从枯燥乏味向有趣、有意义转化;

(3)学生在教学中的地位由非主体向主体转化;

(4)学生在教学中从单一的理论知识学习向多元的情境学习转化。

可以看出,在“理实一体、做学合一”的教学方法实施过程中,师生、学生间营造的是一种融洽的、高效的研究氛围。学生在这种和谐的环境中大胆、积极主动地发表自己的认识和见解,主动学习意识和团队合作意识增强,有效地促进了教学效果的提高。

第6章 "双平台-双主线"人才培养模式下的教学质量监控与评价体系建设

6.1 高职教学质量监控与评价的现状

作为高等教育中一种特殊类型的教育，相对于普通高等教育，高等职业教育有其自身的特点。高职院校人才培养的最终目标是是否培养出能满足市场和社会需求的学生，即让学生走出校门成为一个社会人，同时也是职业人，因此，职业能力培养成为高职教育教学的核心目标。所谓职业能力，是人们成功地从事某一特定职业活动所必备的一系列稳定的、综合的个性心理特征。弗兰西斯·培根说："各种学问并不是把它们本身的用途交给我们，如何应用这些学问乃是学问以外的、学问以上的一种智慧"，这种智慧实际上是一种应用知识解决问题的能力，这也是高等职业教育考核教学质量的重要指标之一。随着高等教育规模的不断扩大，如何保证教学质量逐渐成为人们关注的焦点。许多国家都采取相应措施确保高等教育的质量与水准，教育评价就成了一项重要措施。教育评价对教育的发展和改革，对教育的管理与决策，都有着至关重要的作用，倍受各国教育界和政府部门的重视。其中，教学质量评价尤为重要。

1）教学质量评价的形式

国际上对教学质量测评的方式主要通过学生评教的方式进行。英国体现的是结果导向的评价机制，加拿大不列颠哥伦比亚理工学院（BCIT）根据学生对教师的评价及学生毕业后用人单位对学生的工作质量评价结合进行教学质量的评价。不同国家对教学质量测评的方式不完全相同，但作为理工技术学院或社区学院，注重的是学生的职业能力的培养，因此除了评价学生在校内教学与实践的质量而外，对毕业生工作质量的测评结果也就成为反映教学质量好坏的一个重要因素。

（1）评价主体。

目前，就校内评价而言，依据不同的评价主体，我国高职院校主要通过以下几种形式实施教学质量评价：

①督导听课。

学校成立由经验丰富的教师组成的专门督导机构，对教师进行听课、评课等活动，通过听课发现教师在授课过程中的不足，帮助他们改进提高。这种评价方法较为客观，对教师个体的发展和小范围的教学质量有很强的针对性，但由于听课时间有限，范围较窄，形成的改进性意见的普适性不强，评价结果也存在一定的偶然性，因而对学校整体教学质量的把握在一定程度上存在偏差。

②同行评价。

同行评价是指由校内或系部老师间就教学目标、教学方法、教学组织等方面作出相互评价。这种评价方式是同行间以平等的身份参与评价，有助于同行之间的相互学习和借鉴，也容易发现问题和改进问题。建立经常性的同行听课和观摩制度有利于提高评价质量，有助于教师之间的取长补短、共同提高。但这种评价方式也存在主观性太强，容易受教师间的人际关系的影响，评价结果往往难以反映教师授课的真实水平，可信度不高。

③学生评教。

在“以人为本”的思潮推动下，“以学生为本”的教育理念逐渐得到认可并大力推行。“以学生为本”的显著体现就是学生主体地位的提升和主体作用的充分发挥。在教学质量评价中，学生是评价的主体之一，具有按照指标对教师的教学质量进行评价的权利，学生的主人翁地位得到显著体现。从根本上讲，学生是学习的主人，教育的发展状况、教育的质量最终反映在学生的发展上。学生与教师共同处于教学一线，对教师教学具有最直接、最深刻、最真实的体验，对教学质量最有发言权。同时有研究表明，学生评教这一方法既花费不大且有相当的可信度，它的信度范围通常在0.8～0.9之间；在学生对教师评价与学生学习成绩之间相关系数较高的情况下，它的信度系数可望更高。因此，学生评教自20世纪70年代以来一直为世界许多国家所重视。

然而，由于学生自身的评价能力以及学生的主观情感因素，在一定程度上导致评价的数据失真，对评价结果造成影响，需要从技术上解决。从技术上讲，由于参与学生评教的人数多，样本量大，对一些失真数据进行过滤、处理后，得到的评价结果的可信度是最高的。

(2)评价手段。

就评价手段而言，目前主要有手工评价和网络评价两种。当前，绝大多数院校采用的教学质量评价方式还停留在手工阶段，数据统计分析误差较大。因为学生评教的工作量大，数据统计繁杂，很多学校又采用了抽样调查的方式进行教学质量评价，这也会对评价结果产生一定影响。现在各院校都具备较好的硬件条件及网络环境，如何充分利用学校现有的资源，将教学质量评价的整个过程放在校园网或Internet上进行，信息的采集及评价结果的发布均通过网络进行，数据的统计分析也全部通过计算机实现就成为我们思考与研究的问题。通过校园网络实现数据的采集和评测报表的分析与发布，即可以缩减评测环节、节省时间，也节省了大量的人力、物力，提高了教学评价的效率及准确性。

2)现有教学质量评价的不足

目前，各职业院校都建立有教学质量测评体系，开展教学质量评价工作，加强对教学质量的宏观监督与控制，提高了大家的质量意识，对教学质量的提高也起到了一定的监督和促进作用。但由于对职业教育的认识还不够，受学科体系教学质量评价的影响很重，现有的教学质量评价体系不能充分体现职业教育的特色，不能满足职业教育发展的需求，还存在一些不足和需要继续研究的问题。

(1)对高职特色的教学质量观认识不够，评价指标体系不能充分体现高职教育的特点。

(2)仅有课堂教学质量评价和实践教学质量评价两部分，未考虑校外实训的教学质量评价内容和对毕业生的跟踪调查。没有认真分析课程性质和特点，笼统采用同一评价指标体系和测评表实施教学质量的测评。

(3)对教师的激励措施还不够，没有真正体现教学评价的激励和导向作用，许多院校的教学质量测评成了走过场。所以，还需要进一步完善教师激励机制，强化教师的质量意识，达到提高教师积极性的真正目的。

(4)评价结果的反馈还未做到及时有效，未起到应有的监督、控制和促进作用。

(5)评价手段相对落后。随着高校扩招，学生规模的不断扩大，评价的组织难度增大，再采用原有的手工测评方式已不能满足学院跨越式发展的需要。

6.2 高职教学质量监控与评价的体系

教学质量是教学工作的中心，建立教学质量监控与评价体系是教学质量的重要保证。在“双平台-双主线”人才培养模式下，人才培养的理念和模式有了重大的转变，为此，相应的教学质量监控与评价体系也需要有对应的变革，以确保“理实一体”和项目教学环境下的教学质量。根据高职教育的特色和高职信息类“双平台-双主线”人才培养模式的具体要求，必须从内部监控和外部监控两个方面构建教学质量监控体系。内部监控包括学校内部的教学督导、领导听课、学生评教、同行评教、专家评教等形式；外部监控包括政府评价、企业评价、家长评价、媒体评价等(图6-1)。

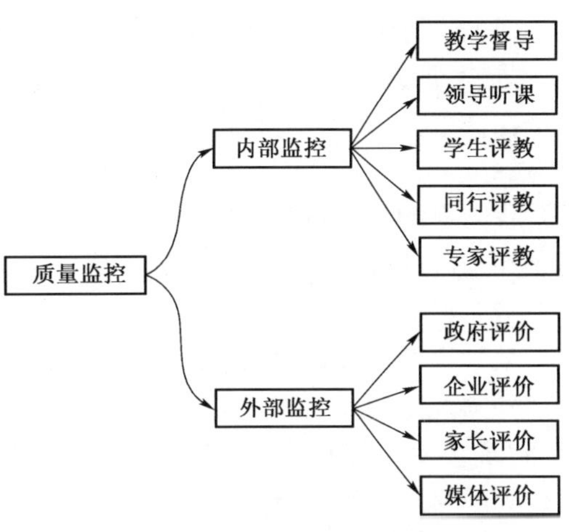

图6-1　高职人才培养质量控制方式组成图

因此，一方面要建立两支质量监控与评价队伍：一支是由系部主管领导、教学经验丰富的老教师、企业技术专家等人员构成的教学督导小组，随机对教学质量进行监控与评价，随时对教学进行动态控制。另一支是结合各个专业和IT行业特点构建的以系领导、骨干教师、学生构成的系教学质量控制小组，动态把握各专业的教学质量。

另一方面，还要建立由学生、家长、系部、学院、企业多方参与的质量评价体系，形成循环递进的质量促进长效机制(图6-2)。各评价者基于理实一体教学的评价指标体系，多角度、多层面对人才培养实施过程中的教学质量进行评价。依据评价分析，一是形成对教师个体教育教学水平提升的质量促进循环；二是通过对教学团队的提升，对教育教学政策、质量管理政策与措施等进行完善和优化，形成整体质量提高的促进循环，形成基于评价数据的教学质量促进“双循环递进”长效机制，全面保障人才培养质量。

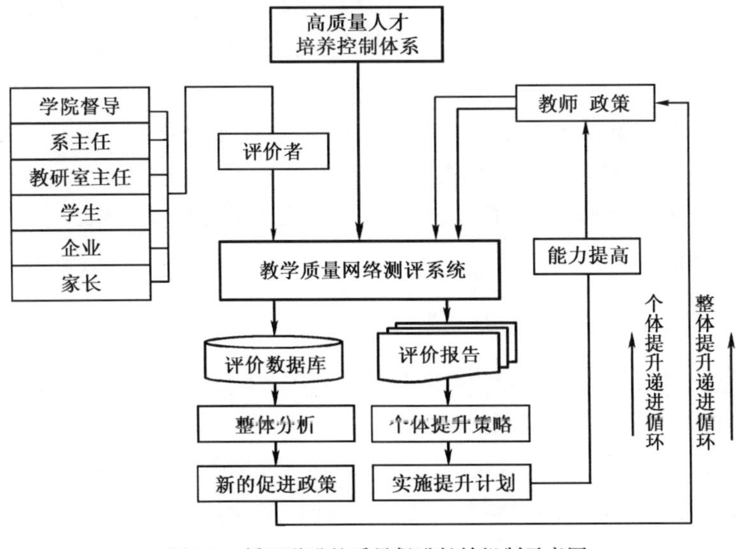

图6-2　循环递进的质量促进长效机制示意图

6.3 高职教学质量监控与评价的举措

(1)抓学生学习实训环节,控制教学质量学的形成过程。

坚持"四抓",培养学生养成良好的学习习惯和自主学习能力。抓好"理实一体"教学,让学生在做中学,在学中做,严格按职场要求培养职业素质;抓好"项目实施"的质量,按企业规范与标准,按职业人的要求培养学生,提高"项目实施"的质量;抓好"晚自习"制度,培养学生的自我学习能力与自我控制能力;抓好"顶岗实习",让学生在顶岗岗位能表现出良好的职业素质和过硬的专业技术知识与水平。

(2)抓教师教学质量,控制教学质量教的形成过程。

从教学整体设计、单元设计抓起,贯彻高职教育理念,提升教师教学设计能力。通过选送教师到国内外职教名校学习等方式帮助教师掌握良好的教学技巧,运用恰当的教学方法,提高教师"理实一体"的教学组织实施能力;通过选派教师下企业顶岗锻炼或参与企业真实项目提高教师的项目组织、设计与实施能力。

(3)完善制度做保障,控制教学质量形成过程。

完善教师考核及激励制度,修订计算机系教师考核与管理办法、教研室主任考核管理办法、教师奖惩机制等办法,以制度促进规范管理与有效管理,提高学生评教在教师考核中所占比例(由原来的30%提高到60%)。调整后的学生评教、教研室主任评教、系部评价的比例为6:2:2,促使教师深入探究职业教育特点,分析选择有效教学手段,用心设计教学环节,认真实施"理实一体"教学和"项目全程贯穿"的手段,从过程上保障教学质量。

6.4 高职教学质量监控与评价的途径

教师是教学的重要主体之一,教师的教学情况对教学质量有重要的影响。当教育评价的对象指向教师及其工作时,教育评价就具体化为教师评价。教师评价就是依据学校的培养目标和教师的根本任务,运用现代教育评价的理论和方法对教师个体的工作质量进行实事判断和价值判断。同样,教师评价不是"为评价而评价",是手段而非目的。教师评价的重要功能在于为每个教师改进工作、为学校管理提供可靠的信息,最终提高教学质量,为实现人才培养目标提供保障。

高职教育是教育体系的重要组成部分,在高等教育大众化进程中扮演着越来越重要的角色。高职教育评价长期以来受普通高等教育评价的影响,缺乏自身特色,导致高职教育评价与高职教育的现实与需求脱节,影响教育质量的提高。为此,我们以教师评价为例,构建了高职教师评价指标体系。

6.4.1 教师评价指标体系的构建

教学工作是一项复杂的工程,内容十分丰富。同时,不同的教师有不同的工作内容和工作特性,难以用单一的评价指标体系全面地评价每一位教师。然而,确立评价指标体系又是进行教学质量评价的必要环节,为此,应坚持统一性与多样性相结合的原则。一方面确定三级评价指标体系,确保教师评价的基本内容;另一方面,在评价体系的运行过程中,设计评价指标生成的灵活性,根据评价的实际情况,及时调整评价内容,以符合现实评价需求,体现多样性。

教师评价内容的确定和指标体系的构建建立在广泛的调查、访谈基础上。可以在对教育专家、优秀教师、系部负责人、学生进行调查和访谈基础上,初步确定教师评价的基本内容,主要包括以下几个方面:

1)职业道德

职业道德是教师做好工作的基础和条件,是在教师教育教学工作中长期发挥作用的一种潜在因素,决定了教师工作态度、工作热情、敬业心和责任心。良好的职业道德是教师全身心投入工作和奋发向上的思想保障。职业道德又包含敬业精神和师德修养两个二级指标。敬业是指"专心致志以事其业",即用一种恭敬严肃的态度对待自已的工作,认真负责,一心一意,任劳任怨,精益求精。敬业精神是个体以明确的目标选择、朴素的价值观、忘我投入的志趣、认真负责的态度,从事自己的主导活动时表现出的个人品质。教师职业道德的基本规范是师德修养的主要内容,其内容的核心是爱岗敬业、教书育人和为人师表。

2)专业技术能力

高等职业教育教学具有较强的专业性和技术性,因此,教师的专业技术能力直接影响教学质量。根据高职教育的职业性特征,综合普通教育对专业技术能力的基本要求,我们将专业技术能力划分为专业知识、专业技能以及研究与创新能力三个二级指标。其中,专业技能充分体现"高职教育"的独特性,包括:"对企业和行业的工作流程是否熟悉","是否能熟练、规范的进行操作","参与生产实践、锻炼情况","是否具有企业、行业认可的相关资格证书","教师在专业上的实践能力"。同时,在研究与创新能力中也有是否积极为企业、行业提供科技服务等体现"工学结合、校企合作"的具有职业教育特色的评价指标。

3)教学能力

教学能力是教师的基本职业能力,主要是指教师在组织与实施教学过程中的综合能力。长期以来,在普通教育培养模式的影响下,高职院校教师的教学能力与"基于工作过程"的课程体系还存在差距,"理实一体、做学合一"的教学设计能力还不强,重理论轻实践、重结果轻过程等现象还普遍存在,"双师"素质还有待进一步培育。因此,从教师评价的角度,强化职业教育的教学特色有利于引导教师在教学能力方面适应课程改革的需要,切实落实"工学结合、做学合一"的人才培养模式改革。教学能力包含表达能力、教学设计能力以及教学组织与实施能力三个二级指标。在三级指标中,"课堂上,教师是否能够结合案例进行相关知识点的讲解"、"是否能结合生产实际讲授内容"、"教师有没有收集与课程相关的资料来补充教材以外的知识"等,体现了在教学能力方面的职教特色。

4)社会能力

随着社会的发展,教师的角色日益多样化,其工作内容也不仅限于"教书育人"。社会能力逐渐成为新时代教师的基本要求。具体而言,社会能力就是指教师需具备团队协作能力、广泛沟通的能力。由此,我们将团队能力和沟通能力作为评价教师社会能力的二级指标。团队能力主要考察教师在日常工作群体中的合作、协调、参与能力;沟通能力主要包括教师与学生之间的沟通、与企业行业的沟通等。这是作为职业院校教师的一项基本的要求,充分发挥教师的积极性,密切校企联系,让"校企合作"落实到具体的人和日常工作中。

6.4.2 教师评价主体的确定

评价主体与客体也就是评价者与评价对象,是进行评价必不可少的基本要素。二者之间的逻辑关系比较清晰和明确。现今，我国各高校普遍开展了对教师教学质量的评价制度，评价的主体分别由学生、同行教师、管理者，以及教师自评（通常由这四个评价主体的某种组合进行评价），或以学生的考试成绩对教师的教学质量进行评价等。

一般而言，现行的高职院校教学质量评价，是以系（部）、教研室、教师的教学为对象，运用科学的评价指标体系，采取可行的评价办法和手段，系统地收集教学过程中的行为表现和教学效果，并对相关数据、资料进行分析处理之后，根据结果作出定性、定量的评价过程。因此，教学质量评价是一个具有广泛参与性的活动，评价主体以不同的“角色”站在不同的角度参与评价。根据高职教育的职业性和教育性特征，结合职业教育的教学评价的实际情况，可以对教学质量评价的主体作以下设定：由学生、教师、教研室、系领导、学院督导室、家长和企业作为评价主体。由于不同的评价指标的特性和要求不同，其对应的最佳评价主体也存在差异，由此，四川交通职业技术学院设计了《教师评价体系评价主体调查表》，对各项评价指标的最佳评价主体进行了问卷调查，调查结果如表6-1所示。

教师评价体系评价主体调查结果统计表 表6-1

被评者：教师			评价参与者							
			学生	教师	教研室	系部	教务处	学院督导室	家长	企业
职业道德	敬业精神	1.相关教学文件（如教学大纲、授课计划、试卷、教案、成绩等）是否都能按要求按时上交	49	77	123	66	54	26	7	17
		2.你认为教师每次上课前都做了充分准备吗	110	74	65	38	28	33	8	5
		3.教师是否能认真评阅你的作业、报告	160	50	42	26	25	20	7	5
		4.教师是否能耐心、负责的解答你的问题	169	45	40	25	27	19	9	7
		5.教师在课堂上有无做与教学无关的事（如接听手机、与他人闲聊等现象）	156	43	39	25	42	31	5	3
		6.有无迟到、提前下课、随意离场等情况发生	144	43	33	25	43	33	2	9
	师德修养	1.忠于职守、言行一致（如不随意调课、不随意找人代课、承诺学生的事要做到等行为）	103	53	65	54	53	28	5	3
		2.尊重学生，公平对待学生，不得以过激语言批评教育学生	137	51	34	32	30	23	7	5
		3.有无泄题情况发生	104	55	58	53	52	26	12	7
		4.遵守学术道德（如不剽窃别人学术成果等行为）	62	69	54	52	30	36	8	9
		5.教师是否在教室、实训场所有不文明行为（如抽烟、嚼口香糖、吐痰等）	133	55	39	27	30	29	11	5
		6.言传身教，是否对学生进行为人处事教育	155	61	45	24	28	26	11	8

续上表

被评者:教师			评价参与者							
			学生	教师	教研室	系部	教务处	学院督导室	家长	企业
专业技术能力	专业知识	1. 教学文件(如大纲、授课计划、讲义、自编教材、试卷等)有无知识性错误	66	72	111	63	54	27	8	18
		2. 具有扎实的专业知识及行业知识	93	85	118	64	30	31	10	24
		3. 你对教师表现出的专业水平是否满意	123	68	84	62	31	37	16	24
	专业技能	1. 对企业和行业的工作流程是否熟悉	94	42	73	91	23	27	7	71
		2. 是否能熟练、规范的进行操作	95	39	68	49	28	27	7	59
		3. 参与生产实践、锻炼情况	71	52	82	59	25	27	9	65
		4. 是否具有企业、行业认可的相关资格证书	54	34	76	56	30	24	9	51
		5. 你对教师在专业上的实践能力满意吗	123	42	55	35	26	30	8	31
专业技术能力	研究与创新能力	1. 科研(教研)任务完成情况	51	47	89	53	27	26	7	9
		2. 是否参与专业建设(课程建设、教学改革等)	47	43	98	66	34	26	9	9
		3. 是否积极为企业、行业提供科技服务	40	29	64	47	24	33	7	40
教学能力	表达能力	1. 语言是否表述清楚、流利	144	33	33	25	39	47	9	6
		2. 声音是否宏亮	150	33	33	22	28	47	4	3
		3. 表达抑扬顿挫,感染力强	140	30	32	24	27	49	7	3
		4. 板书是否工整、有条理	142	38	32	26	26	47	4	4
	教学设计能力	1. 教学目标是否明确	117	41	63	34	32	49	1	3
		2. 是否围绕教学目标选择了恰当的教学方法及教学手段	116	40	68	37	31	50	3	1
		3. 开始上课时是否对上节课程主要内容进行了回顾	121	36	43	30	28	54	1	1
		4. 教师能否引导学生主动思考、分析问题并进行点评	121	32	45	32	28	48	4	1
		5. 课堂上,教师是否能够结合案例进行相关知识点的讲解	124	34	45	32	27	44	3	1
		6. 下课前是否对本节课程主要内容进行总结	119	33	42	25	28	42	1	3
	教学组织与实施能力	1. 教师上课的衣着是否得体、精神是否饱满	131	36	36	27	25	35		2
		2. 是否围绕教学目标实施教学	116	46	51	31	30	37		2
		3. 教学灵活、善于启导,突出重点,突破难点	122	44	40	32	32	33		2
		4. 语言风趣、幽默,课堂交互氛围好、气氛活跃	136	36	35	30	31	34	2	
		5. 是否能结合生产实际讲授内容	137	34	33	23	32	30	2	16
		6. 讲授内容是否容易理解	140	31	38	23	28	30		9

续上表

被评者:教师			评价参与者							
			学生	教师	教研室	系部	教务处	学院督导室	家长	企业
教学能力	教学组织与实施能力	7. 教师有没有收集与课程相关的资料来补充教材以外的知识	137	30	43	26	33	32	2	8
		8. 在教学过程中是否有被关注的感觉	127	35	28	21	25	23		
		9. 教师在课堂上会维持课堂秩序吗(清查出勤率、制止睡觉、说话、做与课堂无关等事)	135	30	34	19	31	27	2	
		10. 你是否对教师所授课程感兴趣	139	30	34	21	23	22	2	2
社会能力	团队能力	1. 是否服从学院及所在部门的工作安排	61	34	63	78	30	29	2	3
		2. 是否参加学院、部门组织的活动(如教研活动、学术活动、工会活动等)	43	33	66	77	23	23	2	7
		3. 是否关注学院的发展	45	31	53	82	21	27	4	4
		4. 是否关注所在部门的发展,为系部发展进言献策	53	31	52	74	23	22	2	8
	沟通能力	1. 是否利用课间休息与学生进行交流与沟通	123	24	28	22	14	15	4	2
		2. 是否参加学生的团体活动	114	26	32	26	18	18		2
		3. 是否具有与企业、行业进行良好沟通的能力	73	25	34	32	20	18		50

调查结果显示,在具体评价指标中,学生是诸多评价主体中的主要评价者。如教师的敬业精神、教学表达能力、教学设计能力、教学组织与实施能力等方面,学生作为评价主体的投票数居于首位,具有最大的发言权。20 世纪 70 年代以来,学生评教一致为世界许多国家所重视。阿里莫里认为,学生是教学过程的主体。他们对教学目标是否达成、师生关系是否良好具有深刻体会;由于学生对教师教学的感受最为直接,因此他们的观察比其他评价人员更为全面和细致;同时,学生参与评教有利于师生间的沟通与交流,从而有助于提高教学水平。由此,学生在教学质量评价中占有重要的权重,这也是我们确立评价指标体系、设计评价方案的重要依据。

6.4.3 评价指标体系的确立

在确定评价对象和评价基本指标之后,应对基本指标进行分解,分析评价基本指标所包含的各种因素,并将其排列出来。在这些因素中,有些能反映评价对象的本质,有些则不能,有些还存在矛盾,有的内涵一样只是形式不同等。根据这些情况,就必须对分解出来的因素进行认真、反复地分析、筛选,不反映本质、作用不大的要删除,同类的要合并,相互矛盾的要删掉,有因果关系的要正本清源。

评价指标体系一般可逐级分解为一级指标、二级指标、三级指标。一级和二级指标较为宏观，确立了评价指标体系的基本框架；三级指标则是一级指标和二级指标的具体化，是具体行为的描述，具有较强的可操作性和可监测性。评价指标在教学质量评价的实施过程中具有重要作用：一方面它可以使综合性评价变为分项评价，从而有助于克服评价者从自己主观印象出发的笼统评价，有助于评价反馈功能的发挥。另一方面，评价指标的分项评价特征还有助于评价者克服评价的模糊状态，提高评价的客观性和真实性。同时，指标可以使评价工作者之间互相沟通、统一看法，使评价结果具有可比性，尤其是对于大范围的评价。

总之，对评价目标的分解需经历去伪存真、去粗取精的过程，筛选、提炼出最能反映本质的、最需要的条目作为指标体系的构成部分。一般而言，评价指标体系的构成框架如图6-3所示。

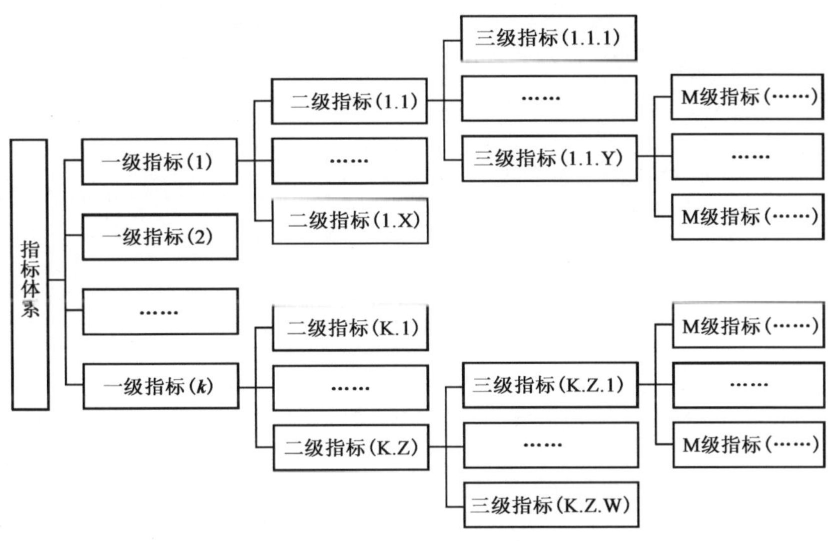

图6-3　教学评价指标体系框架

要实施客观、可操作性的评价，需要将评价指标细化与具体化，且以具体的行为描述评价指标。在一级、二级指标的基础上，根据教师的日常行为表现，可以将基本指标具体化为三级指标。

1）敬业精神（表6-2）

敬业精神评价指标　　表6-2

二级指标	依　　据	三 级 指 标	内　　涵	评 价 标 准
敬业精神	《中华人民共和国教师法》第二章第八条（二）	1. 相关教学文件（如教学大纲、授课计划、试卷、教案、成绩等）是否都能按要求按时上交	工作责任心	按时、保质保量完成教学文件
		2. 你认为教师每次上课前都做了充分准备吗	对学生负责	备课认真、准备充分
		3. 教师是否能认真评阅你的作业、报告		给予学生以客观、公正的评价
		4. 教师是否能耐心、负责的解答你的问题		认真对待学生的疑问
		5. 教师在课堂上有无做与教学无关的事（如接听手机、与他人闲聊等现象）	工作态度	情况出现频率的高低
		6. 有无迟到、提前下课、随意离场等情况发生	严谨务实	情况出现频率的高低

2)师德修养(表6-3)

师德修养评价指标 表6-3

二级指标	依据	三级指标	内涵	评价标准
师德修养	《中华人民共和国教师法》第二章第八条(一)、(四);第八章第三十七条(三)	1. 忠于职守、言行一致(如不随意调课、不随意找人代课、承诺学生的事要做到等行为)	诚实守信	情况出现频率的高低
		2. 尊重学生,公平对待学生,不得以过激语言批评教育学生	尊重他人	课堂与课下的综合表现
		3. 有无泄题情况发生	道德品质	情况出现频率的高低
		4. 遵守学术道德(如不剽窃别人学术成果等行为)	职业道德	违法记录
		5. 教师是否在教室、实训场所有不文明行为(如抽烟、嚼口香糖、吐痰等)	为人师表	情况出现频率的高低
		6. 言传身教,是否对学生进行为人处事教育	教书育人	能在传授知识与技能的同时教学生做人

3)专业知识(表6-4)

专业知识评价指标 表6-4

二级指标	依据	三级指标	内涵	评价标准
专业知识	《高等教育法》第五章第四十七条(二)	1. 教学文件(如大纲、授课计划、讲义、自编教材、试卷等)无知识性错误	教师职业的基本要求	教学文件检查情况与学生对课堂教学的情况反映
		2. 具有扎实的专业知识及行业知识	高职教育的特殊要求	教师学历、进修、培训情况、参与科研情况
		3. 你对教师表现出的专业水平是否满意	教学技能的要求	教学督导及学生对课堂教学情况的反映

4)专业技能(表6-5)

专业技能评价指标 表6-5

二级指标	依据	三级指标	内涵	评价标准
专业技能	《高等职业学校设置标准(暂行)》第二条、第四条;《教师法》第二章第七条(六);《教师法》第二章第八条(六)	1. 对企业和行业的工作流程是否熟悉	理实一体、工学结合、做学合一的高职教育人才培养模式对教师专业技能特殊要求;培养“双师型”教师的要求。	实训课程教学情况
		2. 是否能熟练、规范的进行操作		
		3. 参与生产实践、锻炼情况		实践锻炼情况记录
		4. 是否具有企业、行业认可的相关资格证书		资格证书证件
		5. 你对教师在专业上的实践能力满意吗		学生对实训课程的情况反映

5）研究与创新能力（表6-6）

研究与创新能力评价指标 表6-6

<table>
<tr><th>二级指标</th><th>依　据</th><th>三 级 指 标</th><th>内　涵</th><th>评 价 标 准</th></tr>
<tr><td rowspan="3">研究与创新能力</td><td rowspan="3">《教师法》第二章第七条（三）；《高等教育法》第五章第四十七条（三）</td><td>1. 科研（教研）任务完成情况</td><td rowspan="2">高职教育“高等性”的要求</td><td>科研情况证明</td></tr>
<tr><td>2. 是否参与专业建设（课程建设、教学改革等）</td><td>专业建设情况记录</td></tr>
<tr><td>3. 是否积极为企业、行业提供科技服务</td><td>社会服务是高职教育的基本内容之一，实现学校与企业的“双赢”</td><td>服务企业行业相关证明</td></tr>
</table>

6）表达能力（表6-7）

表达能力评价指标 表6-7

<table>
<tr><th>二级指标</th><th>依　据</th><th>三 级 指 标</th><th>内　涵</th><th>评 价 标 准</th></tr>
<tr><td rowspan="4">表达能力</td><td rowspan="4"></td><td>1. 语言是否表述清楚、流利</td><td rowspan="4">教学基本技能要求，确保课堂教学的有效进行</td><td rowspan="4">学生、教学督导等对课堂教学相关情况的反映</td></tr>
<tr><td>2. 声音是否宏亮</td></tr>
<tr><td>3. 表达抑扬顿挫，感染力强</td></tr>
<tr><td>4. 板书是否工整、有条理</td></tr>
</table>

7）教学设计能力（表6-8）

教学设计能力评价指标 表6-8

<table>
<tr><th>二级指标</th><th>依　据</th><th>三 级 指 标</th><th>内　涵</th><th>评 价 标 准</th></tr>
<tr><td rowspan="6">教学设计能力</td><td rowspan="6">《高等教育法》第五章第四十七条（四）</td><td>1. 教学目标是否明确</td><td>课堂教学评价的基本依据</td><td rowspan="6">学生、教学督导等对课堂教学相关情况的反映</td></tr>
<tr><td>2. 是否围绕教学目标选择了恰当的教学方法及教学手段</td><td>教师职业技能的体现</td></tr>
<tr><td>3. 开始上课时是否对上节课程主要内容进行了回顾</td><td>确保授课内容的连续性</td></tr>
<tr><td>4. 教师能否引导学生主动思考、分析问题并进行点评</td><td>教师课堂调控能力的体现</td></tr>
<tr><td>5. 课堂上，教师是否能够结合案例进行相关知识点的讲解</td><td>高职教育的特殊要求</td></tr>
<tr><td>6. 下课前是否对本节课程主要内容进行总结</td><td>确保课堂教学的完整性</td></tr>
</table>

8）教学组织与实施能力（表6-9）

教学组织与实施能力评价指标 表6-9

<table>
<tr><th>二级指标</th><th>依　据</th><th>三级指标</th><th>内　涵</th><th>评价标准</th></tr>
<tr><td rowspan="10">教学组织与实施能力</td><td rowspan="10">《教师法》第二章第八条（一）</td><td>1. 教师上课的衣着是否得体、精神是否饱满</td><td rowspan="10">教师职业技能、教育智慧、教学水平、人格魅力的综合反映</td><td rowspan="10">学生、教学督导等对课堂教学相关情况的反映</td></tr>
<tr><td>2. 是否围绕教学目标实施教学</td></tr>
<tr><td>3. 教学灵活、善于启导，突出重点，突破难点</td></tr>
<tr><td>4. 语言风趣、幽默，课堂交互氛围好、气氛活跃</td></tr>
<tr><td>5. 是否能结合生产实际讲授内容</td></tr>
<tr><td>6. 讲授内容是否容易理解</td></tr>
<tr><td>7. 教师有没有收集与课程相关的资料来补充教材以外的知识</td></tr>
<tr><td>8. 在教学过程中是否有被关注的感觉</td></tr>
<tr><td>9. 教师在课堂上会维持课堂秩序吗（清查出勤率、制止睡觉、说话、做与课堂无关等事）</td></tr>
<tr><td>10. 你是否对教师所授课程感兴趣</td></tr>
</table>

9）团队能力（表6-10）

团队能力评价指标 表6-10

<table>
<tr><th>二级指标</th><th>依　据</th><th>三级指标</th><th>内　涵</th><th>评价标准</th></tr>
<tr><td rowspan="4">团队能力</td><td rowspan="4">《教师法》第二章第七条（二）</td><td>1. 是否服从学院及所在部门的工作安排</td><td rowspan="4">团队协作能力既是对高职学生的要求，也是对高职教师的要求。高职教师更需要有团队的归属感和主人翁意识。</td><td>学院相关部门及同事的情况反映</td></tr>
<tr><td>2. 是否参加学院、部门组织的活动（如教研活动、学术活动、工会活动等）</td><td>教研室、工会等部门的参与记录及综合评价</td></tr>
<tr><td>3. 是否关注学院的发展</td><td rowspan="2">系部根据日常表现的综合评价；主人翁意识强</td></tr>
<tr><td>4. 是否关注所在部门的发展，为系部发展进言献策</td></tr>
</table>

10）沟通能力（表6-11）

沟通能力评价指标 表6-11

<table>
<tr><th>二级指标</th><th>依　据</th><th>三级指标</th><th>内　涵</th><th>评价标准</th></tr>
<tr><td rowspan="3">沟通能力</td><td rowspan="3"></td><td>1. 是否利用课间休息与学生进行交流与沟通</td><td rowspan="2">建立良好的师生关系</td><td rowspan="2">积极主动地与学生交流、参与学生活动</td></tr>
<tr><td>2. 是否参加学生的团体活动</td></tr>
<tr><td>3. 是否具有与企业、行业进行良好沟通的能力</td><td>校企合作办学理念下，高职教师的特殊要求</td><td>校企合作情况；能主动与企业相关人员联系</td></tr>
</table>

基于上述指标分析，我们构建了理实一体的高职教师教学测评指标体系（表6-12）。

理实一体高职教师教学测评指标体系 表6-12

一级指标	二级指标	三级指标	满分	测评得分
职业道德	敬业精神	教师评阅你的作业、报告的认真情况	4.05	
		教师解答你的问题的耐心与负责情况	4.05	
		教师在课堂上无做与教学无关的事（如接听手机、与他人闲聊等现象）	2.70	
		无迟到、提前下课、随意离场等情况发生	2.70	
	师德修养	忠于职守、言行一致（如不随意调课、不随意找人代课、承诺学生的事要做到等行为）	4.05	
		尊重学生，公平对待学生，不得以过激语言批评教育学生	5.40	
		教师举止得体，在教室、实训室等公共场所无不文明行为（如抽烟、嚼品香糖、吐痰等）	4.05	
专业技术能力	专业技能	对企业、行业的工作流程的熟悉程度	5.20	
		熟练、规范的进行操作	7.80	
		具有相关企业、行业的职业资格证书情况	5.20	
		你对教师在专业实践操作技术有满意程度	7.80	
实践指导能力	实验、实训指导	实验前能对实验原理、实验目的、实验内容和实验方法进行准确的讲解和演示	2.73	
		对实验内容和技术掌握熟练，能够及时帮助学生排除实验过程中出现的问题和故障	3.64	
		对学生提出的问题热情耐心地给予解答，能够注意观察实验学生地反应并给予及时的帮助	3.64	
		对实验课堂的秩序和纪律管理有序	1.82	
		对实验教学工作认真负责，在实验过程中没有随意离开并长时间不返回实验室	1.82	
		对实验过程中出现问题较多的内容能给予集中的讲解	1.82	
		通过实训的收获情况	2.73	
	实验、实训考核与报告评阅	教师对实验报告要求明确	2.34	
		能认真批阅实验报告，指出学生报告存在的问题并给予解答	3.90	
		有规范的考核标准和办法	1.56	
社会能力	沟通能力	利用课间休息与学生进行交流与沟通	21.00	

6.4.4 评价手段的改革

为了更客观公正的对“理实一体，做学合一”教学改革下的教师教学进行评价，减少手工评价带来的人力、物力的浪费，在对指标体系进行充分研究基础上，四川交通职业技术学院组织专人设计开发了基于工学结合的网络教师教学测评系统，并获得国家版权局授权，具有原始创新性。该系统能实现所有用户的评价，查阅均通过IE浏览器完成。系统可以自动处理不同层次(例如:分管教学院领导、各系主任、教师、企业、家长和学生等)的参评数据,按照不同的权重计算综合成绩,从多个角度综合反映教师的教学状况。支持分级数据浏览,根据不同的权限设置控制数据的浏览范围,教师只可浏览对自己所授课程的教学评价,各系部主任可查看全系所有教师的教学评价,院领导和高教研究室主任可查看全院教师的教学评价。并且,分学年、分学期、分系部、分年级的各种数据分析比较结果可通过图表方式展示出来。由此通过数据的比较分析可进行教学质量的监督与控制。

6.5 高职教学质量监控与评价的成效

自2007年网络教学测评系统投入使用以来,四川交通职业技术学院共开展教师网络测评9次。应测评教师2 766人次,实测评教师2 717人次,参评率98.2%。应参评学生61 748人次,实参评59 878人次,总参评率96%。学生评教共涉及2 842门次课程。教师测评合格率96%。通过对系统投入近三年来的数据进行详细分析,分析结果如下:

(1)"理实一体"高职教师教学测评一级指标分析。

理实一体教学测评方案选取职业道德、专业技术能力、教学能力、社会能力作为一级评价指标,将2009、2010、2011三年度测评数据进行对比分析,依据测评数据及测评加权计算公式得到各项测评得分情况,如图6-4所示。

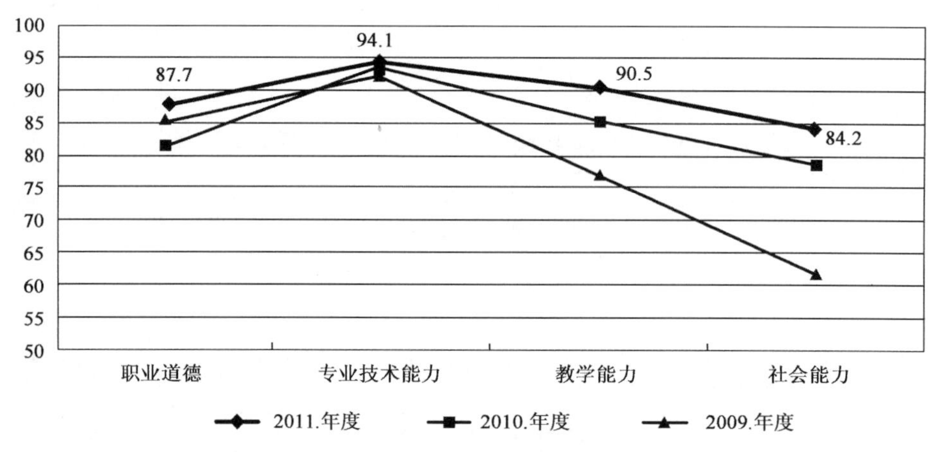

图6-4 理实一体教学一级指标测评平均分值图

分析结果:教师测评各项指标达标。专业技术能力分值持续提高;社会能力分值较大,幅度提高;职业道德分值较前两个年度有所提高;教学能力、社会能力较前两年分值有明显提高,基本与教学督导与教学检查结果反映情况一致。

专业技术能力分值持续提高,测试波动幅度不大,较真实体现出当前教师专业知识水平,反映了师资培训对教师专业知识水平有较大促进作用;教学能力及社会能力继续明显提高,证明了学院国家示范性高等职业院校建设,特别是基于工作过程课程建设与师资队伍建设对教学理念转变产生了积极作用。

社会能力与职业道德分值仍然较其他指标分值偏低,社会能力与职业道德的特性决定了其发展本身不是一蹴而就的,其效果的显现也具有隐蔽性,因此,短期内难以看到显著的效果。

(2)"理实一体"高职教师教学二级指标测评分析。

依据一级测评指标选取敬业精神、实验实训指导、专业技能等二级评价指标进行对比分析，依据测评数据及测评加权计算公式得到各项测评得分情况，比对 2010,2011 年度测评分数如图 6-5 所示。

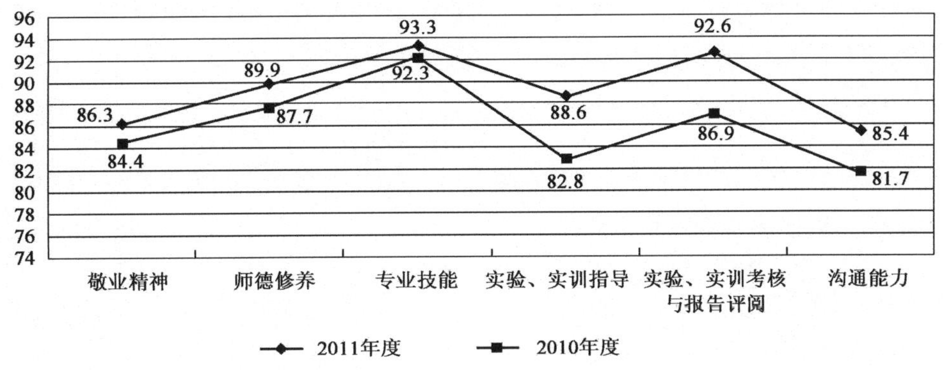

图 6-5 理实一体教学二级指标测评平均分值图

分析结果：教师测评各项指标达标。专业技能、实验考核分值较高；实验实训指导、实验考核分值提高幅度较大，基本与教学督导与教学检查结果反映情况一致。

实验实训指导、实验考核分值提高的原因是教学改革与建设过程中，部分课程采用了行业认证、企业认证、项目化考核的多元考核方式，较真实反映了学生学习与训练水平。同时，学院国家示范性高等职业院校建设过程中增加了先进的教学仪器与设备配备，为教学的开展提供了较好的实训条件。

通过测评数据对比及分析可以看出，理事一体化教学应更注重教学项目的设计与开发工作，继续探索与企业实际生产过程一致性的教学同步的课程设计思路。同时教师思想教育作为一项长期的工程持续开展，不断提高教师职业素养与团队合作精神。

(3)系部测评数据比较分析。

该测评系统具有数据整合的功能，能分系部统计测评数据，进行系部间的对比分析。2009～2011 年共有道桥、汽车等 8 个系部单位参与测评，依据测评数据对比及测评加权计算公式得到各系部测评得分情况，如图 6-6 所示。

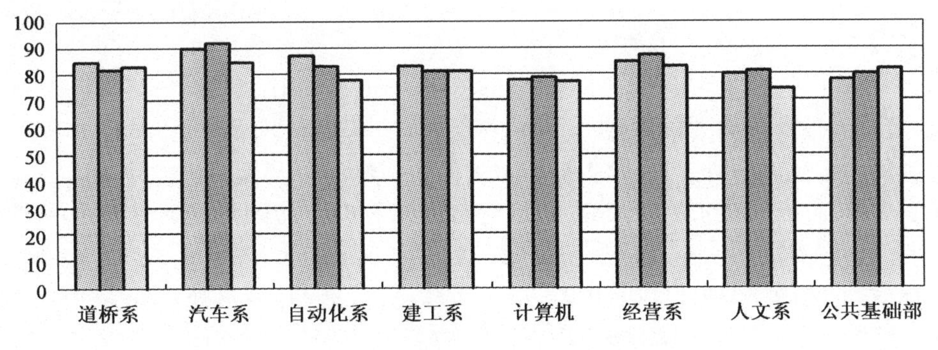

图 6-6 系部测评平均分值图

分析结果：道桥、汽车、经管、自动化系测评平均分值较高；计算机系、人文系、公共基础部测评平均分值较低；自动化系、公共基础部分值略降，基本与系部考核相应科目、教学督导反映情况一致。

汽车系及经管等系分值较高、成绩突出的主要原因是在学院国家示范性高等职业院校建设计划中，汽车、道桥、自动化系均有重点建设专业，配套资金与硬软件建设力度较大。同时，汽车、道桥也是学院的拳头专业，有良好和坚实的建设基础。计算机系、人文系测评分值偏低主要受制行业发展过热与行业发展趋于成熟。同时，部分课程改革难度较大，也对测评结果造成了一定的影响。

通过测评数据比对及分析可以看出，不同的系部和专业的建设基础不同，面临的改革问题存在较大的差异。因此，在改革与发展过程中，各系部和各专业应把握自身的实际情况和行业发展状况，因地制宜，有针对性地制定改革方案，全面提升教学水平与质量，研究新形势下专业定位等问题，找到解决措施与方案。

(4)综合测评成绩分析。

2011 年依据测评数据统计与计算得到各分数区间的教师数量与比例，并 2009、2010 年数据对比，如图 6-7 所示。

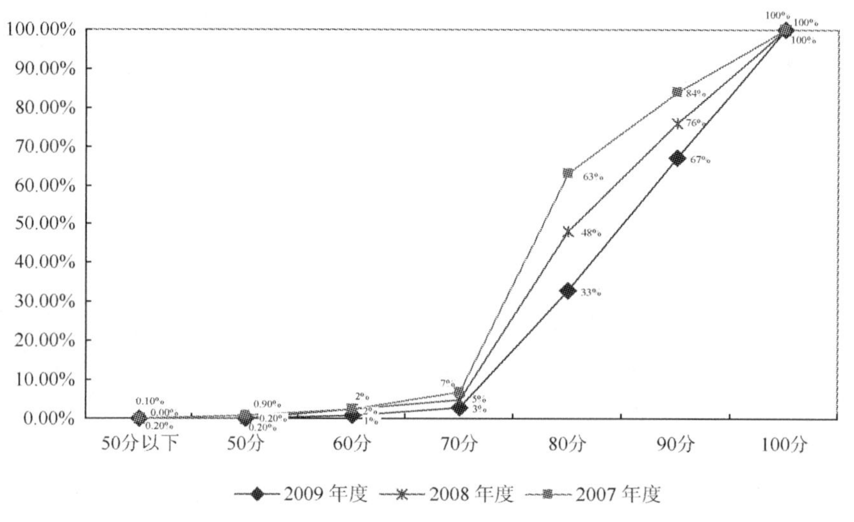

图 6-7　综合测评成绩分布图

分析结果：由图 6-7 可知，本次测评 4% 的教师测评分数在 70 分以下，30% 测评得分在 70 ~80 分区间，34% 在 80 ~90 分区间，33% 在 90 以上。依据学院教师评价标准，教学测评评价较低教师占 4% 左右，比上一年度下降 1%；评价中等的教师比例由 43% 下降到 30%，下降 13%；优秀及以上教师比例大幅提高，共占 67%。

通过测评数据比对分析发现，除去评价方式尚未成熟等外部因素影响外，教师实际教学能力与水平明显提高，但中等水平教师数量仍显偏多，仍有部分教师未能通过教学测评，教师教学质量提高仍有空间。

可以看出，上述调查结果可供对培养方案、教学条件、教学手段、师资队伍建设、课程建设等方面进行反思，同时对人才培养质量监控工程建设有一定的指导意义。在"双平台-双主线"人才培养模式中，可以根据调查结果对对教学评价指标、评价方式进行有针对性的改革。

第7章 “双平台-双主线”人才培养模式下的实训基地及运行机制建设

7.1 高职信息类专业实训基地建设的基本思路

按照传统的理念，实训基地的规划与建设主要是为了满足理论课后学生的上机操作，完成传统意义上的实训任务。在这种理论与实践相分离的人才培养模式下，实训基地的建设与运行暴露出教学效率低、教学质量不高等弊端。许多在教室里讲授的内容，到了机房还得再重复一遍，学生才可上机操作，非常不利于提高教学质量、教学效率和培养学生的自主学习能力，更不利于培养学生的职业素质与职业能力。此外，实训基地的建设也未考虑校内生产性实训基地与校外实训基地的建设，仅局限于完成课堂实训任务，无法实现与市场需求的接轨，导致人才培养规格与社会需求脱节。

7.1.1 高职信息类实训基地建设的目的与意义

高等职业教育应在学生具备必须的理论知识基础上，重点培养学生从事本专业领域生产实际工作的职业技能。实训基地建设必须紧紧围绕这个首要任务，加强校内外实训基地建设，巩固专业知识、强化专业技能，培养学生职业技能。对于发展变化迅速的信息技术而言，更应注重实践操作的训练。高等职业教育的信息类实训基地建设，必须能满足培养学生职业素质、职业能力、自主学习能力等多方面的需要，以提高学生就业竞争力，实现培养高素质技能型人才的目的。

7.1.2 实训基地建设的关键因素

为了更好地对接地方信息产业，培养信息产业需求的信息类人才，四川交通职业技术学院实训基地规划和建设同时考虑了以下几方面关键因素：

(1)实训基地的建设是否有利于“理实一体”教学改革下的教学实施要求，以便更好地培养学生的职业素质、自主创新能力和职业技能。

(2)校内实训基地的建设是否与生产性实训挂钩，使学生在校内真实的生产环境中完成真实任务的实训和生产，让单一的实训任务整合为完整的实训过程。

(3)校内实训基地的建设是否考虑了以培养学生自主学习能力为主，让学生在若干项目的驱动下，在团队合作、沟通交流、自主学习能力、创新能力等方面有所提升和改变。

(4)校外实训基地的建设是否能满足学生顶岗实习的需要。

(5)校内外实训基地的建设除承担学生培养方案内的实训任务外，是否能对外承接培训服务，提高社会服务能力。

7.2 高职信息类专业实训基地建设的体系设计

在“双平台-双主线”人才培养模式思想的指导下，四川交通职业技术学院重新对校内机房进行了规划。在校内建立学习训练区，培养学生专业基本技能和自主学习能力；建立软件工厂和引企业驻校，培养学生专业核心技能；在校外建立顶岗实训基地，培养学生岗位综合能力。这样就形成了“学习训练、生产实训、顶岗实习”三层有机衔接，“学、训、研、产”四维合一的训练平台（如图7-1所示）。

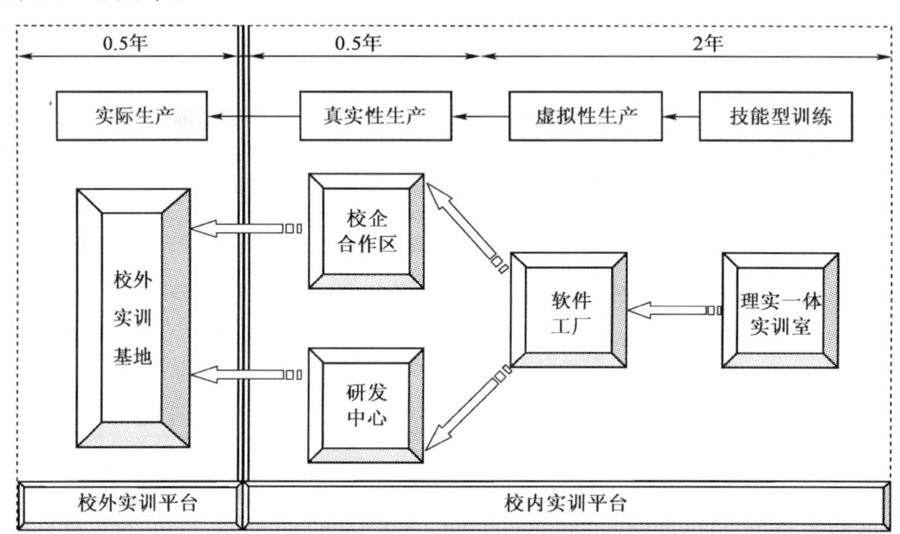

图7-1 “三层衔接、四维合一”的实训平台

7.3 高职信息类专业实训基地建设的典型案例

7.3.1 校内学习训练区的建设

根据四川交通职业技术学院计算机工程系所开设的软件技术、网络技术、计算机应用技术、楼宇智能化工程技术、多媒体技术、图形图像制作六个专业大类的实际需要，校内的学习训练区划分为软件、网络、计算机应用（嵌入式）、智能楼宇、数字媒体、自主创新、国际合作、校企合作产学基地等八个功能区。

1）软件技术学训区

按照软件开发的流程，从分析→编码→测试这三个环节分别建有软件项目分析、软件编码、软件测试；等三个学习训练区，在学习训练的过程中让学生掌握国内外规范的软件开发流程和标准。

（1）软件分析学习训练区

①软件分析学习训练区简介。

软件分析学习训练区按照“教学‘理实一体化’，项目‘全程贯穿’”的思想进行建设，面积约144m^2，划分为分析区和实训区（见图7-2、图7-3），各有40个工位。学生在老师带领下以分组形式先在分析区内完成指定的软件项目分析任务，然后在实训区完成软件项目分析文档的编写和系统架构的实现。

②软件分析学习训练区开展的实训项目。

结合课程需要，学生在教师带领下完成下列项目的分析任务，并编写项目分析文档：

a. CRM 客户关系管理系统项目分析；

b. 交通信息化产品网上购物系统项目分析；

c. 航空订票管理系统项目分析；

d. 网上书店项目分析。

图 7-2　软件分析学习训练区

图 7-3　学生在老师带领下分组进行软件项目分析

(2)软件开发学习训练区

①软件开发学习训练区简介。

软件开发学习训练区按照“教学‘理实一体化’，项目‘全程贯穿’”的思想进行建设，面积约 141m^2、划分为讨论区和实训区(见图 7-4、图 7-5)，各有 44 个工位。学生在老师带领下以分组形式在讨论区对已有的软件项目分析文档进行软件开发任务讨论及分配，然后在开发区完成软件项目的编码任务。

②软件开发学习训练区开展的实训项目。

学生在教师带领下分组完成下以项目的编码任务；

a. CRM 客户关系管理系统开发；

b. 交通信息化产品网上购物系统开发；

c. 航空订票管理系统项目开发；

d. 网上书店项目开发。

图 7-4　软件开发学习训练区

图 7-5　学生在教师带领下进行软件开发

(3)软件测试学习训练区

①软件测试学习训练区简介。

软件测试学习训练区面积约为 144m²,按照“教学‘理实一体化’,项目‘全程贯穿’”的思想进行建设,划分讨论区和实训区(见图 7-6、图 7-7),各有 40 个工位。学生在老师带领下以分组形式在讨论区对已完成开发的软件项目进行测试的任务分配及软件测试方案讨论,然后在测试区完成软件项目的测试任务。

②软件测试学习训练区开展的实训项目。

学生在教师带领下完成下列软件项目的测试任务:

a. CRM 客户关系管理系统测试;

b. 交通信息化产品网上购物系统测试;

c. 航空订票管理系统项目测试;

d. 网上书店项目测试。

图 7-6 软件测试学习训练区

图 7-7 学生在教师带领下完成软件测试任务

(4)软件工厂。

①软件工厂简介。

学生按照软件项目分析、软件编码、软件测试流程完成软件各流程的实训后,还需通过虚拟项目达到培养综合软件设计与开发、团队合作、软件配置与管理等方面能力的目的。因此,按照企业真实工作环境,四川交通职业技术学院规划建立了校内软件工厂(见图 7-8、图 7-9),让学生以准员工的角色进入该工厂完成项目的设计、开发。在企业仿真环境下完成项目的生产,可以让学生感受到有别于教学过程中的任务与项目实施,以生产产品的心态对待自己的设计与开发工作。

图 7-8 软件工厂

图 7-9 学生在软件工厂进行软件研发

②软件工厂开展的实训项目。

a. 校园门户网站项目;

b. 颠峰对日外包 BPO 业务;

c. 颠峰电子商务综合实训项目；

d. 网络游戏综合实训项目；

e. 移动应用开发综合实训项目；

f. Linux 网络应用开发综合实训项目；

g. Linux 嵌入式应用开发综合实训项目；

h. Web Services 综合实训项目；

i. SSH 高级框架技术综合实训项目。

2）网络技术学训区

根据网络技术所涉及到的网络基础、网络安全管理、网络集成、综合布线等能力的训练与培养要求，按照教学‘理实一体化’，项目‘全程贯穿’”的思想，四川交通职业技术学院规划建设了计算机组装维护及网络分析学习训练区、网络安全学习训练区、网络综合学习训练区和综合布线学习训练区（该学训区与智能楼宇学训区共享）。

（1）计算机组装维护及网络分析学习训练区

①计算机组装维护及网络分析学习训练区简介。

计算机组装维护及网络分析学习训练区面积约 $144m^2$，设有网络分析区 40 个工位、计算机组装维护区 40 个工位（见图 7-10、图 7-11）。学生在老师带领下在分析区完成网络架构分析任务，在实训区完成计算机组装维护任务。

图 7-10　计算机组装维护与网络架构分析学习训练区

图 7-11　教师正讲解计算机组装与维护注意事项

②计算机组装维护及网络分析学习训练区开展的实训项目

a. IP 地址分配方案分析；

b. 域名系统架构方案分析；

c. 网络设备选型方案分析；

d. 网络应用服务配置分析；

e. 操作系统部署方案分析；

f. 活动目录架构分析；

g. 计算机组装；

h. BIOS 设置；

i. 计算机故障诊断分析；

j. 显示器原理及故障分析；

k. 计算机周边电路分析。

(2)网络安全学习训练区。

①网络安全学习训练区简介。

网络安全学习训练区面积约 $100m^2$(见图 7-12、图 7-13),包括两台 IDS(入侵检测系统)、两台防火墙、4 组 VoIP、36 台学生电脑及 8 台路由器、交换机等硬件设备,能够完成网络安全的分析与实训任务。

图 7-12　网络安全学习训练区

图 7-13　学生在教师指导下进行网络安全的实训

②网络安全学习训练区开展的实训项目。

a. 系统安全与配置;

b. 防范口令攻击;

c. 反病毒与防火墙使用;

d. ARP 欺骗攻击与防范;

e. 网络嗅探攻击与防范;

f. 溢出攻击与防范;

g. 跨站攻击与防范;

h. 注入攻击与防范;

i. 远程控制与木马防范;

j. 系统安全设置高级技巧;

k. 入侵检测。

(3)网络综合学习训练区

①网络综合学习训练区简介。

网络综合学习训练区是四川交通职业技术学院与神州数码(有限)公司、Cisco System(思科系统)有限公司合作共建的一个学习训练区,面积约 $141m^2$(见图 7-14、图 7-15)。

图 7-14　网络综合学习训练区

图 7-15　学生在网络综合学习训练区进行网络实训

网络综合学习训练区包括49台新购电脑(配置为Intel 7500 CPU、4G内存、320G硬盘、19寸液晶显示器)、8组神州数码网络设备(每组网络设备包括4台路由器、2台三层交换机、2台二层交换机、1个CCM-16串口控制器)、1组思科网络设备(包括6台思科路由器、3台思科交换机)。神州数码的网络设备能够完成DCNP的所有实验,思科的网络设备能够完成CCNA的实验。学生通过实验能够掌握构建企业网络的技术,完成企业网络的架构分析与配置任务。

②网络综合学习训练区能够完成的实训项目。

学生在教师指导下完成下列实训任务:

a. 交换机Telnet用户配置;

b. VLAN划分与应用;

c. STP配置与应用;

d. MAC地址绑定与应用;

e. 静态路由表配置与应用;

f. 动态路由协议配置与应用;

g. NAT配置与应用;

h. ACL配置与应用;

i. 三层交换配置与应用。

3)计算机应用技术(嵌入式开发)学训区

计算机应用技术(嵌入式开发)学训区按照"教学'理实一体化',项目'全程贯穿'"的思想进行建设,面积约130m²(见图7-16),配备有计算机电脑30台、嵌入式开发箱30套,能完成嵌入式系统的设计与开发实训。

计算机应用技术(嵌入式开发)学训区开设的实训项目有:

a. 桥梁无线检测;

b. 电子万年历设计与焊接;

c. U盘制作;

d. 智能家居;

e. 电子狗设计与制作;

f. 门铃电路图设计。

图7-16 嵌入式开发学训区

4)楼宇智能化学习训练区

(1)楼宇智能化工程技术综合实训室简介。

本实训室是楼宇智能化工程技术专业重点建设实训室,采用真实工程环境建设方式,投入140万元,于2011年建成(见图7-17、图7-18)。本实训室能开展建筑安防工程技术、建筑消防工程技术、建筑供电与照明技术、数字会议系统技术等核心课程的"理实一体"教学工作。

本实训室主要是培养学生对楼宇智能化工程技术专业的安防系统、楼宇对讲系统、消防报警系统、照明系统等相关项目的设计、安装和调试能力,让学生具备较强的实际操作能力,提升学生在安防系统安装维护、建设工程造价、弱电工程施工、安全防范设计与评估、智能楼宇管理等相关岗位的工作能力。

(2)楼宇智能化工程技术综合实训室开展的实训项目。

结合课程需要,学生在教师带领下完成下列实训项目:

图 7-17　建筑安防系统设备安装与调试实训室

图 7-18　学生在老师带领下进行监控设备的安装与调试

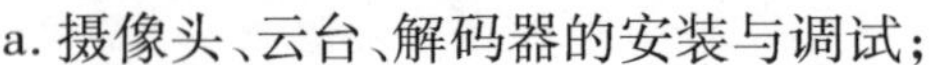

a. 摄像头、云台、解码器的安装与调试；

b. 电视监控系统的设计、安装与使用；

c. 门禁系统的设计、安装与使用；

d. 各种报警主机的安装、调试与使用；

e. 探测器的安装与调试；

f. 照明系统的安装与使用；

g. 电梯系统的安装与调试；

h. 供水系统的安装与调试；

i. 远程抄表系统的安装与程序设计；

j. 智能家居系统的安装与程序设计；

k. 广播系统的设计、安装与调试；

l. 会议系统的设计、安装与调试；

m. 小区类安防系统的整体设计、安装与调试。

5)数字媒体学习训练区

(1)图形图像学习训练区简介。

图形图像学习训练区按照“教学‘理实一体化’,项目‘全程贯穿’”的思想进行建设,面积约为 130m^2(见图 7-19、图 7-20),其中分析区 14 个工位、图形制作区 50 个工位(包括 50 台新购电脑,配置为:Intel Q8200 四内核 CPU、2G 内存、320G 硬盘、22 寸液晶显示器、512M 图形独立显卡)。学生在教师带领下完成图形图像制作分析任务,并在实训区完成图形图像实训任务。

图 7-19　图形图像学习训练区

图 7-20　学生在进行图形图像处理

(2)图形图像学习训练区能够完成的实训项目。

学生在教师指导下完成下列实训任务:

a. 用表格布局方式制作一个著名旅游景点宣传网站;

b. Div + Css 布局方式制作九寨沟旅游景点宣传网站;

c. 使用 Flash 制作 MTV;

d. 使用 Flash 制作摄影或旅游景点网站;

e. 为计算机工程系设计一套 VI 系统;

f. 为公司制作宣传画册;

g. 使用 Photoshop 制作网页开始页面效果图;

h. 为房屋设计 3D 效果图;

i. 自选剧本,制作一部校园广播剧;

j 为一个栏目制作视频片头。

6) 多媒体制作与处理学训区

(1)多媒体学习训练区简介。

多媒体学习训练区以示范建设为基础,按照"教学'理实一体化',实际企业和社会项目'全程贯穿'"的思想进行建设,面积约 $95m^2$,划分为视频编辑与处理实训区和图片后期生产实训训练区(见图 7-21、图 7-22)。

图 7-21 视频编辑与处理实训区

图 7-22 图片后期制作与冲印实训区

其中视频拍摄和制作训练区有摄像机位 8 个,视频后期处理工位 8 个,图片拍摄及后期处理兼生产工位共 15 个。针对实际项目,先由老师和学生对项目进行需求分析,然后在老师的指导下进行项目方案的讨论和设计,并做出有针对性的项目脚本,最后通过学生的实际拍摄和后期处理完成项目。

(2)多媒体学习训练区开展的实训项目。

依托工作室校内外的项目,有针对性的对学生进行相关课程的教学,以项目促教学,以教学增技能。

视频训练区:主要培养学生宣传片、课程录像、专题片等的制作能力。通过项目的镜头脚本的制作,视频素材的收集和拍摄,再经过后期的制作完成项目。从训练区的成立至今已完成宣传片 部,课程录像以及学生生活短片若干。

图片训练区:重点培养学生对照片的拍摄、后期处理以及冲印的能力。首先根据主题选择镜头以及练习构图,然后通过后期的处理完善图片效果,最后亲自操作冲印照片。

7)自主创新学训区

(1)工作室简介。

ATOB 工作室(见图 7-23)成立于 2008 年,是四川交通职业技术学院的一个学生创新、创业团体,致力于互联网应用软件系统开发与用户交互应用系统的创新研发。目前,工作室有在册人员 32 名,分为 UI 界面、程序开发、创意设计、技术支持、嵌入式机器人五个小组。四年来,ATOB 工作室作为计算机工程系的优秀学生研发团队,先后承担了全国软件大赛四川分赛区网站,四川交通职业技术学院示范建设、验收、成果展示系列网站,教务管理系统、数字虚拟校园等多项科研项目,并为企业设计各类网站、系统、VI 系统等近百项。学生参加创业、竞赛、创新活动,获全国软件大赛一等奖,四川省计算机作品赛一、二、三等奖等各类奖励十余项。培养的优秀毕业学生已进入知名企业从事设计、研发、管理等各项工作,并逐步成为业务骨干与管理精英。ATOB 工作室敬业专注的创新精神获得学院及各界的认可与支持,为打造一只学生创新创业的品牌团队奠定坚实基础。

图 7-23　ATOB 创新工作室

(2)荣获成绩。

①2011 年全国软件大赛总决赛荣获一等奖;

②2011 年四川省大学生计算机作品大赛二等奖;

③2010 年四川省大学生计算机作品大赛一等奖和优秀奖;

④2010 年四川省职业院校学生技能大赛二等奖;

⑤2010 年四川省职业院校学生技能大赛(高职组)嵌入式产品开发项目竞赛中荣获“优秀奖”;

⑥2010 年全国软件专业人才设计与开发大赛(C 语言组)并获得“三等奖”;

⑦2010 年中国机器人大赛暨 RoboCup 公开赛中荣获机器人武术擂台赛无差别组比赛“三等奖”。

8)国际合作 BCIT 学习训练区

(1)BICT 学习训练区简介。

BCIT 学习训练区是四川交通职业技术学院与加拿大不列颠哥伦比亚理工学院联合建设的学习训练区,旨在培养与国际接轨的具备国际软件开发能力的高素质人才。本学习训练区充分融入国外先进职教理念,按照“教学‘理实一体化’,项目‘全程贯穿’”的思想进行建设,以突出国际化、标准化、职业化的特点(见图 7-24、图 7-25)。

(2)BICT 学习训练区开展的实训项目。

①迷宫游戏设计与开发;

②Windows 画板程序设计与开发;

③购物网站设计与开发;

④科研项目管理系统设计与开发;

⑤服务器与客户端通信系统设计与开发;

⑥精品课程网站设计与开发;

⑦招生系统设计与开发；

⑧学生管理系统设计与开发。

图 7-24　加方教师授课

图 7-25　外籍教帅在 BCIT 学习训练区上课

9)校企合作产学基地

(1)颠峰软件集团产学基地简介。

颠峰软件集团产学基地是我院与颠峰软件集团共建的一个真实企业生产基地(见图 7-26～图 7-28)。其运作方式为:颠峰软件集团承接项目后,将项目的部分内容放到该产学基地完成。该产学基地的工作过程、管理方式完全按照颠峰软件集团的企业标准实施,这对学生职业素质培养和行业规范的了解有积极的促进作用。

图 7-26　颠峰软件集团产学基地前台接待区

图 7-27　颠峰软件集团工程师在指导学生

颠峰软件集团产学基地完全采用颠峰软件集团的真实项目作为生产性任务,主要完成颠峰软件集团所承接的部分项目中的子项目。

(2)SMT 贴片机生产基地

交通信息化生产性实训基地是计算机应用技术专业的建设重点,建成于 2011 年。校企合作共计投入 200 万元,建立 SMT 贴片机生产线一条,主要包括自动锡膏印刷机、高速贴片机、回流焊及 AOI 检测仪等核心生产设备,可满足实际生产需要(见图 7-29)。目前该生产实训室配备专业管理人员两人、企业技术工程师两人,能开展交通信息硬件产品的加工生产实训任务,开设有 SMT 工程工艺、芯片级检测等核心课程,承担计应、楼宇等 3 个专业 10 个班级的生产教学任务,还承担 10% 学生的顶岗实习任务。

7.3.2　校外实训基地建设成果

校外实训基地是培养学生综合职业能力的重要条件,也是实现学生学习与就业“零距离”的重要一环。四川交通职业技术学院计算机工程系着力建设校外实训基地,目前已建成了成都颠峰集团、四川四凯计算机有限公司、成都纬布软件有限公司、杭州创业软件、神州数码、达内 IT 中心等 10 家校外实习基地，为学生顶岗实习和就业提供了有力保障。校外企业实习基地见图 7-30 ~ 图 7-33。

图 7-28　颠峰软件集团产学基地讨论区

图 7-29　SMT 贴片机生产线

图 7-30　成都颠峰软件办公大楼

图 7-31　学生在四川四凯计算机有限公司研讨

图 7-32　学生在成都纬布软件有限公司实习

图 7-33　学生顶岗实习

第8章 “双主线-双平台”人才培养模式下的教学团队建设

8.1 “双主线-双平台”人才培养模式下教学团队建设的依据

随着高等职业教育的快速发展,高职教育作为一种独立的教育类型在国民教育体系中的地位与作用逐渐凸显。随着高职教育由规模发展向内涵发展的转变,学生、社会、家长以及高职教育本身对高职教师提出了有别于普通高校教师的特殊要求。高职教师承担着培养现代高素质技能型人才,提高学生核心竞争力,培养学生可持续发展能力的重大任务。因此,高职教师除了应具有教师基本的素质和道德素养外,其职业特殊性还表现在:不仅要“学高”、“德高”,还要“技高”。

(1)相对于中职教师,高职教师应该具有更宽厚的知识背景、精深的专业技能,熟悉行业工作流程,具有基于工作过程的课程开发能力、教学设计能力和“理实一体”的教学组织实施能力。除此之外,还应具有较高的教研、科研能力。

(2)高职教师的知识结构有别于普通高等院校的教师,对其专业知识的要求应更综合和全面,应具有较强的专业实践能力和相应的实际工作经验,同时应取得行业认可的职业资格认证证书。

(3)相对于企业技术人员,高职教师又要掌握一定的教学技巧,须取得国家认可的教师资格证,具备良好的表达、沟通和教学能力。

可见,高等性、职业性和教育性是高职教师必备的三重属性。

当前,随着高职教育的蓬勃发展,对高职教师的质量和规格要求也出现了新的变化。总体而言,高职教师的发展主要有以下三个趋势:

(1)职业化。高职教师的职业化是指高职教师应当走一条与普通高校教师不同,具有职业教育特色的发展之路。具体而言,就是高职教师应当转变传统的“教书匠”角色,走“双师”的发展路线,与产业发展密切相关。因此,高职教师必须要密切关注产业发展的趋势和需求,多渠道建立与行业、产业、企业的联系,实时更新自身的知识、技术与技能。

(2)专业化。在“双师”教师的发展理念下,高等职业院校教师不仅要具备普通教师应具备的教育教学能力,更重要的是要具备较高专业技术与技能,以此建立与企业沟通与交流的基础,发挥教育教学和服务社会的双重作用。

(3)国际化。建立有中国特色的职业教育体系的前提在于与国际接轨,这样才能在较高的水平上实现特色与创新。因此,在新时期,高职教师的发展应当具有国际化的发展趋势,在教育教学理念、教育教学方法与手段以及教育教学评价等方面,都要与国际接轨,实现国际对话,为创建具有国际水平的高职教育奠定基础。

8.2 “双主线-双平台”人才培养模式下教学团队建设的举措

当前,高职院校师资队伍普遍存在师资来源渠道单一、职称结构不合理、学历层次较低、实践经验缺乏,职业化、专业化、国际化水平不高等问题。就四川交通职业技术学院计算机工程系而言,师资队伍也面临着同样的问题。伴随“双平台-双主线”人才培养模式的推进,需要建设一支“结构合理、专兼结合”的优秀“双师、多能”教学团队。在近几年的建设过程中,从制度上进行保障,采取有效的措施,按照“职业化、专业化、国际化”的师资队伍建设思想为指导,构建了一支“精教学、强实践、善开发”的“双师、多能”教学团队。

8.2.1 建立长效机制,保障优秀“双师、多能”教学团队

从培养具有双师素质,多元能力的角度出发,学院《人事分配制度改革》、《教师顶岗管理办法》、《专业带头人管理办法》、《外聘教师管理及考核办法》等成为建设“双师、多能”教学团队的有力保障。

以教学团队为基础,按“专业带头人—课程负责人—专业骨干教师,系统分析员—工程师—程序员”的双梯队模式建立以岗位聘用为核心的用人机制。根据团队建设标准和岗位职责制订科学合理的,定性与定量相结合的分级考核指标,改革工作量分配制度。另一方面,为鼓励教师提高学历,取得行业的职业资格认证,改革后的人事分配制度中将教师学历取得、职业资格证书取得、参与课程建设、与企业联系等方面纳入考核内容,以促进“双师”教学团队的建设。

8.2.2 多渠道提高教师“双师”素质

计算机工程系的专职教师大部分是“从校门到校门”,既缺乏对高等职业教育理念和教学特点的把握,同时也缺乏行业工作经验,不能很好地胜任高职教师的岗位要求。为此,通过邀请高职教育专家、课程开发专家来校讲学,教师到企业顶岗锻炼,参加行业职业资格认证,参与生产性项目开发等多种渠道提高专职教师专业水平和职业能力。

(1)加强高职教育理念的学习,提高基于工作过程的课程开发能力。

多次邀请姜大源教授、赵志群教授、戴士宏教授和加拿大 BCIT(不列颠哥伦比亚理工学院)的老师来校讲学和指导,对高职教育理念、基于工作过程的课程开发、课程整体教学及单元设计、教学组织实施等方面内容进行深入的讲授和辅导,让教师们更深入地了解了高职教育与中职教育、普通高等的差别,明确了作为高职教师应具有的基本素质和独特性要求。

大力开展教研活动,组织教师学习和研究高等职业教育的人才培养模式,结合本系的专业定位及专业改造,提高对职业教育的认识。从具有高职特色的人才观、质量观、办学观和教学观四个层面解决了如何制定高职人才培养方案、基于工作过程重构课程体系、一门课如何设计、一堂课如何实施教学等问题。通过广泛而深入的教研活动以及真实的教研项目,使教师的课程开发能力、课程设计能力和“理实一体”的教学组织实施能力有了较大提高。

(2)通过顶岗锻炼,提高专业实践技能。

顶岗锻炼是提高教师专业实践技能普遍认可的有效途径。计算机工程系在师资队伍建设过程中通过选送优秀教师到企业顶岗锻炼,参与企业实际生产项目开发,提高教师的实践技

能。通过顶岗锻炼,教师的角色发生了转变,即由学校教师转变为企业职员,深入企业,切实体验企业的要求和企业文化,这对教学过程中将 IT 人应具有的职业素养和职业技能传授给学生具有巨大的作用。经过锻炼,教师不仅德高、学高、而且“技高”,符合高职教师的基本要求。

(3)借助 ATOB 技能提升中心,参与项目研发,提升专业技能。

尽管顶岗锻炼是培养教师实践技能的有效方式,但由于学校的规模较大,教学任务繁重,能派到企业顶岗锻炼的人数有限。如何解决这个矛盾就成了当务之急。经过反复研究与实践,开创 ATOB 技能提升中心,承接院内外的软件开发项目,让教师在教学之余参与到真实项目中去,提高自身的系统分析能力、软件开发能力、测试能力等。目前,ATOB 技能提升中心已先后完成了“基于工学结合的教师测评系统(网络版)”、学院科研管理系统、财务收费系统、学生管理系统、生产资源库管理系统、实践证书管理系统、学院单独招生系统等系统的研发,并投入正式运行。其中,有 4 个系统取得了国家版权局颁发的软件著作权。

8.2.3 加强在职教师的继续培训,推行教师行业资格认证体系

树立终身学习的意识,建立教师终身学习的激励机制,鼓励教师报考硕士、博士,以此改变教师学历构成。经过三年的培养,目前四川交通职业技术学院计算机工程系 40 岁以下教师全都取得了硕士学位或为在读硕士。

另一方面,鉴于 IT 从业人员趋于年轻化的特点,结合全系教师平均年龄不到 30 岁的现状,如果严格按传统职称结构衡量专职教师队伍的职称构成,差距较大。由此,通过两种途径优化专职教师的职称构成:一是推行教师行业资格认证体系,鼓励教师获取行业认可的职业资格认证,比如系统分析员、软件工程师、高级程序员等;二是从企业聘请资深的高级技术人员承担实训课程,确保教学团队的职称构成趋于合理。

8.2.4 拓宽师资来源渠道,优化教学团队结构

在现有专职教师的基础上,通过外聘内培的方式,优化教学团队,使师资的来源渠道不再单一。目前,教师的来源具有多样化的特点,有在读博士、硕士,有来自企业一线的高级技术人员,有北美著名职教学院 BCIT 的外籍教师,有国际国内知名企业的项目管理人员。同时,还从成都颠峰软件有限公司、神州数码西南公司各聘请了一名专业带头人,参与专业建设、课程建设。

8.2.5 专兼结合、优势互补,打造优秀教学团队

高职的教学不再是校内专职教师的事,而是要构建专兼结合的教学团队,发挥各自的优势,培养理论基础知识扎实、实践操作技能强、可持续发展能力强的高素质技能型应用人才。为了发挥教学团队中各个教师的优势,对于理论性稍强的课程内容,由校内专职教师承担教学任务;对于实践性较强的课程,由校外兼职教师和校内专业技能强的教师承担。按照师生比 1∶16的标准,建立了 60 多人的兼职教师资源库。为了提高企业兼职教师的教学能力,还成立了教师技能提升中心,专门负责教师教学技能的提升。每位承担教学任务的兼职教师都要参加教师教学技能提升中心的培训,学习教学基本技巧、教学环节的构成要素、微型课的教学组织等内容,培训合格后方可进行教学。通过这种方式,保证良好的教学质量。

同时,在课程实施环节,在“理实一体、做学合一”的教学改革中,打破了一门课由一名教师贯穿始终实施教学的状况,可由多名教师承担教学任务,各自将优势发挥到最大,取得最大成效。

8.3 “双主线-双平台”人才培养模式下教学团队建设的成效

近年来,依据典型“项目准备—项目规划—项目分析与设计—项目实施—项目测试—项目交付使用与维护”的项目工作流程,以“职业化、专业化、国际化”的师资队伍建设为指导思想,联合微软(中国)有限公司、成都颠峰软件有限公司、四川智能交通系统管理有限责任公司、神州数码西南公司等企业,建立了师资队伍建设长效机制,对专职教师做出了合理的职业规划。通过聘请校外专业带头人、校外高级技术骨干,选送优秀教师到企业顶岗锻炼、选送教师参加课程新技术培训等多种方式,打造了一支“精教学、强实践、善开发”的“双师、多能”结构教学团队,具体体现在:

1)教师学历层次大大提高

在教师继续教育机制和人事分配制度改革的推动下,40岁以下的青年教师都通过攻读工程硕士或博士等渠道提高自己的学历水平,夯实自身的理论基础知识。前后相比,教学团队学历构成变化如表8-1所示,其中具有研究生以上学历的教师比例提高了12.5个百分点。

教学团队学历构成变化表 表8-1

学历层次	2007年(人)	2011年(人)	学历层次	2007年(人)	2011年(人)
本科	6	2	博士	0	3
研究生	6	14	研究生以上学历比例	81.25%	93.75%
在读硕士	20	13			

2)教师技能提升迅速,整体水平较高

通过选送优秀教师到企业顶岗锻炼,让教师专业水平与产业技术发展同步,与企业、行业接轨。全系已先后有16名教师通过顶岗锻炼途径提高了自身的专业实践技能,教师顶岗锻炼比例接近50%。前后教师顶岗情况对比如表8-2所示。

教师顶岗情况对比 表8-2

	2007年	2009年	2011年
教师顶岗人数	1	10	5
教师顶岗比例	3.13%	9.38%	31.25%
总顶岗比例	43.75%		

教师在顶岗岗位,能发挥自己的优势特长,找准与企业的差距,在职业素养、专业技术能力、与人沟通交流等方面有了较大提高。这批去企业顶岗回来的老师,能有效胜任“理实一体”的教学,并能将企业一线所需的职业素质、理论知识、技术标准、技术要求等内容传授给学生,取得了较好的教学效果。

3)推行职业资格认证体系,成效显著

在教学团队中推行行业认可的职业资格认证体系,促使教师不断提升自己的专业水平(除了具备教师资格证外,还要获取行业认可的多种职业资格证书)。几年来,“双师”素质比例变化如表8-3所示。目前,已有91%的教师取得了相关行业的职业资格认证,“双师”素质教师比例达到了91%。其中,有微软访问学者1名,微软银牌讲师4名。在同类院校中,计算机工程系教学团队的教学水平、教学能力、专业技术能力名列前茅。教师们先后被常州职业技术学院、成都商务技术学院、成都农业科技学院、温州大学、电子科技大学成都学院邀请前往授课。同时,他们也被纳入了微软优秀讲师库,成为微软师资培训的主讲教师。

“双师”素质教师比例变化表

表 8-3

统计项目	2007 年	2009 年	2011 年
“双师”教师数(人)	12	25	29
“双师”比例	37.5%	78%	91%

4)聘请企业能工巧匠,增强教师团队实践能力

吸收知名 IT 企业的高级技术骨干,分三年逐步建立了超过 50 人的兼职教师资源库,为实践教学储备经验丰富的能工巧匠和技术骨干。在各个年级教学中,先后聘请了 28 名教师承担实践性课程的教学任务,为 80 名学生的毕业设计(论文)提供指导,举办了 16 次针对 Ajax 技术、SSH 技术、软件开发过程等 IT 前沿的软件开发技术讲座,无论是教师还是学生都从中受益匪浅。几年来外聘教师承担教学、实训任务的情况如表 8-4 所示。

外聘教师承担教学情况

表 8-4

统计项目	2009 年	2010 年	2011 年
外聘教师承担教学人数(人)	4	4	20
外聘教师承担教学总学时(学时)	288	256	1 835

5)教学团队趋于职业化、专业化,走向国际化

校内专职教师通过教师资格培训,均取得了高校教师资格证,具备教师的基本素质,也具有了在新课改下理实一体的教学能力,但实践技能还有待提高。通过学历进修、顶岗锻炼、新技术培训等多种渠道夯实教师的理论基础知识,提升专业实践技能。从校外聘请的技术专家,虽然具有一线工作的宝贵经验,但由于没有经过系统的教育教学技巧的培训,直接走上讲台,势必存在教学经验不足,不能有效实施教学的情况。为此,通过教师技能提升中心专门对外聘教师进行教学环节、教学技巧的培训。通过以上多种方式,校内专任教师除具有教师职业素质外,还具有企业员工的职业特性;校外聘请的技术人员除具有 IT 行业的职业素质外,还具有教师的职业素养。专兼结合的教学团队具备了教师和企业员工的职业特性与职业素质。值的一提的是,这只教师团队还有来自北美职教名校加拿大不列颠哥伦比亚理工学院的教师。这些教师大都来自企业,同时具备优秀教师的素质,其教学设计、教学组织能力堪称一流。有了这些外籍教师的加入,教师团队逐步向国际化方向发展。

第9章 “双平台-双主线”人才培养模式下的职业素质培养

高等职业教育具有高等性、职业性和教育性的三重属性，因此，高职教育在人才培养过程中，必然要关注教育的“职业性”，这也是高等职业教育有别于普通高等教育的重要特征之一。同时，高等职业教育以培养生产、建设、管理、服务一线的高素质技能型人才为培养目标，因此，在高职教育的人才培养过程中，必然要凸显对高职学生职业素质的培养。特别是近几年，通过对毕业生的跟踪调查发现，用人单位对学生的评价不仅局限于对学生知识和技能的评价，而且更为关注的是学生的职业素质。因此，“双平台、双主线”人才培养模式紧扣高等职业教育的职业属性，在注重知识、能力培养的同时，着力培养高职学生的职业素质。

然而长期以来高职教育被认为是“二流教育”、技术教育，以致形成了高职人才培养重技能而轻素质的局面。主要表现为：一是高职教育的应试成分较大，在一定程度上制约了职业素质教育的实施。大学生即将面对的是需要有创新意识和一定专业技能高素质人才要求的知识经济社会。而在现有教育体制下，考试的普遍存在导致部分学生将考试作为目的而非促进学习的手段，只为应付考试，缺乏应有的学习动力，不知道如何规划自己的未来。这些人步入社会之后，连一些最基本的问题也解决不了，无论是对用人单位，还是学生本身，都会造成不小的麻烦。这样的结果使学生对学校的教育或多或少地产生了怀疑，挫伤了他们学习的积极性和主动性。二是市场经济的一些消极因素对高职院校实施素质教育产生了负面影响。市场经济提倡个性化发展，使学生的个人主义观念有所抬头，影响他们对客观事物的判断。面对复杂纷繁的世象，他们产生了学习的好坏和挣钱的多少没有太多直接联系的观念，因而对学校、老师、家庭要求他们做到的事情有一定抵触，特别是对各类培训会议及思想政治教育内容产生厌烦情绪，导致现有的素质教育流于形式。三是高职学生对素质教育的内涵还不完全清楚，缺乏参与意识。通过对学生的访谈发现，部分大学生没有明确的学习目的，也就没有了学习的动力。他们因忙于学习专业知识，用于提高自身职业素质的时间相对较少，对职业素质教育的知识了解甚少，表现为团队意识不强、对世事漠不关心、承受外部压力的心理脆弱、就业竞争力减弱。四是学生对传统的“课堂说教”有抵触情绪。高职学生正处于人生中的第二个“心理断乳期”，对所面临的事物一般持批判怀疑态度。具体表现为，在遇到重要事情及有知心话要说时，找朋友诉说的较多，对老师和家长的信任度有所下降。他们每天面对的基本上是宿舍、教室和食堂，和老师直接沟通的机会少之又少，难以发挥教师自身职业素质对学生职业素质发展的影响作用。五是高职院校的职业素质育人环境仍需继续改善。职业素质的培养蕴含学生生活与学习的点点滴滴当中，高职院校的一人一事、一花一木都发挥着不可忽视的育人作用。因此，高职学生的职业素质教育需要高职院校建立积极向上、诚实守信、吃苦耐劳等职业生涯发展过程中不可或缺动力的文化氛围，以发挥高职院校对学生职业素质养成的潜移默化的影响作用。

“双平台-双主线”人才培养模式的实施对人才培养过程中的素质培养提出了更高地要求，即严格按企业用人的要求和职业人的标准培养学生，打破了传统职业素质教育的途径和方式,将学生的职业素质教育融入到教学、实践、生活、实习的全过程中。教师除了充当教书育人的角色,还要办理企业 HR,对学生随处表现的素质给予评价和指导,促使学生养成良好的职业意识、习惯,提升学生的综合职业素质。由此,“双平台-双主线”人才培养模式将职业素质教育融入到了双平台和双主线当中,推动学生综合素质的提高。其主要思路为,在学生职业素质教育中重点围绕“六求”展开,培养企业满意、社会需要、个人竞争力强的适用型人才。“求真”,即崇尚科学,努力学习各种新的知识的理念、方法;“求善”,培养学生成为社会主流价值观的践行者、示范者;“求美”,即通过文化艺术活动提高学生审美情趣,陶冶学生情操;“求实”,培养学生务实的精神,丰富学生积极参加社会实践活动的亲身经历;“求全”,即培养学生适应社会的综合素质和能力;“求特”,在全面发展的基础上,强调培养学生的特长,专业方面的技能;“求强”,即培养强劲的就业创业竞争力。具体做法如下:

1)以课堂教学为渠道,在日常教学中融入职业素质教育

课堂教学是学生在校学习的主要途径,因此,必须抓住这个重要契机,摈弃“单向灌输”的教育模式,认识到教育的重点不仅仅是传播知识,更重要的是教会学生如何学习和怎样做人,充分发挥学生受教育过程中的主体作用。同时,针对职业教育的职业特性,改变单一的“课堂说教”方式,采取实践教学、校企交流、企业参与等相结合的教育模式,培养学生对素质培养与学习的主体意识和工作的积极性。

2)以文化建设为平台,在校园生活中融入职业素质教育

以学术报告、专家论谈、报刊、宣传栏等多种形式,大力宣传职业素质教育的目的和内容,强调终身学习的重要性,尽可能地调动大学生参与职业素质教育的积极性。同时,针对学生在学习过程中存在的问题,强化学风建设。通过个别指导、群体谈话、树立典型等方式促使他们改变学习方法,提高学习兴趣,增强学习能力,为他们营造一个良好的学习环境,使学生们能够快乐地学习。与此同时,为了增强学生学习的自觉性,进一步强化对学生课堂学习的督查,要求学生必须参加晚自习的学习,以此进一步促进学生学习的积极性。

3)以队伍建设为核心,在言传身教中融入职业素质教育

有关资料报道:人在大学阶段只能获取所需知识的 10% 左右,而其余 90% 的知识都要依靠在工作以后不断学习才能取得。因此,教学生学会学习是素质教育的一个重要内容。这就要求素质教育工作者加强现代教育技术学习,不断改进教学方法和手段,以利于培养大学生的信息意识、创新能力和可持续发展能力。充分发挥专业课教师、辅导员、驻校企业员工在大学生素质教育活动中的指导作用。在实际教学中将这三支教学力量有机结合,切实承担起教书育人、管理育人、服务育人的光荣使命。“传道授业解惑”的职责,不仅体现于专业知识的传授,也体现在思想道德的引导上,使学生在搞好学业的同时,积极参与各种活动,提高综合素质。

4)以创新能力为重点,在团队合作中融入职业素质教育

以活动为载体,强化学生的动手操作能力。通过与社会企业联合办学,组织学生参与生产性实训;创立各类创新工作室,将理论学习和实践相结合,在培养学生解决实际问题的同时,使他们的创新意识、团队意识、协作精神、诚信意识进一步增强。

基于上述思路,在“双平台-双主线”人才培养模式的实施过程中,职业素质教育有效地融入了人才培养方案。毕业生及用人单位的反馈表明,学生职业素质的提高,对学生职业生涯的发展有重要的影响作用。此外,在“双平台-双主线”人才培养模式中,通过制定详尽的职业素

质培养方案，从新生入学教育开始，通过军训、爱校教育、校规校纪教育、专业思想教育、心理健康教育、公民道德意识教育等一系列教育活动，帮助他们尽快适应大学生活，树立正确的学习观、成才观、道德观，为顺利完成大学生活奠定良好的基础。二年级要以就业意识教育为导向，以职业道德教育为基础，以培养学生的职业技能为切入点，培养学生的职业能力和创新精神，形成良好的思想品质和健全的人格。

第10章 “双平台-双主线”人才培养模式的成效分析

10.1 毕业生群体分析

对于“以就业为导向”的高职教育而言，毕业生的就业率和就业质量成为衡量高职教育办学状况的重要指标。为此，在“双平台-双主线”人才培养模式的改革过程中，我们特别注重对学生就业能力的培养。自2008年开始，四川交通职业技术学院计算机工程系开始尝试推行“双平台-双主线”的人才培养模式，到目前，已推行了三年，通过对2009、2010、2011三届毕业生的就业质量对比发现，新模式下学生的就业质量明显高于传统模式下培养的学生就业质量。表10-1为三年来三届毕业生就业质量的对比分析结果。

2009、2010、2011届毕业生就业质量对比分析 表10-1

对 比 项 目	2009届毕业生	2010届毕业生	2011届毕业生
首次就业率	89%	92%	96%
专业对口率	60%	65%	78%
起薪	1 000元	1 600元	2 200元
企业对毕业生的满意率	80%	87%	92%
毕业生对专业的认可度	50%	64%	78%

从表10-1可以看出，2009届毕业生是2006年进校的学生，当时主要以与ATA的三方合作人才培养模式为主培养学生，学生虽然考取了不少企业证书，但对自己的专业认可度较低，其能力的培养上达不到企业要求，学生专业对口率仅为60%。而2011届毕业生即2008年进校的学生，专业对口率较2009届提高了18个百分点，首次就业率提高了7个百分点，企业对学生的满意率也由原来的80%提高到92%，毕业生对专业的认可度也明显增强。企业普遍反映现在培养的学生存在以下几点优势和明显的改变：

(1)静心做事，踏实工作。毕业生具有良好的职业素质，肯吃苦，少了以往的浮躁和自负，多了些自信、谦虚，愿意踏踏实实工作，从每个细节、每个环节都能看出学生的转变，这也是“双平台-双主线”人才培养模式改革的显著成效。

(2)专业基础知识扎实，专业技能操作熟练。许多企业使用了计算机工程系的毕业生后表示，他们改变了高职生的学习能力差于本科生的看法。在“双平台-双主线”培养模式下，注重专业基础知识的夯实和专业技能的培养，毕业生的专业基础知识扎实，专业基础面较宽，转岗和适应新环境、新事物的能力强，掌握新技术的时间周期较以前缩短，专业技能操作娴熟，可以为企业节约人力和时间成本。这些都说明在新模式的培养下，学生经过三年的培养与锻炼，其学习能力、实践操作能力明显增强。

(3)职业发展空间增大。毕业生的专业基础面较广，专业技能较强，可持续发展能力较强，发展空间也随之不断扩展。

四川交通职业技术学院计算机工程系自2008年开始以服务地方信息产业和区域经济为切入点和突破口,在如何与企业实现合作办学、合作育人、合作就业、合作发展等方面不断探索与总结,在实践中逐渐探索出一套“双平台-双主线”的现代信息类人才培养体系,旨在解决专业建设与产业如何对接、人才培养与社会需求之间的供需矛盾、学生可持续发展能力以及专业知识与职业技能并重培养、如何为人才培养提供优质教学支撑等方面问题,以全面提高人才培养质量。

为掌握和了解毕业生就业后的工作情况,认真听取毕业生对近年来实施的“双平台-双主线”人才培养模式改革的意见和建议,深化教学体制改革,促进学生更好的成长,计算机工程系连续跟踪调查了2007级和2008级毕业生,具体情况如下。

10.1.1 调查指标选取

本次调查选取了计算机工程系实施人才培养改革前的2007级毕业生和实施人才培养模式改革后的2008级毕业生。在2007级调查中我们重点跟踪人才培养质量过程中的以下几个关键指标:

关键指标1:就业岗位与所学专业的紧密性;

关键指标2:学生就业时的起薪;

关键指标3:企业订单培养的必要性;

关键指标4:基础课程与专业课程改革方式;

关键指标5:课外学生学习情况;

关键指标6:学生参与技能大赛情况;

关键指标7:教师专业技能情况;

关键指标8:学校实习与企业工作的结合性;

关键指标9:学校是否应该在校内引入企业;

关键指标10:学生在企业中的发展空间;

关键指标11:学校是否建立教师课外项目组;

关键指标12:学生变更单位的频率。

通过这些人才培养质量过程中的关键指标,全面了解学生在传统人才培养模式下的情况,并进一步分析了解学生在学校期间到底需要什么?我们应该为学生提供什么?便于在以后的教育教学改革中找到奋斗的方向。

在对2008级学生进行调查时,重点选取的指标将覆盖实施“双平台-双主线”人才培养模式后的初步效果,便于在以后的教学改革中进行修订。具体设置以下关键指标:

关键指标1:就业岗位与所学专业的紧密性;

关键指标2:企业订单班对学生就业的帮助;

关键指标3:学生对“双平台-双主线”模式改革的认同度;

关键指标4:课外项目训练对学生的帮助度;

关键指标5:项目训练来源分析;

关键指标6:学生参与技能大赛情况;

关键指标7:教师能力情况;

关键指标8:学校实习与企业的结合度;

关键指标9:驻校企业对学生的帮助度;

关键指标 10:学生在企业中的发展空间;

关键指标 11:“双平台-双主线”模式的推广价值;

关键指标 12:学生变更企业的频率。

10.1.2　调查对比分析

1)未进行人才模式改革班级调查

在调查中,我们选取了每个专业的部分学生进行跟踪,在 2007 级中我们跟踪了 50 名学生,具体调查情况如下:

(1)就业岗位与所学专业的紧密性指标,60% 学生从事的与本专业相关的工作;

(2)学生就业时的起薪指标,60% 的学生起薪在 1 600 元;

(3)企业订单班对学生就业的帮助指标,75.4% 的同学认为应该开设订单班;

(4)基础课程与专业课程改革方式指标,70% 的学生认为应该建立大专业平台,在第二学年分方向培养;

(5)课外学生学习情况指标,50% 的学生课外在看书,30% 的学生在做项目,20% 的学生在玩耍;

(6)学生参与技能大赛情况指标,40% 的同学参与了 1 次比赛,60% 的同学没有参加过任何比赛;

(7)教师专业技能情况指标,60% 的学生认为教师技能较强;

(8)学校实习与企业工作的结合性指标,67% 的学生认为学校的实习与企业的比较接近;

(9)学校是否应该在校内引入企业指标,72% 的学生认为学校应该在校内建立企业工厂;

(10)学生在企业中的发展空间指标,45% 的学生认为在以后的发展空间比较大;

(11)学校是否建立教师课外项目组指标,80% 的同学认为应该在课外建立兴趣小组,安排老师带领完成项目训练;

(12)学生变更单位的频率指标,69% 的学生在工作一年中变更过单位。

2)进行人才培养模式改革班级调查

经过 4 年的探索与实践,计算机工程系先后与联想集团、微软、杭州创业软件、成都音泰思、深圳途鸽软件实现了深度合作,双方以提高人才培养质量为核心,以“四个合作”为主线,首创了“双平台-双主线”人才培养模式,即“公共基础平台 + 专业技能平台”的“双平台”,以及“适应市场的知识提升推进路线”和“循序渐进的能力培养突进路线”两条主线,从学生可持续学习与发展能力、项目实施能力,教师“双师”能力,实训与生产有机结合等方面着手实施改革。

计算机工程系在 2008 级中跟踪了相同专业的 50 名学生,具体情况如下:

(1)就业岗位与所学专业的紧密性。

在调查的 50 名同学中,78% 的学生从事的工作与专业一致,比 2007 级提高了 18%(如图 10-1 所示)。

(2)企业订单班对学生就业的帮助指标对比分析。

2007 级被调查学生中有 75.4% 希望开设企业订单班,而 2008 级被调查的 50 名学生中 92% 表示帮助很大,具体见图 10-2 所示。

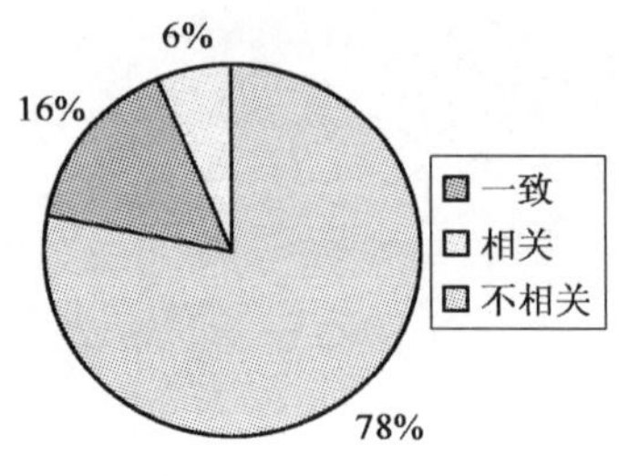

图 10-1 学生专业对口率

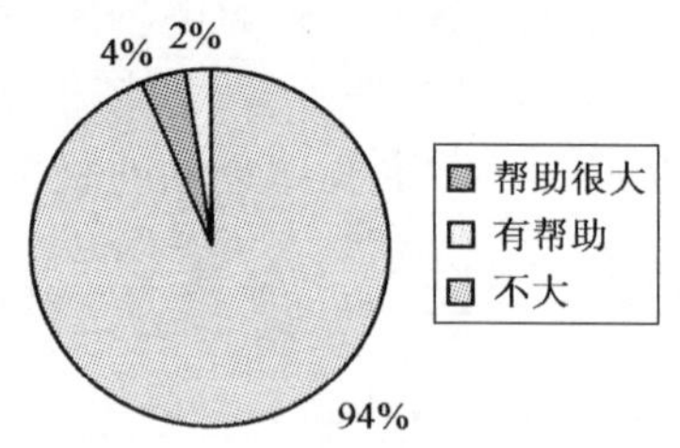

图 10-2 学生对模式改革认同度

(3)学生对“双平台-双主线”模式改革的认同度分析。

本次调查的 50 名学生中,48 名学生认为该模式很好,具体如图 10-3 所示。

(4)课外项目训练对学生的帮助度分析。

在调查的 50 名同学中,45 人认为课外项目对他们帮助很大,5 人认为一般,具体如图 10-4 所示。

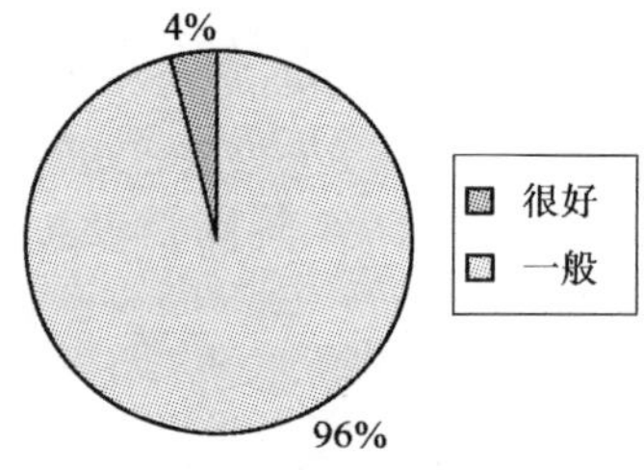

图 10-3 学生对订单培养的认同度

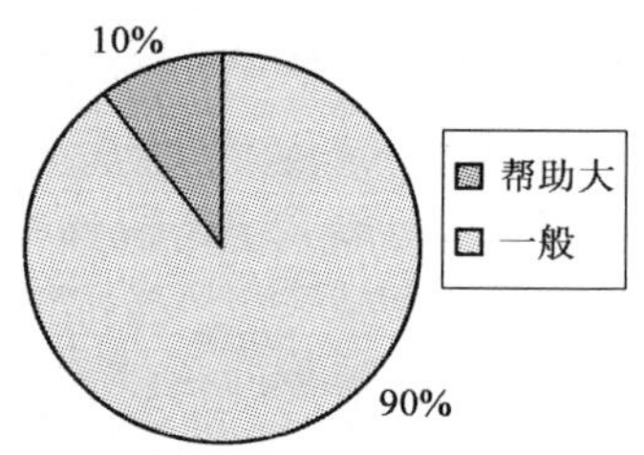

图 10-4 学生对课外项目的认同度

(5)项目训练来源分析。

在未改革的 2007 级调查中的 50 名同学中,50% 的学生课外在看书,30% 的学生在做项目,20% 的学生在玩耍。在 2008 级中,100% 的学生在校期间在老师的带领下完成过项目,其中帮助企业完成过项目的学生比例为 60%,参与过教师科研项目的比例为 30%,具体见图 10-5所示。

(6)学生参与技能大赛情况分析。

技能大赛能很好地提高学生的学习习惯和动手能力,也能培养学生的团队协作能力,有利于职业习惯的养成。在 2007 级学生中,参加过技能大赛的学生比例仅为 40%,但是在 2008 级改革后的班级中,全面实施联赛机制,确保了每个同学都能参加各类型的技能大赛。根据调查显示,50 名同学中有 37 人参加过 4 ~ 6 次技能大赛,11 人参加过 2 ~ 3 次技能大赛,2 人参加过 1 次技能大赛,具体见图 10-6 所示。

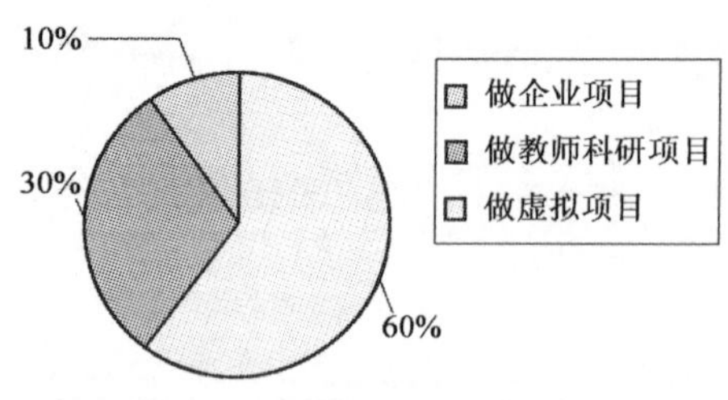

图 10-5 学生课外项目参与情况

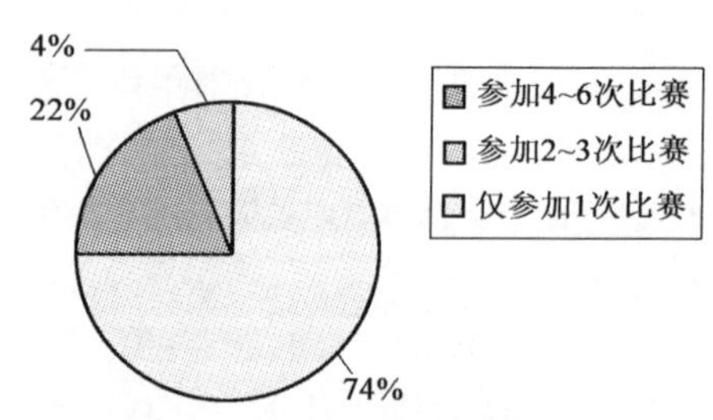

图 10-6 学生参加技能大赛次数分析

(7)教师能力情况。

教师能力对于学生成才是一个关键指标,也是教学改革成败的关键因素,因此对教师能力在学生中的影响调查显得十分重要。2007 级学生调查中表明,教师的技能比较强,但缺乏企业经验和职业教育理念。经过改革后,2008 级学生调查中 47 人次认为教师专业能力强,43 人次认为教师企业经验丰富,46 人次认为教师职业教育理念丰富。学生对教师职业能力认同度明显提高,具体见图 10-7 所示。

(8)学校实习与企业的结合度。

学生实习环境、技术、流程和管理是否与企业一致,将有效保证学生在企业就业时的工期周期。如果学校的实践环节与企业工作流程一致,那么学生在以后的工作中上手就会更快。2007 级中有 67% 的学生认为比较一致,而对 2008 级学生调查发现有 91% 的人认为与企业比较一致,具体见图 10-8 所示。

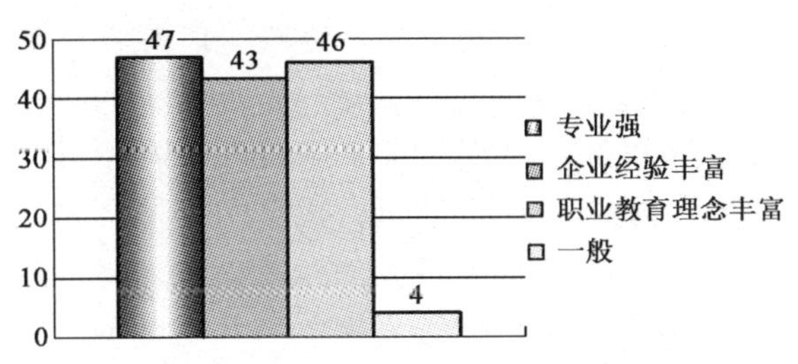

图 10-7　学生对教师职业能力认同度

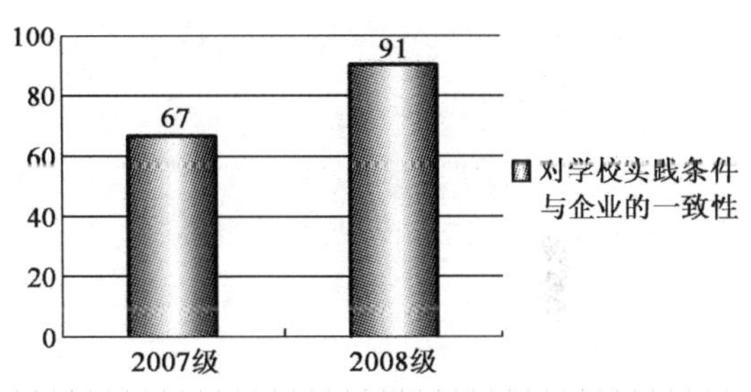

图 10-8　学生对学校实习与企业工作流程对比

(9)驻校企业对学生的帮助度。

驻校企业在校内开展生产,是职业教育中的一种新的探索,这种模式有效解决了学生接触企业、了解企业、学生顶岗实习等诸多难题。计算机工程系成功引入多家企业在校内开展生产,有效搭建了校企合作平台。通过对学生的调查,学生认为对自己发展起到了积极作用,具体见图 10-9 所示。

(10)学生在企业中的发展空间。

学生进入企业后的发展空间是衡量学生职业发展的重要指标,职业教育在培养学生成才的同时还肩负培养学生职业规划重任。在对 2007 级学生调查中发现,45% 的学生认为在未来有较大发展空间,在对 2008 级学生调查中发现有 71% 的学生认为有较大发展空间,具体见图 10-10 所示。

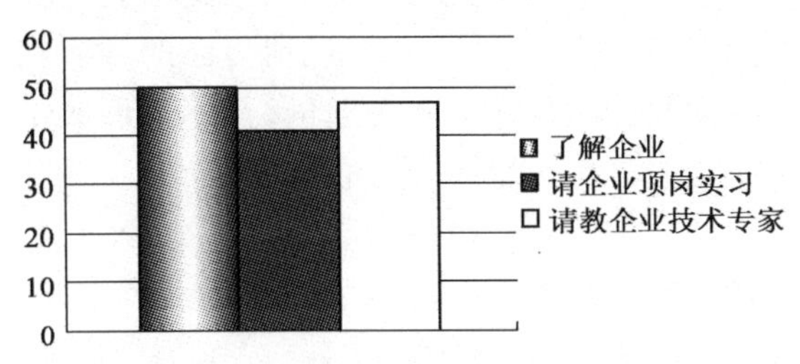

图 10-9　学生对驻校企业的认识

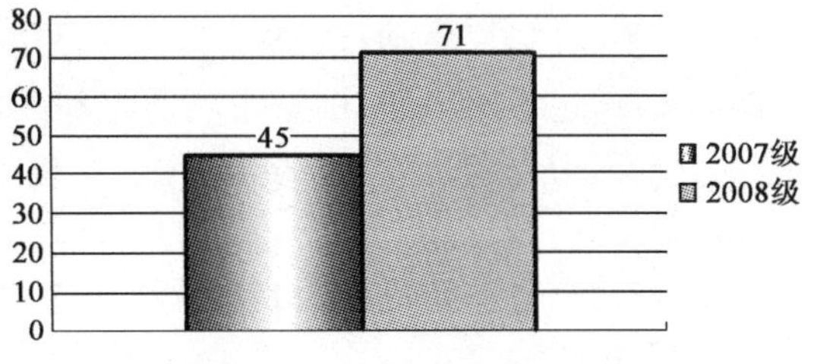

图 10-10　学生在企业中的发展空间

(11)"双平台-双主线"模式的推广价值。

改革模式的推广是验证成功的有效方法。学生是改革过程中的重要对象,具有较高的发言权。在对 2008 级学生的调查中发现,50 名调查学生中有 41 名同学认为有较高的推广价

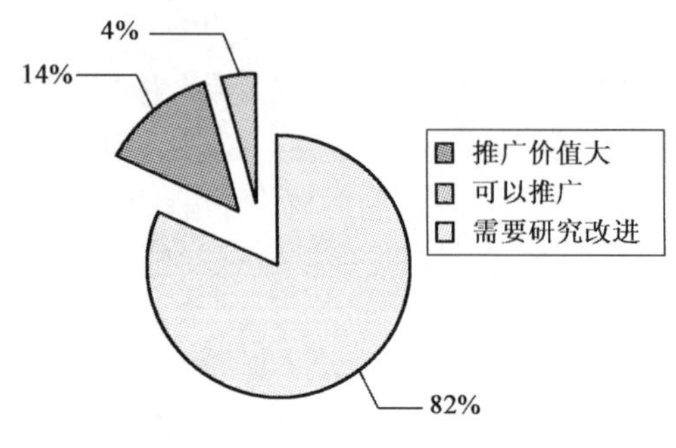

图 10-11　学生对改革模式推广认同度

值,有 7 名同学认为可以推广,2 名同学认为还需要研究,具体如图 10-11 所示。

(12)学生变更企业的频率。

学生工作单位的变更是验证学生专业发展的一项重要指标。在 2007 级调查学生中发现 69% 的学生在工作一年中发生过单位变更,在对 2008 级调查学生中发现仅有 10% 的学生发生过工作单位变更。这表明学生在单位中的位置相当稳定,对后期职业发展将十分有利。

10.1.3　调查结论

(1)"公共基础平台 + 专业技术平台"以及"适应市场的知识提升推进路线"和"循序渐进的能力培养突进路线"的"双平台-双主线"人才培养模式较为先进。

对接产业发展,深化"四个合作",紧密结合市场需求,积极服务地方产业经济,践行"理实一体"的课程教学模式以及"适应市场的知识提升推进路线"和"循序渐进的能力培养突进路线"的项目全程贯穿"双平台-双主线"现代 IT 人才培养模式。以实施与技术同步的课程"理实一体"教学为主线,强化全程项目实践教学为手段,提高学生可持续发展能力和实践创新能力为目标,服务区域经济和社会发展为宗旨构建的"双平台-双主线"人才培养模式符合人才培养规律,在人才培养方面取得了显著成效。

(2)学生巡回联赛大赛体系能有效保障学生技能的提高。

首创学生巡回联赛机制,逐步建立起一套完善的以赛促教、以赛促学的学生巡回联赛大赛体系。在电子高专、成都职业技术学院、成都航空职业技术学院等同类院校之间建成了分专业大类的高职大赛体系。按照专业每周一小赛,校内每月一赛,院校之间每期一赛巡回轮流承办的方式实施学生巡回联赛。通过院校之间、校内各专业之间、专业内各项目团队之间的联赛积分方式,极大地提高了学生的学习积极性和教师的项目指导能力。学生巡回联赛大赛体系既是对学生项目实践效果的检验,也成为各级比赛选拔优秀人选的平台,是人才培养过程中的重要创新举措。

(3)分层次、分类别的学生培养模式对学生发展提供保障。

"双平台-双主线"人才培养模式的实施有效解决了学生因材施教、分层分类培养的问题。通过项目小组,指导教师可根据学生特点与发展方向有针对性地引导学生规划自己的学习和发展生涯;通过订单培养,根据市场需求和岗位要求有目标的选拔合适人选进行培养,形成了"分层、分类、分对象"的学生培养模式,实现了人人能成才、人人有所用的培养目标。

10.2　毕业生个案分析

随着"双平台-双主线"高职信息类人才培养模式的推行,统计数据显示毕业生的总体就业质量有所提高,但是作为教育者,大家都非常关心"双平台-双主线"模式最直接的体验者,工作之后的高职信息类学生个人如何看待自己的学校生活、企业生活?他们工作的现状如何?在工作几年后是否依然认同并喜欢现在从事的工作?对他们来说,曾经的学校教育和企业培训，以及现在的一份自己喜欢的工作具有什么教育意义、发展意义？

解开这些疑问，必须跟踪毕业生的发展轨迹，获取有价值的信息。但是随着毕业时间的推移，要大规模的搜索已经毕业的学生并要求其配合完成各种复杂的调查是不太现实的。在这种情况下，计算机工程系使用质的研究方法，从2011、2012届毕业生中随机性抽取不同学生，做简单的访谈，并邀请他们写一些工作生活的感言、印象故事，从中听到学生的心声，获得具体的感受，为模式推行过程中出现的问题提供反馈信息，促进反思。

根据前面提到的就业质量提高的现象，和广受关注的学生发展情况，提出这样的课题："就业两三年后，高职信息类毕业生的工作现状如何？"其中主要聚焦以下问题：

(1)工作之后，学生个人如何看待自己曾经的学校生活、企业生活？

(2)毕业两三年后，他们工作的状况如何？

(3)在工作几年后是否依然认同并喜欢现在从事的工作？

(4)对他们来说，曾经的学校教育和企业培训具有什么教育意义、发展意义？

(5)现在能有一份专业相关的工作意味着什么？

确定研究的问题后，从2011、2012届的毕业生中随机选择了中加合作项目班、网管、网技专业的学生，根据事先整理的提纲(见附录)和表格进行访谈，并记录了访谈的概要，由毕业生完成了一份基本信息和工作信息的调查表格，从学生的角度反映出"双平台-双主线"人才培养模式的实施效果。

[案例一]　选择国际合作专业，实现国际化人才培养

代婷婷是个稳重的乖女孩，上课的时候总是会坐在前面，却常常默不作声，如果不是作业任务的出众表现，老师大概不会注意到她。辅导员老师经常放心地把各种通知交给她，但经常在安排班级的事情时还是很容易忽视她。作为优秀的交换学生，她和同学一同到过加拿大BCIT参观访问，并把那边的见闻带给其他同学、老师，分享新奇的见闻和感受。她做事专注，善于协作，能令大家专注于她分享的事物。

毕业前夕，她进入了四凯软件有限公司实习，欣喜的目光中掩饰不住对这份工作的向往和面对挑战的紧张与兴奋。三年后，她还能一如既往地保持着稳重的做事风格，并对工作保持热情吗？她是否还珍视高职的这段学习经历？她会觉得这段学习对她的职业、生活产生了什么影响？她的反映是积极的吗？怀着这样的心情，对代婷婷进行了访谈。首先，对于学校的人才培养模式，她是认可和肯定的。她感觉在校的这段教育使得她能够在"双线并行"的教育方式之下积累了大量专业技能，同时通过中加合作项目拉近了自己与国际知名院校的距离，为进入合资企业工作奠定了良好的技能和外语基础。之后，从学校到工作岗位的过渡阶段，她明显感觉到自己在专业知识上还需要大量充电，必须不断学习新技术，才能在工作中得心应手。正是因为在学校期间逐步培养出来的学习能力为她在工作中的不断学习与进步提供了基础，使她具备了较高的可持续发展能力。

代婷婷	
基本信息	女，BCIT08-1(2011届毕业生)
工作情况	公司名称：四川四凯计算机软件有限公司 性质：中日合资 规模：180人 所从事工作岗位：程序员 薪资待遇：试用1 600元，转正2 500元，五险一金

续上表

学校培育感言	通过在学校近三年的学习、实践,在老师理实一体的教学模式下积累了大量专业技能,通过参与指导教师真实的项目开发,取得了软件著作权,为就业提供了良好的技能和经验支撑,非常认可这种"双平台-双主线"人才培养模式
工作感言	从学校到工作岗位的过渡阶段,明显感觉到自己在专业知识上还需要大量充电,必须不断学习新技术,才能在工作中得心应手。好在通过大学三年的学习,养成了良好的学习习惯和思维方式,使得自己可以用最短的时间接受新知识、新技术
企业鉴定	四川四凯计算机软件有限公司一新人评价 代婷婷来公司实习及工作期间,积极参加公司的规章制度和意识教育、参加了日语和技术开发规范教育培训,学习能力强,有一定的创新能力,工作认真负责,积极主动,服从安排有协调精神,善于交流与合作,重视开发质量和个人进度管理,能够顺利完成所分配的程序编码测试工作,表现出了较高的职业素质,是我们公司的优秀新员工。 业务总监 李利 2011/08/26

[案例二] 做中学,学中做,实践技能不断增强

廖瑶,计算机应用技术专业学生。在学院与企业深度合作的机遇下,他从大二开始就经常活跃在企业和校园之间,对于企业和学校的联系和差别感受颇深。然而他如何评价我们采用的培养模式呢?源于对学校培养方式的认同和学习细节深刻的印象,他讲起来滔滔不绝:每学期的课程安排循环渐进、由浅入深,学期与学期之间安排的课程紧密相连。在学校学习到的课程也与行业技术同步,使学生毕业后比较容易跟上技术发展。特别是周六和周末系上安排的企业人员来对我们专业课以及专业知识的辅导和项目实践,让我们感受到企业的文化和要求,对我们以后就业于企业带来很大的帮助。双平台为我们打下了良好的基础,使我们毕业后持续发展能力不弱于本科院校学生。通过课程主线与项目主线并行的方式,让我们有机会参与企业的项目,在强化专业知识的同时,极大提升了实践操作能力。像我自己还没毕业就被某IT公司看中,提前进入公司实习,比较深地界入公司的项目。

工作几年后,廖瑶认为虽然在一个不大的公司,不过薪酬还是不错的,更重要的是学会了很多东西,不论是从专业技术上还是对企业文化的理解和自己以后的职业规划方面都有相当大的收获。由于在学校期间经历了企业培训的锻炼,廖瑶能够较快地适应公司的规定和加班的要求,不会因为劳累而抱怨,他知道付出才会有收获。

廖瑶	
基本信息	男,BCIT07-1
工作情况	公司名称:成都宇鸿科技有限公司 公司性质:民营公司 公司规模:少于50人 薪酬待遇:3 000元/月 从事岗位:视频PC客户端的解码、显示和GPS定位系统的实现,以及视频中转服务器的视频流转发的平台接入技术

续上表

学校培育感言	在学校的几年学习中使我受益匪浅。学校对具体专业的培养模式十分清晰,每学期的课程安排差不多循环渐进由浅入深,学期与学期之间安排的课程紧密相连;在学校学习到的课程与行业技术同步,为学生毕业后的就业打下了很好的基础。特别是周六和周末系上安排企业人员来对我们专业课以及专业知识的辅导和项目实践,让我们学到了一些企业里面的知识,对我们就业于企业带来了很大的帮助
工作感言	在这个公司的这段时间里我学会了很多东西,不论是从专业技术上还是对企业文化的理解和对自己以后的职业规划方面都让我有相当大的收获。对于我们正在学习的新人来说,工作比较累是很正常的事情,我知道付出才会有收获。现在的我不再像以前对自己以后的事情比较迷茫了,我知道我要学习的东西还有太多太多,学习的过程也是自己不断充实自己、提高自己的过程。还是那句话,要在自己的这个行业实现自己的价值,努力和坚持是必不可少的两个先决条件。我相信在以后工作的日子里我能做好自己手里的事情,在平凡的岗位上用坚持慢慢地实现自己应有的价值
企业鉴定	该职员工作能力强,有吃苦耐劳的精神,对生活和工作的态度都积极向上,团队合作意识也很强。他在专业技能方面时时都在提高自己,是一名优秀的好员工

[案例三] 订单培养,有效解决企业用人与学校输送人才的供需矛盾

能在所学习的专业领域找到合适的工作是非常幸运的,不能在所学的专业领域找到工作也是非常常见的。目前,学校人才供给与社会人才需求之间的供需矛盾比较突出,企业招不到人,学生又找不到工作的现象极为普遍。为了解决这一矛盾,四川交通职业技术学院在“双平台-双主线”人才培养模式实施中,积极联系企业,根据企业需要实现订单培养,有效地解决了企业用人与学校输送人才的供需矛盾。动漫软件技术方向的伍娟就是与成都夏尔数码科技有限公司签订订单培养的学生之一。

伍娟在学校大部分是学的程序,但现在根据企业需要,订单培养方向为游戏美术方向。她认为在学校期间所学的理论知识、思维方式、职业素养对工作有非常大的帮助,尤其是实际操作能力、团队协作精神和自学能力更是令她受益匪浅。伍娟认为:“其实这些都是企业对员工最基本的要求。企业同样看重员工的职业素养、道德修养,而不仅仅是专业技能。很感谢学校能为我们搭建校企合作的平台,让我们在大二下学期及大三上学期有针对性地进入订单班学习,在学习的过程中参与的项目都与企业真实生产接轨,有机会学到更多的技能。在订单培养的过程中,有经验丰富的前辈指导,也能锻炼自己的意志,提前进入企业角色,更快地成长。”

用人单位也对伍娟做出了如下评价:“订单培养期间,该生表现出很强的适应能力和创新意识,能够利用所学的知识迅速投入到实际的工作当中,并能够结合自己的特点发挥优势弥补不足,迅速地成长起来。工作热情、主动、积极,对事物保持高度的好奇与兴趣,虚心求教并勇于建言。随时调整自己心态,力求成长、尽善。通过自身努力,得到了公司的一致认可,最终成功入职本公司。”这些都充分证明了“双平台-双主线”人才培养模式在夯实学生基础、培养专业技能、突显综合职业素养方面的优势。

伍娟	
基本信息	女,动漫 06-1
工作情况	任职公司:成都夏尔数码科技有限公司,民营企业,规模 100 人左右。试用期薪资 2 500 元/月。岗位:游戏美术师

续上表

学校培育感言	我在学校大部分是学的程序,虽然现在从事的是游戏美术方向的工作,但在在学校期间所学的理论知识为我现在的工作奠定了基础。在学校里主要培养的是实际操作动手能力、团队协作精神和自学能力。其实这些都是企业对员工最基本的要求,企业同样看重员工的职业素养,道德修养,不仅仅是专业技能。很感谢学校能为我们搭建校企合作的平台,让我们有机会在大二下学期及大三上学期通过订单培养方式参与企业真实生产任务,有机会学到更多的技能。参与企业订单培养好处很多,有经验丰富的前辈指导,也能锻炼自己的意志,提前进入企业,更快地成长
工作感言	在工作方面,必须做到认真谨慎,而且要虚心学习。我在公司呆了近半年了,从订单培养到试用,再到就业。我觉得自身的学习能力很重要,很多东西不是靠别人教给你,而是要自己去不断的总结、探索。感觉学校的生活太美好了,没任何的压力。我觉得在学校这样舒适的环境中更应该用心学习,因为当你毕业以后才会发现,外面的世界很精彩同样很无奈,没有那么多的时间和机会让你静静地学习,你要一边工作一边挤时间去学

[案例四]　学以致用

作为即将毕业的2012届毕业生,郑权已经提前进入长城宽带实习。郑权在学校培育感言中总结了两个他认为最重要的事情:第一,学习,第二,能力锻炼。对于第一点他说:“学校的理实一体的课程教学模式提高了我们自身的学习能力,也为以后的继续学习打下了良好的基础。”对于能力锻炼,项目全程贯穿的方式让郑权每学期都有机会参与到项目实战中,从大一开始就跟随专业教师参与了学院校园网工程的规划和建设,极大地提高了动手能力,也能按企业的规范和标准衡量项目的好坏,提前进入角色,更快地适应工作岗位。

郑权	
基本信息	男,网管09
工作情况	公司名称:成都长城宽带网络服务有限公司 公司性质:国企 公司规模:500人左右 岗位:网络管理部-网络工程师助理 试用期月薪:2 600元
学校培育感言	还清晰地记得刚进大学时的情景,转眼间就进入了职业的生涯里,回顾这两年学习时光,应该说收获是多方面的:专业知识得到了极大的丰富,学习、工作、处世能力得到了很好的培养,同时也提高了思考问题的能力,丰富了自身的人生经验 我始终认为作为一名学生学习是最重要的,在大学期间我对学习一直很重视,再加上系部的有效培养模式与课程设置等使我具备了较强的专业基础知识:熟悉网络二层三层的各种技术及协议的基础(VTP、802.1q干道、VLAN、VLAN间路由、STP生成树协议、VPN隧道技术等)。通过理实一体的教学模式,在掌握理论知识的同时也提高了动手操作的能力。唯一感觉不足的是网络实训室还没有企业网络的模型。其实大学里面无论学到多少知识对职场的专业来说都是沧海一粟,信息行业日新月异的新技术告诉我们学得多少知识并没有多重要,重要的是学习知识的能力。学校的理实一体的教学模式提高了我们自身的学习能力,也为以后的继续学习打下了良好的基础 在能力锻炼方面,我积极参加学生工作和社会实践活动。在学校我主要担任本班班长和系部机房管理两个职务。在这些工作过程中我认真负责,积极工作,极大地锻炼了自己的工作能力和交际能力,积累了许多宝贵的实践经验
工作感言	时光似箭,日月如梭,随着大三师兄们的毕业典礼结束,我们已经是半个踏入社会的求职者了。在求职的路上,我也时常感到很迷茫,参加了不少公司的面试,但总觉得这不是“忙”而是“盲”。冷静地想想,也许我该好好给自己作个总结,及时给自己定位,迈好职业生涯规划中的第一步

续上表

工作感言	我于2011年6月20日起进入成都长宽公司从事网络管理工作，在不知不觉中已经工作两个月的时间了。在这段时间里，我一贯坚持谦虚谨慎、认真负责的工作态度，从来没有改变过。在部门工作中，我一直严格要求自己，认真及时地完成领导布置的每一项任务，并虚心向同事学习，不断改正工作中的不足。对于公司的制度和规定都是认真学习并严格贯彻执行。另外，本人具有很强的团队合作精神，能很好的协调及沟通，配合各部门负责人落实及完成公司各项工作，并热心帮助其他同事，与人相处和谐融洽 在过去的两个月中，我通过不断的学习和自我提高，已经适应了自己的本职工作。当然作为一个初入公司的新人，在一些问题的考虑上还不够全面，但是我相信，通过公司领导及同事的悉心指导和帮助，我一定能在今后的工作中不断提高自己的业务水平和综合素质，更好地完成本职工作，不断谋求与企业的共同发展

[案例五]　授之以鱼，不如授之以渔

除了对学校教育的肯定外，王小刚感受最深刻的是学院以赛促学的方式。通过组织学生参加各级大赛使他们的创新能力和专业技能得到提升。谈到工作，王小刚首先还是提到需要继续学习，但是他相信通过努力，自己有能力担当重任，而且有了明确的目标——“让自己的技术更加的成熟，希望在服务器管理这方面会有所成就”。任毅老师是网络专业的骨干教师，有着吃苦耐劳、勇于钻研的精神和超强的专业技术能力，小刚一直跟随任老师参与计算机系实训室机房管理系统、FTP服务器、邮件服务器的搭建工作。通过每个工作细节，任老师传递给小刚的是一种做事的态度、处事的方式、思考问题的方法和如何学习的技巧，这些都潜移默化地影响着小刚，使他做任何事都以任老师为标杆，为自己在校的学习和就业寻找到很好的榜样。在任老师和刘老师的悉心指导下，小刚与另外两名同学充分发挥了他们的团队协作分工和专业技术能力，在省网络技术大赛中取得了二等奖的好成绩。

王小刚	
基本信息	男，网技08
工作情况	任职公司：四川联盛物流公司，由省内最具实力的20余家大型道路运输企业共同投资成立的，汇聚四川省交通企业管理协会、四川省汽车运输成都公司、成都市汽车运输(集团)公司等26家企事业单位资源的，川内第一家依托全省公路客运网络，整合川内公路客运附搭小件快运业务的专业公司 岗位：服务器管理工作，平时主要负责公司网站和数据库的维护 试用期月薪：2 300元(转正3 000元，公司购买五险一金)
学校培育感言	我在学校的时候，收获比较大的是我们学校组织参加了一次网络组建与维护大赛，通过刘晋州老师和任老师的认真辅导和自己的努力学习，终于取得了二等奖的好成绩。感谢两位老师给我们的帮助。通过这次比赛，我们可以把自己学习到的东西应用到实际的环境中，学以致用，同时也认识到了自己的缺点，使自己在以后的学习的过程中能够更清楚自己该怎样努力。希望我们系能够组织学生参加更多的比赛，让学弟学妹们有更多的机会锻炼自己，在实践、竞争中提升我们系学生的能力。在学校里，老师教会了我处理问题的方法，学会针对问题查找资料的方法。授之以鱼不如授之以渔，老师交给我们的这种解决问题的思维才是最重要的。我确实很想给我的学弟学妹们一些建议：认真学好你的每一门专业课，并争取做到最好。因为，你毕业以后并不知道你的工作主要会用到你的哪一门功课，即使你找到了你最理想的那个工作，它所需要的知识也会涉及许多课程的内容。现在学好了，出去以后可以相对轻松一些。大学里的空闲时间很多，请不要只知道上网打游戏。游戏三年以后，你出来可以做什么？同学们可以利用空闲的时间发展一下自己的兴趣爱好，技多不压身，走出校门你们会比别人多一条选择的方向，何乐而不为……

续上表

工作感言	我在物流公司从事的主要是服务器管理方面的工作,平时主要负责公司网站和数据库的维护,现在也正在努力充实自己,让自己更加有能力担当这个重任。我的工资3 000元,总的来说还算是可以。我现在主要的目标是让自己的技术更加的成熟,希望在服务器管理这方面会有所成就 现在工作了,没有在学校的时候有那么多空闲时间了。原来以为大学毕业了就可以不用太用功学习了,现在才明白,出了大学才是学习的正式开始。现在我每天都在不停地学习、工作,感觉还是挺不错的,至少学习到了东西,不断充实着自己。我会更加努力学习、工作,不断提升自己。我相信付出终有回报。最后祝愿我们计算机工程系的老师们工作顺利、身体健康,也祝愿我们四川交通职业技术学院计算机工程系越来越强

参考文献

[1] 王长胜. 中国信息化趋势报告(四十三). 加速推进信息化的思考与对策[J]. 中国信息界,2006-03-15.

[2] 赛迪顾问. 2008～2009 年世界信息产业发展研究年度总报告[R],2009-02-07.

[3] 牟锐. 中国信息产业发展模式研究[M]. 北京:中国经济出版社,2010.

[4] 国家统计局. 国民经济行业分类标准[EB/OL]. (2006-07-11). www. stats. gov. cn/tjbz/hyfbz.

[5] 国家统计局. 高技术产业统计分类目录[MEB/OL].

[6] 牟锐. 中国信息产业发展模式研究[M]. 北京:中国经济出版社,2010.

[7] 中国发展风险投资的几个重要问题[R]. "经济学人"研讨会综述. (2001-02-19) 中国经济信息网.

[8] 于凌宇. 世界电子信息产业新局势与我国应对新举措[J/OL]. 中国电源博览,2010-01-28.

[9] 曾娅. 联合国成立信息社会小组[N]. 人民邮电报,2006-07-28.

[10] 曲维枝. 信息产业与中国经济结构调整[M]. 北京:中国财政经济出版社.

[11] 牟锐. 中国信息产业发展模式研究[M]. 北京:中国经济出版社,2010.

[12] 2009 年电子信息产业经济运行公报[R]. 信息产业部,2010-02-03.

[13] 工业和信息化部. 2009 年(第 23 届)电子信息百强企业[DB/OL]. (2009-07-09) www. miit. gov. cn.

[14] 吴先锋. 论我国信息产业发展的集群政策[J]. 经济导刊,2008-01-14.

[15] 国家统计局. 2009 工业企业科技活动统计资料[R]. 中国统计出版社,2009.

[16] 信息产业发展研究课题组. 信息产业发展研究[M]. 北京:中国经济出版社,2003.

[17] 中国信息化趋势报告(四十七). 2006～2020 年国家信息化发展战略[J]. 中国信息界,2006-3-15.

[18] 万玉凤. 电子信息产业:实现跨越式发展关键在人才[N]. 中国教育报,2010-01-06(6).

[19] 张舵,岳瑞芳. 中国将成为今后五年内世界最大信息产业市场. 两岸关注,2004-07.

[20] 周智佑. 我国的信息服务产业及其市场分析[J]. 术语标准化与信息技术, 2000,3.

[21] 洪小娟. 信息产业的市场需求创造分析. 决策借鉴,2002-02.

[22] 高素梅:2010 年电子信息产业继续向好. (2010-02-09) http://www. sina. com. cn. 中国电子报电子网.

[23] 毕开春. 全球电子信息产业:稳步复苏 格局调整. (2011- 02- 06) http://china. toocle. com.

[24] 贺亚茹. 高校计算机专业人才定位与需求分析——以西安地区相关招聘单位为调查对象[J]. 中国电子教育,2008,3.

[25] 中国信息产业年鉴 2010.

[26] 中国 IT 应用技术蓝皮书 2010-2011.

[27] 贺亚茹. 高校计算机专业人才定位与需求分析——以西安地区相关招聘单位为调查对

象. 中国电子教育,2008,3.
[28] 沈明. 计算机应用技术专业(专科)调研报告, 2007-02-28.
[29] 中国电子信息产业发展研究院规划研究所课题组. 中国信息化趋势报告(五十四). “十一五”期间我国电子信息产业发展思路的几点思考[J]. 中国信息界,2006-08-31.
[30] http://www. stats. gov. cn/tjsj/ndsj/2010/indexch. htm.
[31] 蒲源源, 齐璐, 孙国营. 辨析我国 IT 行业收入情况. 科技致富向导, 2011,17.
[32] 教职成[2006]4 号文.
[33] “工学交替”好事没办好,江西日报,2008-10-13.
[34] 王继平,张力. 完善现代职业学校教育　探索建立现代学徒制度. (2010-07-07) 中国职业教育与成人教育网. http://www. cvae. com. cn